"十二五"规划教材

12th Five-Year Plan Textbooks of Software Engineering

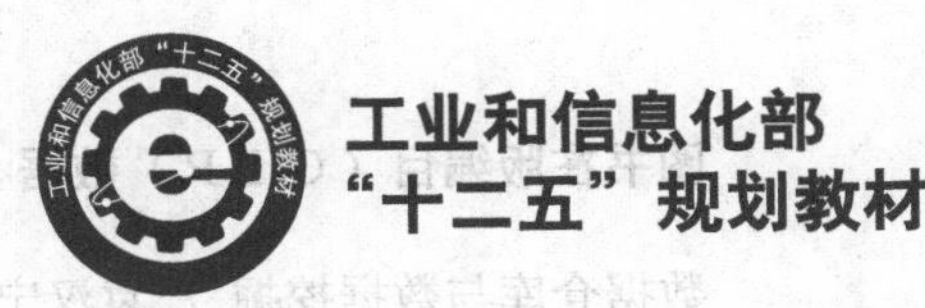

IBM大学合作项目

数据仓库与数据挖掘

袁汉宁 王树良 程永 金福生 宋红 ◎ 编著

Data Warehouse and Data Mining

人民邮电出版社

北京

图书在版编目（CIP）数据

数据仓库与数据挖掘 / 袁汉宁等编著. -- 北京 : 人民邮电出版社, 2015.7
普通高等教育软件工程“十二五”规划教材
ISBN 978-7-115-38827-8

Ⅰ. ①数… Ⅱ. ①袁… Ⅲ. ①数据库系统－高等学校－教材②数据采集－高等学校－教材 Ⅳ. ①TP311.13 ②TP274

中国版本图书馆CIP数据核字(2015)第100204号

内 容 提 要

本书将数据视为基础资源，根据软件工程的思想，总结了数据利用的历程，讲述了数据仓库的基础知识和工具，研究了数据挖掘的任务及其挑战，给出了经典的数据挖掘算法，介绍了数据挖掘的产品，剖析了税务数据挖掘的案例，探索了大数据的管理和应用问题。

全书深入浅出，强调基础，注重应用，是软件工程及相关专业的高年级本科生、研究生的理想教材，也可作为相关领域的参考用书。

◆ 编　著　袁汉宁 王树良 程 永 金福生 宋 红
责任编辑　邹文波
责任印制　沈 蓉 彭志环

◆ 人民邮电出版社出版发行　北京市丰台区成寿寺路 11 号
邮编　100164　电子邮件　315@ptpress.com.cn
网址　http://www.ptpress.com.cn
三河市君旺印务有限公司印刷

◆ 开本：787×1092　1/16
印张：13　2015 年 7 月第 1 版
字数：338 千字　2025 年 2 月河北第17次印刷

定价：39.00 元

读者服务热线：(010)81055256　印装质量热线：(010)81055316
反盗版热线：(010)81055315

前 言

数据是信息世界的基础性资源，因为体量巨大、种类繁多、变化快速、真实质差等问题，导致难以发挥数据的价值。为此，产生了数据仓库与数据挖掘，主要研究如何管理、分析和利用数据。

本书立意新颖，结构合理；强调基础，注重应用，重视实例；坚持理论联系实践，从学生中来，为学生服务；和市场结合，为市场服务；既重视理论知识的讲解，又强调应用技能的培养，重点介绍面向专业领域的典型案例。全书面向数据的特点和未来趋势，利用软件工程的思想，根据数据仓库与数据挖掘的内在联系，在一个统一框架内，深入浅出地讲述了数据仓库和数据挖掘的核心内容。全书共分 9 章，依次介绍了数据利用的发展过程，总结了数据仓库和数据 ETL 的基础知识，详述了数据仓库和数据 ETL 的工具，研究了数据挖掘的任务及其挑战性问题，给出了经典的数据挖掘算法，介绍了数据挖掘的工具与产品，剖析了税务数据挖掘的案例，最后结合实际工具，就大数据的管理和应用给出了编者的独特见解。

在本书正式出版前，我们在教学实践中一直采用其前身——《数据仓库与数据挖掘讲义》。该讲义自 2010 年以来，先后在武汉大学、北京理工大学、武汉理工大学使用。使用期间，学生通过对具体实例的学习和实践，掌握了数据仓库和数据挖掘中必要的知识点，达到了学以致用的目的。同时，典型案例不断被完善，在案例分析翔实度、软件工程思想体现方面也逐步改进和补充。本书由多位教师集体编著，实现了高校教师和 IBM 软件高级工程师的深度合作。北京理工大学的袁汉宁副教授、王树良教授、金福生副教授、宋红教授有着多年的教学实践经验，熟知教学规律，了解学生需求；IBM 软件集团中国区合作伙伴技术支持（BPTS）高级信息工程师程永有丰富的软件研制和咨询经验，精通软件技能，了解社会经济的实际需求。更为重要的是，在本书的编写过程中，我们自始至终邀请学生全程参与，包括课堂讨论，作业讲评，内容规划，资料搜集，书稿一读再读等。感谢博士研究生李延、王大魁、李草原、李东伟等的积极参与，辛勤劳动，在资料采集中融会贯通，在讨论中作出建设性发言，在阅读中及时发现问题并给出有益的修改建议。讲义经过多年的教学使用，效果相当不错，深受教师和学生的欢迎和好评，甚至被视为专业必备宝典，不离左右。

本书备受同行推崇，入选工业和信息化部“十二五”规划教材，获得 IBM 大学合作项目书籍出版资助。同时，本书还获得国家自然科学基金（61173061, 61472039, 71201120）、高等学校博士学科点专项科研基金（20121101110036）的支持，在此一并致谢。

本书可作为高等学校软件工程及相关专业高年级本科生、研究生的数据仓库和数据挖掘实用教程，也可供相关领域的广大科研、工程人员和高校师生参考。

由于写作时间仓促，编者水平有限，书中难免有疏漏之处，敬请大家指正。如果有关于本书改进的建议和意见，请直接发送邮件至 yhn6@bit.edu.cn 进行交流。感谢您的支持。

在本书的编著过程中，编者袁汉宁、王树良的妈妈彭明珍女士驾鹤西去，请允许以此书追忆，厚恩犹在，音容长存，笑貌铭记，皆宛如昨日的曾经。

编　者

2015 年 3 月

目录

第1章 数据仓库和数据挖掘概述

最近几年，越来越多的企业专注于优化自己的业务，以求在市场竞争中获取更大更持久的竞争优势，而这些都离不开对企业现有数据的分析和利用。为了创造更多的价值，规避更多的风险，以及更好地优化业务，数据仓库的构建和数据挖掘应用的构建就被提上了日程。数据仓库和数据挖掘的企业级应用大体经历了3个阶段：传统数据仓库时代、动态数据仓库时代和数据中心时代，而数据中心又可以分为关系型数据中心、非关系型数据中心（基于 Hadoop 或企业内容管理）和混合型数据中心（大数据平台）。

1.1 概述

当前企业面临着业务不确定性和竞争日益提高，同时客户忠诚度却不断下降的问题，企业难以获得长期的优势，除非全面地利用分析能力。零散地利用分析技术难以帮助企业获得全面的洞察，并降低企业内不同业务部门间有效协作。越来越多的企业专注于全面利用分析技术，以便在市场竞争中获取更大更持久的竞争优势。例如，银行希望知道如何有效地识别信贷风险，发现欺诈和洗钱等不合法行为，更高效地进行交叉销售和提升销售；电信公司希望知道如何对市场业务发展和竞争环境进行精准分析，从而为市场决策提供深入的分析支撑，提升营销活动的精确性，提高客户满意度，培育新的商务模式等；保险公司希望知道哪些理赔客户骗保的可能性更高，以及哪些客户是高价值低风险的客户群等。以上这些问题的解决都离不开企业数据的支撑和对现有数据的分析和利用（李德仁，王树良，李德毅，2013；程永，2013；Inmon，2005；Han，Kamber，Pei，2013；Executive Office of the President，2014）。

1.1.1 数据仓库和数据挖掘的目标

通过总结多个行业不同客户的需求，发现构建数据仓库和应用数据挖掘具有一些共同的目标，具体包括以下几个方面。

（1）通过跨系统实现数据共享，解决信息孤岛问题，提升数据质量；

（2）构建企业信息单一视图，实现结构化、半结构化和非结构化数据的统一管理和洞察；

（3）提供完善的业务模型挖掘、定义和管理，并在此基础上提供实时决策支持；

（4）提供准确有效的客户特征管理机制，为客户细分、销售提升、交叉销售、市场营销和客户维护挽留等提供深入洞察；

（5）构建企业级数据仓库、主数据管理、企业内容管理和大数据管理等，为企业提供统一的数据服务；

（6）构建完整统一的元数据管理体系，制定完善的元数据管理策略，为企业提供统一高效的元数据管理服务；

（7）构建数据治理体系，保证数据的一致性，解决信息的冗余、冲突和缺失等问题；

（8）提供高效、实时和准确的多维数据分析、报表统计、即时查询、多媒体分析、流分析和内容分析等功能，为企业运营分析提供全面支持；

（9）提供简洁易用的数据挖掘和预测分析支撑，为企业分析提供全面支持；

（10）提供协同工作、规则引擎和事件处理功能，为基于全面分析能力的各种应用间有效协作提供支撑；

（11）提供完善的 IT 安全管理、综合监控和企业资产管理等。

除了以上目标，在构建数据仓库和实施数据挖掘过程中，同时也面临着各种挑战，例如如何构建企业面向数据文化，如何打破组织壁垒，如何控制整合项目的实施周期和风险，如何克服整合在技术上的复杂度等。

1.1.2 数据仓库与数据挖掘的发展历程

在“应用议程”时代，企业构建了众多的业务系统，为了满足市场竞争、企业管理和监管的需要，企业开始构建众多的报表查询系统。随着时间的推移，这些报表查询系统越来越不能满足企业的需求。例如，查询访问性能比较慢，报表统计相对固定，难以满足企业灵活的业务需求，无法进行多维分析等。于是一些企业开始尝试使用传统数据仓库技术进行商务智能（Business Intelligence，BI）系统的构建，也就是使用 ETL（Extract，Transform，Load）或 ETCL（Extract，Transform，Clean，Load）工具实现数据的导出、转换、清洗和装入工作，使用操作型数据存储（Operational Data Store，ODS）存储明细数据，使用数据集市和数据仓库技术实现面向主题的历史数据存储，使用多维分析工具进行前端展现，以及使用数据仓库工具提供的挖掘引擎或基于单独的数据挖掘工具进行预测分析等。相比之前的报表查询系统，传统数据仓库技术具有以下优点：

（1）通过完善的数据清洗转换保证了操作型数据的准确性和一致性；

（2）通过数据仓库技术提升了 BI 系统的性能；

（3）通过多维分析展现工具，给客户提供了全面的多维分析、报表统计和即席查询等功能；

（4）通过数据挖掘技术，帮助客户灵活地进行预测分析。

后来，传统数据仓库技术在越来越多的行业得到了大规模的应用，对提升企业运营效率，提高企业竞争力以及降低风险等起到了非常大的作用。同时，随着业务的发展，使用传统数据仓库技术的企业又开始面临新的问题，例如：

（1）随着竞争的进一步加剧，企业需要对市场变化及时进行响应，对数据仓库时效性的要求越来越高，而传统数据仓库中的数据都是批量定期更新的，难以满足时效性的要求；

（2）越来越多的一线用户需要使用数据仓库，而传统数据仓库用户通常只针对高端管理层或少数管理人员，许多一线用户无法访问数据仓库，例如银行，就有成千上万的客户经理和客户代表期望访问数据仓库；

（3）业务系统越来越需要传统数据仓库主动提供相应的分析能力，而传统数据仓库通常不会主动推送分析能力。

于是企业开始使用动态数据仓库技术（见图 1-1）解决上述问题，相比传统数据仓库技术，动态数据仓库具有以下优点。

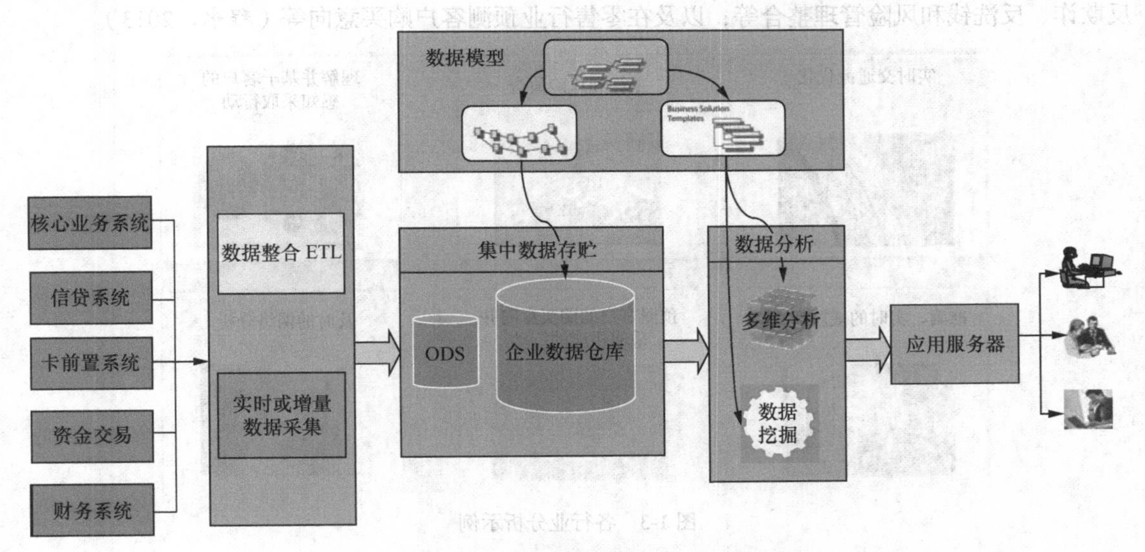

图 1-1 动态数据仓库参考架构

（1）一线用户可以动态（或者说实时）地访问数据仓库，以便获取其所需的信息；

（2）使用动态数据加载方式。相比传统数据仓库采用批量形式加载数据，动态数据仓库通常以准实时的方式连续加载数据（以增量数据加载为主），最低可以到秒级的时间间隔，从而在根本上保证数据仓库数据的实时性；

（3）采用事件驱动和主动推送的方式为业务系统提供分析能力，例如银行的信贷风险管理员，当审批某人的贷款请求时，关于该申请人的相关风险评级等信息就会被主动推送过来。

动态数据仓库技术给企业带来了实时分析能力，对提升企业竞争力作出了非常大的贡献，为了全面地提供分析能力，并让这些分析能力自动得到应用，就需要将其嵌入多的业务流程中。于是，很多企业开始在传统数据仓库和动态数据仓库基础上构建数据中心。通过数据中心的构建，企业从传统的交易系统（记录系统）和各种差分系统（Different System）逐渐转向构建创新系统，企业将分析技术慢慢融入其核心战略制定和日常运营管理中（见图 1-2）。数据和分析技术不再仅仅用来管理财务预测、年度预算分配、供应链优化和流线型运营，而是更多地用来增强客户体验，制定更智慧的营销活动，评估员工的绩效和制定组织的战略目标等（程永，2013）。

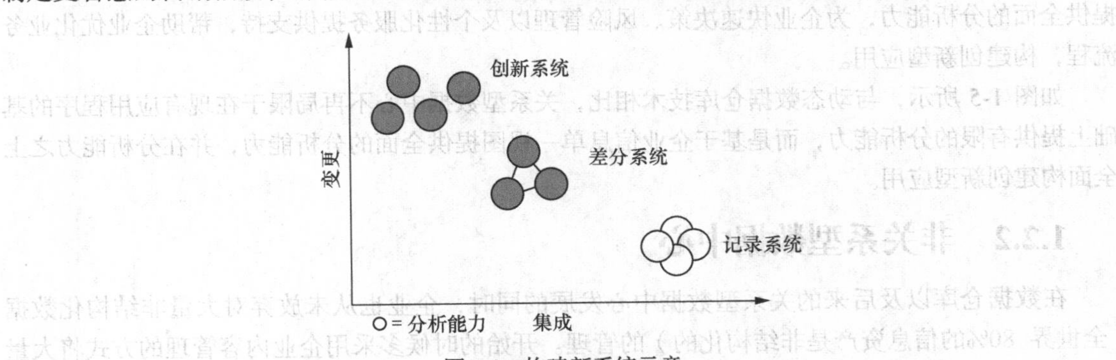

图 1-2 构建新系统示意

通过构建新一代数据中心，可以在各行各业实现智慧的分析洞察（见图 1-3），例如在交通行业进行实时交通流优化、公交线路优化、基于交通流量预测进行出行线路推荐等；在银行业进行反欺诈、反洗钱和风险管理整合等；以及在零售行业预测客户购买意向等（程永，2013）。

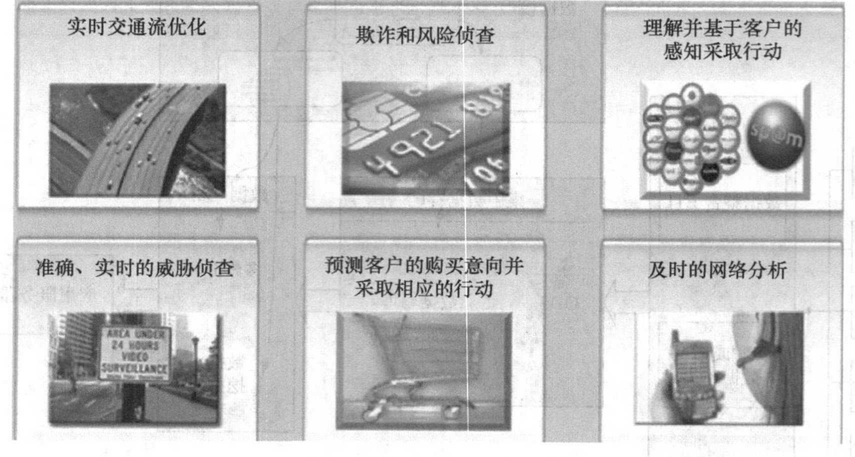

图 1-3　各行业分析示例

1.2　数据中心

根据处理数据类型的差异，数据中心可以分为 3 种类型：关系型数据中心、非关系型数据中心（基于 Hadoop 或企业内容管理）和混合型数据中心（大数据平台）。通过构建数据中心，特别是混合型数据中心（大数据平台），企业将实现贯穿整个信息供应链的所有信息的单一视图。同时在各种运营分析和预测分析的帮助下，企业管理层可以在全局层面拥有对业务的可见性，获得深入的洞察力（李德仁，王树良，李德毅，2013；程永，2013；Meyer-Schoenberger，Cukier，2013）。

1.2.1　关系型数据中心

如图 1-4 所示，关系型数据中心通常以数据仓库或关系型数据库为基础构建数据存储层，数据以关系型数据为主（结合少量半结构化和非结构化数据），实现企业全部或部分结构化数据的物理或逻辑集中，通过完善的数据治理和统一元数据管理构建企业信息单一视图（关系型），并提供全面的分析能力，为企业快速决策、风险管理以及个性化服务提供支持，帮助企业优化业务流程，构建创新型应用。

如图 1-5 所示，与动态数据仓库技术相比，关系型数据中心不再局限于在现有应用程序的基础上提供有限的分析能力，而是基于企业信息单一视图提供全面的分析能力，并在分析能力之上全面构建创新型应用。

1.2.2　非关系型数据中心

在数据仓库以及后来的关系型数据中心发展的同时，企业也从未放弃对大量非结构化数据（全世界 80%的信息资产是非结构化的）的管理。开始的时候多采用企业内容管理的方式将大量的音频、视频、图像、文本和电子扫描件等非结构化数据进行管理，并通过内容分析获取对非结构化数据的洞察。

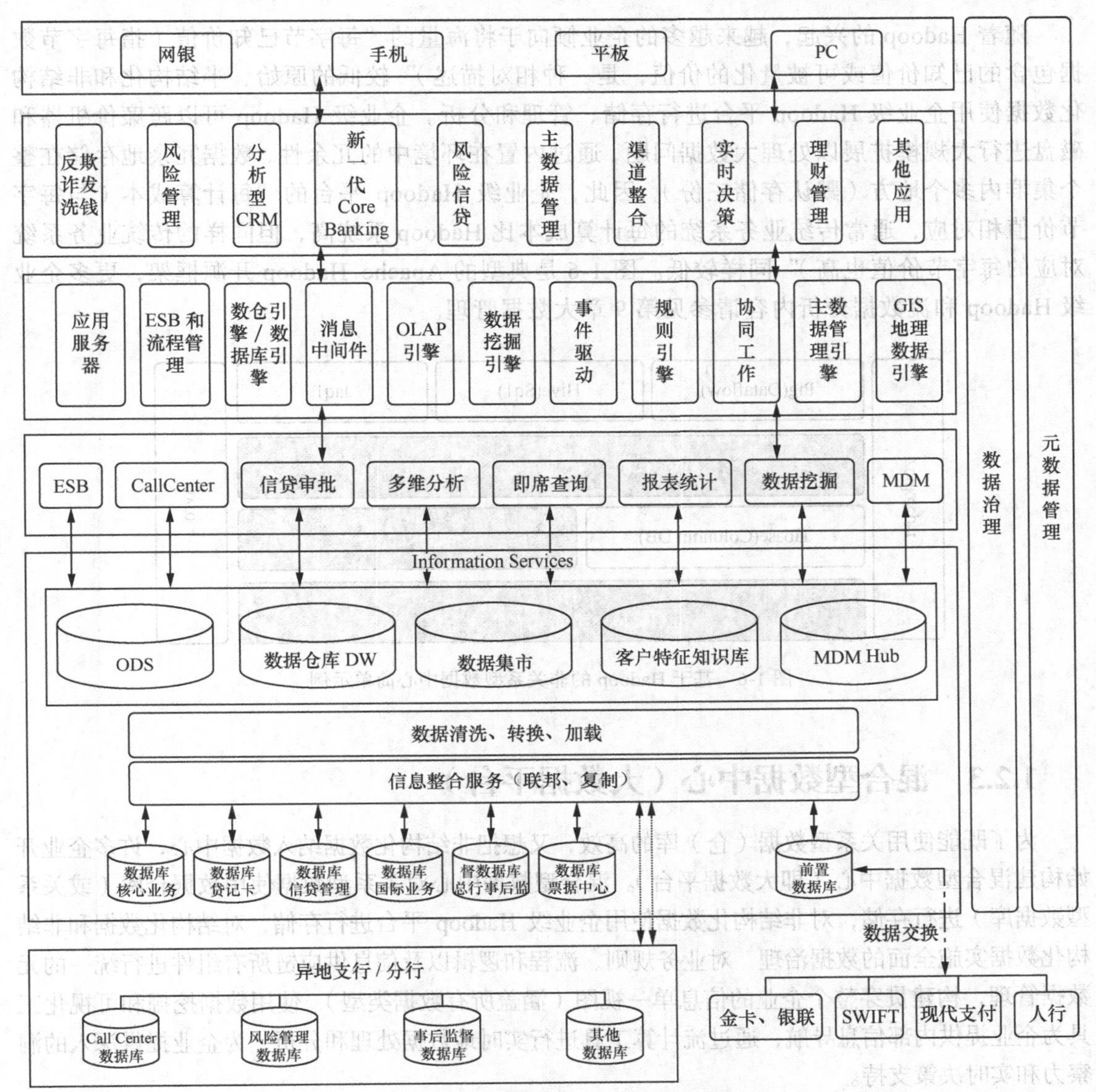

图 1-4　关系型数据中心体系结构实例

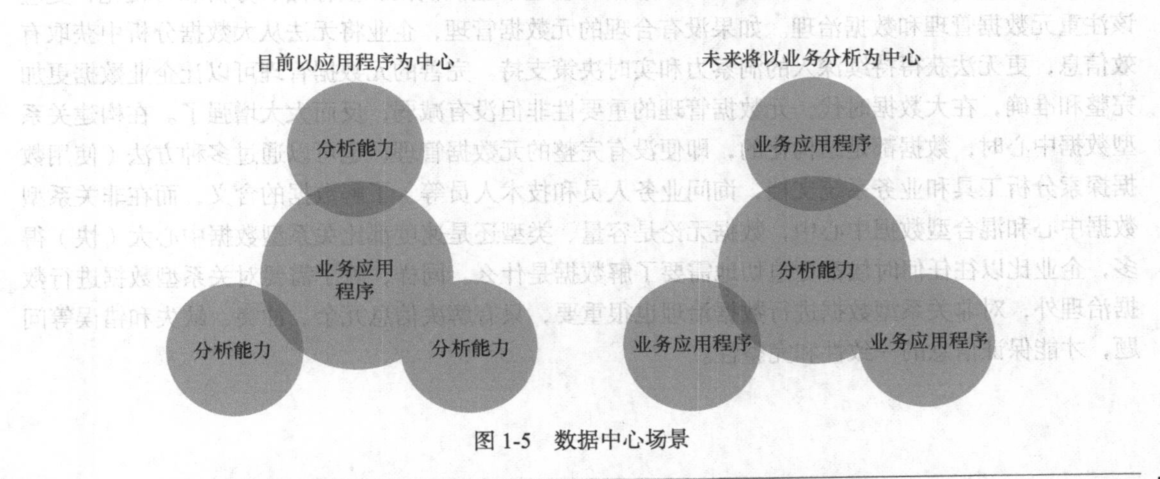

图 1-5　数据中心场景

随着 Hadoop 的兴起，越来越多的企业倾向于将海量的“每字节已知价值（指每字节数据包含的已知价值或可被量化的价值，是一种相对描述）”较低的原始、半结构化和非结构化数据使用企业级 Hadoop 平台进行存储、管理和分析。企业级 Hadoop 可以跨廉价机器和磁盘进行大规模扩展以处理大数据问题，通过内置在环境中的冗余性，数据冗余地存储在整个集群内多个地方（默认存储三份）。因此，企业级 Hadoop 平台的“每计算成本（与每字节价值相对应，通常传统业务系统的每计算成本比 Hadoop 系统高，但同样的传统业务系统对应的每字节价值也高）”同样较低。图 1-6 是典型的 Apache Hadoop 开源框架，更多企业级 Hadoop 和流数据分析内容请参见第 9 章大数据管理。

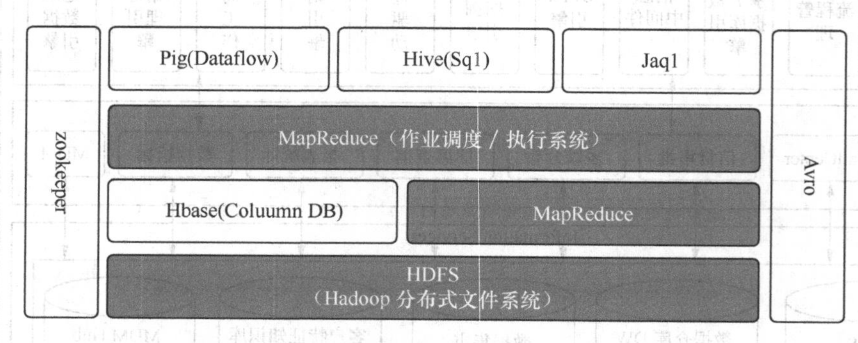

图 1-6　基于 Hadoop 的非关系型数据中心简单示例

1.2.3　混合型数据中心（大数据平台）

为了既能使用关系型数据（仓）库的高效，又想把非结构化数据纳入数据中心，许多企业开始构建混合型数据中心（即大数据平台）。混合型数据中心对关系型数据使用数据仓库（或关系型数据库）进行存储，对非结构化数据使用企业级 Hadoop 平台进行存储，对结构化数据和非结构化数据实施全面的数据治理，对业务规则、流程和逻辑以及信息供应链所有组件进行统一的元数据管理，构建贯穿整个企业的信息单一视图（涵盖所有数据类型），使用数据挖掘和可视化工具为企业提供内部信息导航，通过流计算工具进行实时地数据处理和分析，为企业提供深入的洞察力和实时决策支持。

在构建混合型数据中心的过程中，大数据的管理不应该仅仅侧重存储、分析和可视化，更应该注重元数据管理和数据治理。如果没有合理的元数据管理，企业将无法从大数据分析中获取有效信息，更无法获得持续深入的洞察力和实时决策支持。完善的元数据管理可以让企业数据更加完整和准确，在大数据时代，元数据管理的重要性非但没有减弱，反而大大增强了。在构建关系型数据中心时，数据都是结构化的，即便没有完整的元数据管理，也可以通过多种方法（使用数据探索分析工具和业务系统文档，询问业务人员和技术人员等）了解数据的含义，而在非关系型数据中心和混合型数据中心中，数据无论是容量、类型还是速度都比关系型数据中心大（快）得多，企业比以往任何时候都更迫切地需要了解数据是什么。同样，除了需要对关系型数据进行数据治理外，对非关系型数据进行数据治理也很重要，只有解决信息冗余、冲突、缺失和错误等问题，才能保证信息的一致性和完整性。

1.3 混合型数据中心参考架构

如图 1-7 所示，以构建银行新一代数据中心为例，假设银行上下级之间存在三级结构，分别是总行、异地分行/支行和支行/网点。其中核心账务系统、贷记卡系统、信贷审批管理系统、国际业务和票据中心等数据存放在总行数据中心，异地支行/分行也会有部分数据，例如呼叫中心、风险管理和事后监督等。总行和金卡、银联、SWIFT、国家现代化支付系统和人行等之间存在数据交互，数据中心可以为银行提供一个关于业务的全面准确的视图，帮助银行更加有效地进行反欺诈和反洗钱管理、风险管理、信贷管理、理财管理和实时决策等（李德仁，王树良，李德毅，2013；程永，2013； Meyer–Schoenberger，Cukier，2013；IBM 中国官方网站，2014；IBM 开发者园地，2014；DB2 V10.1 信息中心，2014）。

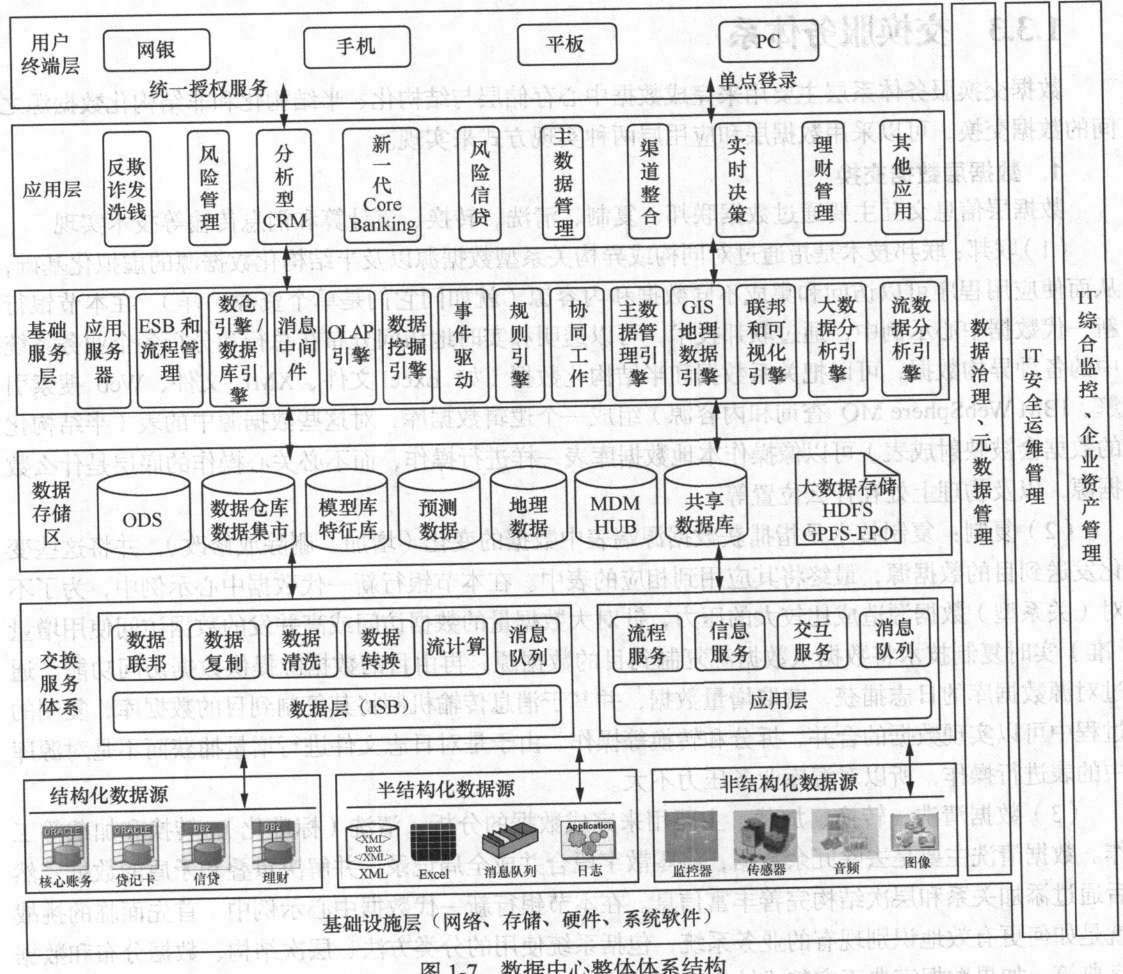

图 1-7 数据中心整体体系结构

银行新一代数据中心整体分为十层，分别为基础设施层、数据源层、交换服务体系、数据存储区、基础服务层、应用层、用户终端层、数据治理、元数据管理层、IT 安全运维管理和 IT 综合监控、企业资产管理等。

1.3.1 基础设施层

基础设施层主要包括整个企业所涉及的硬件、系统软件、网络设备和各种存储等，实现的方式可以基于企业私有云的方式，也可以基于公有云的方式，从而实现自动化、虚拟化和标准化管理等。

1.3.2 数据源层

数据源层主要包括结构化、半结构化和非结构化数据源。

（1）结构化数据源主要指各种关系型数据库，例如 DB2、Oracle 和 MS Sql Server 等。

（2）半结构化数据源主要指各种包含半结构化数据（如 XML、Excel、文本和日志等）的数据源。

（3）非结构化数据源主要指包含如图像、音频、视频和扫描件等非结构化数据的数据源。

1.3.3 交换服务体系

数据交换服务体系层主要用来完成数据中心存储层与结构化、半结构化和非结构化数据源之间的数据交换，可以采用数据层和应用层两种实现方式来实现。

1. 数据层数据交换

数据层信息交互主要通过数据联邦、复制、清洗、转换、流计算和消息传输等技术实现。

（1）联邦：联邦技术是指通过对同构或异构关系型数据源以及半结构化数据源的虚拟化基础，从而使应用程序可以访问和集成不同数据和内容源（就如同它们是单个资源一样）。在本节银行新一代数据中心示例中，通过联邦技术，可以透明和实时地访问分布在总行和分行各个业务系统中的各种异构数据，可以把关系数据和半结构化数据（如 Excel 文件、XML 文件、Web 搜索引擎、IBM WebSphere MQ 查询和内容源）组成一个逻辑数据库，对这些数据源中的表（半结构化的数据会被映射成表）可以像操作本地数据库表一样进行操作，而不必关心操作的底层是什么数据源，以及物理上处在什么位置等。

（2）复制：复制技术是指捕获数据源端表中数据的变化（增加、删除或修改），并将这些变化发送到目的数据源，最终将其应用到相应的表中。在本节银行新一代数据中心示例中，为了不对（关系型）数据源造成比较大的压力，针对大数据量的数据访问或高并发的数据访问使用增量（准）实时复制技术将数据从数据源复制到目的数据源，再由目的数据源提供数据访问功能。通过对源数据库的日志捕获，获取增量数据，并基于消息传输机制将其复制到目的数据库，复制的过程中可以实现数据的合并、拆分和转换等操作。由于是对日志文件进行增量捕获而不是对源库中的表进行操作，所以对源库业务压力不大。

（3）数据清洗、转换、加载：主要用来完成数据的分析、清洗（标准化）、转换和加载等工作。数据清洗主要是去除冗余数据，将零散字段合并成全局记录，并解决重叠和矛盾的数据，然后通过添加关系和层次结构完善丰富信息。在本节银行新一代数据中心示例中，首先面临的挑战就是如何更有效地识别现有的业务系统，包括系统使用的分类方法、层次结构、数据分布和数据字典等。如果数据字典不完整或缺失，就要通过工具（例如 InfoSphere Discovery）找出其数据的存储结构以及各个表之间的主外键关联、各表之间的转换关系等。数据的分布情况同样可以使用工具来完成（例如 InfoSphere Information Analyzer）。在对现有数据足够了解的基础上（完成了数据分析），制定数据的清洗规则以及转换规则，其中，清洗规则又分为两种情况：①清洗规则是明确的；②清洗规则是模糊的。清晰的数据清洗规则比较好处理，直接制定数据转换规则并借助数据转化工具（例如 InfoSphere DataStage）进行转换即可。针对模糊的清洗规则就需要使用数据概率算法匹配重复的数据记录，并自动地将数据转换为经过检验的标准格式（可以借助 InfoSphere QualityStage 来实现），消除数据源中的重复内容，确保数据的一致性。例如在银行不同业务系统中都存有地址信息，某业务系统中某条客户记录地址信息为“北京市朝阳区北四环中路盘古大观 21 层”，另一业务系统中某条客户记录了地址信息为“北京市北四环（中）路盘古大厦 21 层”。通过手工方式，可以判断这两个地址实际上是同一个地址，但计算机会当成两个地址来处理，这时候就需要用到模糊匹配功能，具体处理请参见本书第 4 章 InfoSphere QualityStage 介绍部分。

（4）流计算：通过使用流计算工具（例如 IBM InfoSphere Steams），可以实时处理、过滤和分析流数据，实现业务实时预警和事件处理等，同时可以将获取的高价值结构化分析结果存储到数据仓库中，以便进一步分析，还可以将大量有价值数据（去除噪声后的原始、半结构化和非结构化数据）存储到企业级 Hadoop 中，以便后续分析处理。

2. 应用层数据交换

应用层数据交换主要基于程序接口、适配器、ESB 总线和 Web Service 等多种技术实现。同时，数据层很多数据交换作业也可以发布为 Web Service，从而允许用户在应用层对其进行调用。在本节银行新一代数据中心示例中，可以使用 Websphere MB 和 MQ 构建支持各种协议和数据格式的企业服务总线，各系统可以通过服务使用企业服务总线进行交互。系统间的信息格式、传输协议和采用技术的差异，以及物理位置的不同等问题都将被企业服务总线屏蔽，还可以将服务按照业务流程的需要重新进行编排，以便满足业务的需要。

1.3.4　数据存储区

数据存储区是数据中心所有数据的集中（物理或逻辑）存放地，主要用来存放各种历史数据（结构化和非结构化数据）、预测数据和汇总数据等，客户特征库和模型库也在数据存储区，其他数据还有主数据管理集线器（MDM Hub）相关的主数据，地理信息系统相关的地理数据以及需要共享的数据等。需要注意的是，数据存储区的结构是一种逻辑描述，客户实际部署时需要根据具体情况进行部署。

（1）操作型数据存储（Operational Data Store，ODS）：ODS 存放了数据中心需要用到的业务明细数据，通常是一个可选项，用来在业务系统和数据仓库之间形成一个隔离层。ODS 中的明细数据将被进一步加工、集成和汇总，并加载到数据仓库或数据集市中。ODS 可以用来提供部分业务系统查询的功能（转移业务系统压力），并转接一些数据仓库中不能完成的功能（例如偶尔对明细数据的访问需求，DW 层通常都是存储汇总过的数据，偶尔对细节数据的查询可以转移到 ODS 来完成）。ODS 中存放的明细数据通常和原业务系统中的数据略有差别，例如多个下属分支机构相同的数据会汇总到一张表中，某些代码会被转换成新的值，某些缺失的数据会被补齐，某些不一致的数据会被标准化等。

（2）数据仓库（Data Warehouse，DW）：数据仓库是用来存储面向主题的、集成的、相对稳定的和反映历史变化的数据，用于支持决策管理。而数据集市（DataMarts）则是为了特定的应用目的或应用范围，而从数据仓库中独立出来的一部分数据，也可称为部门数据或主题数据（subject area）。数据仓库建模一般使用星型模型或雪花模型，例如简单的星型模型包含一个事实表，并以事实表为中心关联多个维表；雪花模型是星型模型的扩展，就是一个或多个维表没有直接连接到事实表上，而是通过其他维表连接到事实表，像雪花一样连接在一起。

（3）特征库和模型库：特征库主要用来存储经过客户分析生成的每个客户分群的群组特征，除了传统的客户属性如年龄、单位、工作年限和地理位置等，群组特征还包括客户选择商家的心理特征、购买商品的可能性以及客户对公司的累积价值等。基于客户特征库，企业可以将每个客户视为个体提供个性化的服务。模型库主要用来存放数据挖掘建模生成的业务模型，这些业务模型经过评估合格后，将被用来支持企业的各种业务流程和决策。

（4）预测数据：主要用来存放依据业务模型预测的各种数据，特别是无法明确描述出规则的业务模型，其预测的数据会直接存放在数据存储区。

（5）地理数据：通常会单独存储在一个空间数据库，别的应用程序可以通过接口或 Web Service 方式调用 GIS 地理数据引擎获得想要的地理数据。

（6）共享数据：存放需要进行共享的数据，可以和数据仓库或 ODS 等存储在一起，也可以分开存储。通常一些组织存在数据共享的需求，但又不想将数据仓库中的数据直接共享出来，而会单独部署一个数据库存储共享数据。

（7）MDM Hub：用来存储主数据，为主数据管理引擎提供数据支撑。

（8）大数据：大数据主要指各种原始、半结构化和非结构化数据，为大数据分析提供数据支持。大数据的存储常采用 HDFS 或 GPFS File Place Optimizer（GPFS-FPO）文件系统。

1.3.5 基础服务层

基础服务层主要包括构建应用所需的各种核心引擎，除了传统的应用服务器、关系型数据库（数据仓库）引擎、ESB 和流程整合引擎、消息中间件以外，还包括 OLAP 引擎、数据挖掘引擎、规则引擎、协同引擎、事件驱动、主数据管理引擎和 GIS 引擎等，另外还有针对原始、半结构化和非结构化数据的大数据分析引擎，针对所有的结构化、半结构化和非结构化数据的联邦和可视化工具以及针对流数据的流分析引擎。

（1）应用服务器：作为连接前端和后端应用程序的中间件层，即业务系统的应用服务器，可以帮助企业对诸如安全性、可扩展性、可管理性、成本、简易性等众多因素进行综合考虑，尤其适用于复杂的混合环境。

（2）企业服务总线：通过在企业架构中引入企业服务总线，减少了点到点的互连数目。使用与平台无关的企业服务总线集成多个应用程序、网络和设备类型，从而让用户安全可靠地处理业务。为客户应对快速变化的业务准备了灵活的 IT 技术框架，提高了用户业务的灵活度。

（3）数据仓库/数据库引擎：主要用来为存储在数据仓库中的海量历史数据提供多维分析以及数据检索、聚合、压缩、建模和更新等。

（4）业务流程管理（Business Process Management，BPM）引擎：BPM 提供了一个平台，支持嵌入在应用程序和系统中的业务功能，在高于应用程序间集成以及数据集成的级别进行交互和集成。

（5）消息中间件：提供准确、安全、可靠的消息传递，保证客户的数据不会遗失或重复，支持异步处理和并行消息传递，可以通过集群来完成横向或纵向的扩展，提供一致的编程接口，保证应用独立于网络或系统故障，支持文件传输。

（6）联机分析处理（On-Line Analytical Processing，OLAP）引擎：以多维度方式分析数据，弹性地提供上钻（Roll-up）、下钻（Drill-down）、切片和切块（Slice & Dice）、旋转（Pivot）等操作，呈现整合性决策信息（运营分析）。OLAP 主要用于大规模数据分析和统计计算，为决策提供参考和支持。与之相区别的是联机交易处理（On-Line Transactional Processing，OLTP）。

① OLAP（联机分析处理）服务器会对数据进行有效集成和组织，以便进行多角度、多层次的分析，并发现业务趋势。可以根据需要选择使用 ROLAP（关系型在线分析处理）或 MOLAP（多维在线分析处理）。

② OLAP 以大量历史数据为基础配合时间点的差异并对多维度及汇整型的信息进行复杂的分析，需要用户有主观的信息需求定义，系统效率较佳。

③ OLAP 的概念，在实际应用中有广义和狭义两种不同的理解。广义上的理解与字面意思相同，即针对于 OLTP 而言，泛指一切不对数据进行输入等事务性处理，而基于已有数据进行分析的方法。但在更多的情况下，OLAP 是被理解为其狭义上的含义，即与多维分析相关，基于多维立方体（Cube）计算而进行的分析。

④ 关系型在线分析处理（Relational On-Line Analytical Processing，ROLAP）是对存储在关系数据库/数据仓库中的数据作动态多维分析，多维立方体会在数据仓库（数据集市）中；多维在线分析处理（Multidimensional On-Line Analytical Processing，MOLAP）则是由前端展现工具自行建立多维数据库，来存放联机分析系统数据，多维立方体存在于前端展现工具（如 Cognos BI 的 Power Cube）中。

（7）数据挖掘（Data Mining）引擎：数据挖掘是指从大量的历史数据中提取隐含的过去未知的有价值的潜在信息或模式，介于数据仓库和运营分析之间。数据挖掘引擎提供可视化操作，帮助用户进行数据准备、建模、评估和部署，包含丰富的数据挖掘模型。如：

① 预测和分类（Prediction & Classification）模型，包括 Neural net，C5.0，C&R Tree，QUEST，CHAID，Linear Regression，Logistic & Multinomial Logistic Regression 等；

② 关联探测（Association Detection），包括 Apriori，GRI，Carma，Web graph 等；

③ 聚类和细分（Clustering & Segmentation），包括 TwoStep，Kohonen，K-Means 等；

④ 数据缩减（Data Reduction），包括 Factor，Principle Components 等；

⑤ 序列（Sequence），包括 Capri，Neural Net，Regression 等；

⑥ 时间序列（Time Series），包括 Forecasting。

（8）事件驱动引擎：为事件管理提供引擎支持，跟随当前时点上出现的事件，当满足触发的条件时，自动将事件发送到相关方，并启动相应的处理流程，执行相关任务，使不断出现的事件得到解决。

（9）规则引擎：是一种业务规则管理系统（Business Rule Management System，BRMS），在不影响性能的情况下，将实施业务策略和业务规则的责任从开发人员转回到业务策略经理身上，公司授权策略经理根据业务需求的变化（而非再次经过 IT 编程）直接实施业务策略和规则，从而加快业务周期。

（10）协同工作引擎：提供协同支持，例如在仪表盘、图表和单元格之上添加评论和注释，在自助式仪表盘上创建新的活动，浏览与仪表盘的相关活动，将仪表盘/报表链接到活动等。协同工作能力使企业更多的时候以事实为依据，以分析能力为基础，更加一致地进行团队决策，提高决策的透明度。

（11）主数据管理引擎：实现组织内主数据实体的管理，帮助组织构建主数据单一视图，保证整个信息供应链内主题域和跨主题域相关数据的实时性、完整性、准确性、一致性和相关性。

（12）GIS（Geographical Information System）地理数据引擎：为空间数据采集、检验、编辑、转换、查询和分析等功能提供全面支持。

（13）联邦和可视化工具引擎：通过高效的跨数据源捕获并交付信息，帮助企业构建单一视图导航整个企业的数据，企业用户可以访问、导航和分析各种类型的数据。

（14）大数据分析引擎：针对存储区存储的海量静止大数据，为开发人员提供开发和运行环境，以便构建高级分析应用程序，为企业用户提供大数据分析工具。

（15）流数据分析引擎：针对流数据提供及时处理和分析功能，流数据可以是结构化、半结构化或非结构化数据（如文本、音频、视频、图像、传感器、数字、GPS数据、日志、交易记录和呼叫详细记录等各种类型数据）。

1.3.6 应用层

基于数据中心提供的全面的预测分析能力和信息单一视图，银行可以构建各种全新的应用。例如反欺诈/反洗钱、风险和合规管理、分析型CRM（Custom Relationship Management）、新一代Core Banking、风险信贷管理、渠道整合和实时决策等。基于越来越多的创新型应用，银行可以有效地提升业务流程处理速度和决策速度，给客户提供各种个性化的服务，从而提升竞争优势，降低生产成本和风险。

1.3.7 用户终端层

在用户终端层，用户可以通过各种终端访问多种应用（如门户系统、新一代网银、MDM管理和各种运营分析系统）；银行工作人员可以通过门户系统随时查看待办任务，定制个性化页面和查询各种内容和图表，可以基于各种移动互联接入设备如智能手机、平板电脑、掌上电脑等访问各种创新型应用；用户可以通过PC（Personal Computer）、移动互联设备和ATM等使用各种自助服务。

1.3.8 数据治理

数据治理（Data Governance）也被称为数据管控或数据监管，是指通过对贯穿整个企业信息的完整管理，解决信息冗余、冲突、缺失和错误等问题，从而保证数据一致性和相关性。数据治理其实是将企业信息作为一种资源加以管理并实施领导和控制，保证其满足企业的需求而不偏离方向。数据治理是实现智慧的分析洞察、构建数据中心的一个关键流程，可以帮助企业避免各种操作违规，降低合规性风险。

1.3.9 元数据管理

元数据管理（Metadata Management）会贯穿整个企业的所有层面，具体包括业务元数据、操作元数据和技术元数据等，通过公共仓库元模型（Common Warehouse Metamodel，CWM）构建公共元数据存储库、元模型（Metamodel）、元元模型（Meta-metamodel）和CWM元数据交换适配器（Adapter）等，可以实现企业级元数据的完整管理。通过元数据管理，用户可以进行元数据分析，并为整个信息供应链提供全程的数据流报告，基于字段或作业的数据世系分析、影响分析和系统相关性分析等。举例说明，当用户在查看客户购买行为的年度报表时，可以依据图形化的方式对客户姓名等字段进行正向追溯或逆向追溯（数据世系分析或血缘分析），了解客户姓名字段都经历了哪些变化，并查看字段在信息供应链各组件间转换是否正确等，具体如图1-8所示。

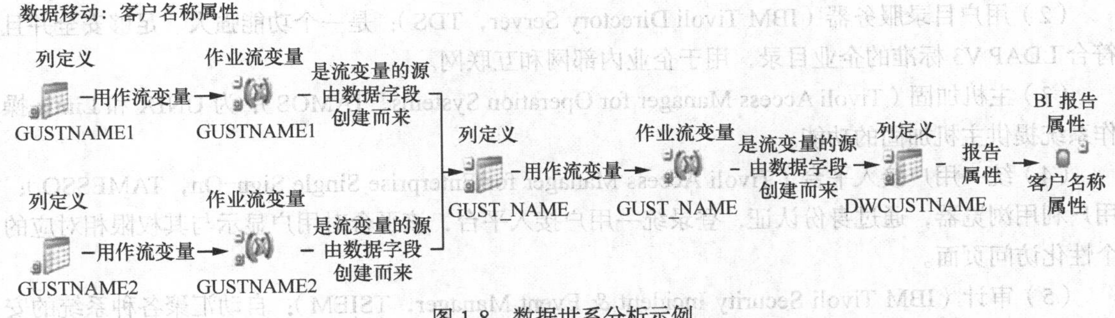

图 1-8　数据世系分析示例

当需要改变数据清理、转换、加载作业中的某个字段（如 CUST_NAME）时，通过图形化的字段影响分析可以清楚地看到哪些作业和报表会受到这种改变的影响，从而及时通知相关系统进行变更，具体如图 1-9 所示。

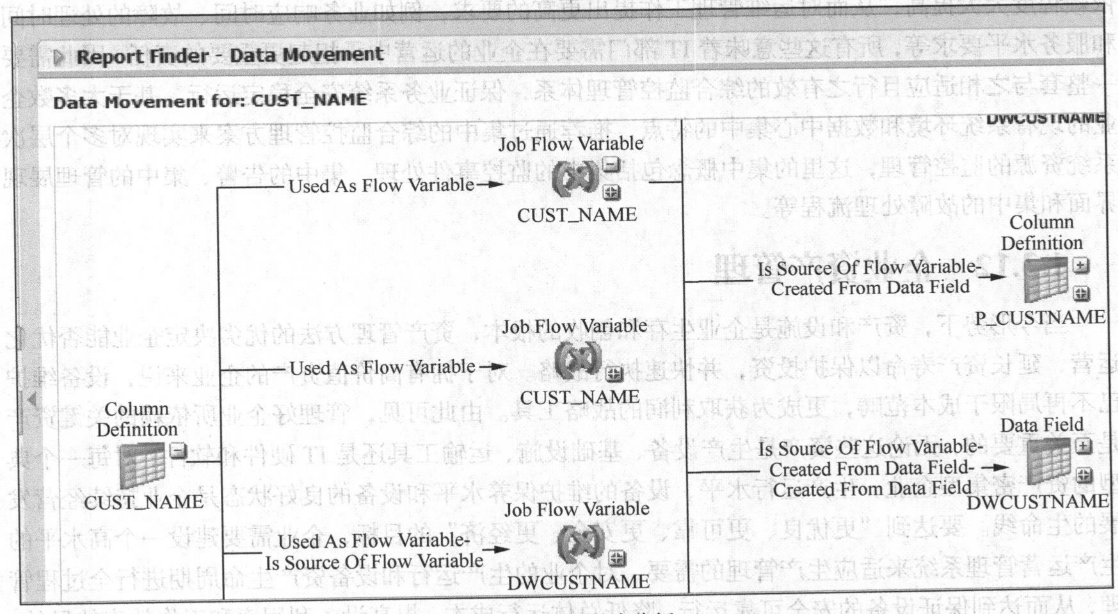

图 1-9　字段影响分析

1.3.10　IT 安全运维管理

随着信息系统建设的逐步完善，需要花费大量的人力物力来维护业务正常运营的主机、网络设备和数据库等。为了保障各系统安全、健康运转，维持企业正常运行，加强对应用和系统的安全管理，建立一套既能满足内部管理需要，又能与国际安全管理模式同步的安全保障体系显得尤为重要。基于对系统的安全要求程度的考虑以及为信息系统建立长期的安全规划，需要建立一套统一的 IT 安全运维平台。IBM IT 安全运维解决方案以统一用户管理平台模块为中心，集成了用户管理、用户认证和用户操作日志审计 3 个功能模块，共同组成了完整的用户统一管理方案。

（1）统一用户管理平台（Tivoli Identity Manager，TIM）：作为企业级的用户身份生命周期管理产品提供了自动化的用户身份管理能力。

（2）用户目录服务器（IBM Tivoli Directory Server，TDS）：是一个功能强大、足够安全并且符合 LDAP V3 标准的企业目录，用于企业内部网和互联网。

（3）主机加固（Tivoli Access Manager for Operation Systems，TAMOS）：为 UNIX 和 Linux 操作系统提供主机加固的功能。

（4）统一用户接入平台（Tivoli Access Manager for Enterprise Single Sign-On，TAMESSO）：用户利用浏览器，通过身份认证，登录统一用户接入平台，该平台对用户显示与其权限相对应的个性化访问页面。

（5）审计（IBM Tivoli Security Incident & Event Manager，TSIEM）：自动汇聚各种系统的安全日志数据，提供全面的端到端的安全管理。

1.3.11 IT 综合监控

随着信息系统的建设逐步完善，IT 系统变得越来越复杂。同时，业务系统内部对 IT 系统的依赖程度大大提高，从而对运维管理工作提出更高的要求，例如业务响应时间、故障的处理时间和服务水平要求等，所有这些意味着 IT 部门需要在企业的运营中承担起更重要的责任，因此需要一整套与之相适应且行之有效的综合监控管理体系，保证业务系统安全稳定运行。基于大多数企业的现有系统环境和数据中心集中的特点，推荐通过集中的综合监控管理方案来实现对多个层次系统资源的监控管理，这里的集中概念包括集中的监控事件处理、集中的告警、集中的管理展现界面和集中的故障处理流程等。

1.3.12 企业资产管理

当今形势下，资产和设施是企业生存和创收的根本，资产管理方法的优劣决定企业能否优化运营，延长资产寿命以保护投资，并快速执行战略。对于拥有高价值资产的企业来说，设备维护已不再局限于成本范畴，更成为获取利润的战略工具。由此可见，管理好企业所依赖的关键资产是至关重要的，无论这些资产是生产设备、基础设施、运输工具还是 IT 硬件和软件。对每一个典型的资产密集型企业，生产运行水平、设备的维护保养水平和设备的良好状态是企业持续经营发展的生命线。要达到“更优良、更可靠、更安全、更经济”的目标，企业需要建设一个高水平的生产运营管理系统来适应生产管理的需要，对企业的生产运行和设备资产生命周期进行全过程管理，从而达到保证设备的安全可靠运行、降低总体运行成本、提高设备利用率和工作效率的目的，并使其成为用户生产运营的信息平台和能利用的高效管理手段。

思考题

1. 数据挖掘选择数据库与数据仓库，二者的挖掘过程和最后结果有什么不同？
2. 构建数据中心面临的挑战有哪些？

第2章 数据

数据是数据仓库和数据挖掘管理和挖掘的对象。本章立足于数据仓库和数据挖掘的需要，主要讲述数据的概念、数据的内容、数据属性、数据的特征统计和相似性度量等基础知识（李德仁，王树良，李德毅，2013；程永，2013；Inmon，2005；Wang，Shi，2012；Han，Kamber，Pei，2013；Executive Office of the President，2014；IBM PureData System for Transactions 信息中心，2014）。

2.1 数据的概念

数据包括描述对象及其属性，表现为数字、文字、符号、图形、图像、音频、视频和多媒体等多种形式。在现代计算机系统中，数据通称所有能输入计算机系统、能被计算机程序处理、具有一定逻辑意义的数学或物理的变量及其数值的集合（李德仁，王树良，李德毅，2013；Han，Kamber，Pei，2013）。

数据有多种分类方法。根据性质分为定性数据和定量数据。定性数据表示数据对象的抽象描述特征，如很冷、恰如其分等；定量数据反映数据对象的具体数量特征，如长度、面积、体积等几何量或重量、速度等物理量。根据时间分为静态数据和动态数据。静态数据描述数据对象在某个时间点的特征，动态数据描述数据对象在某个时间段的序列特征或实时特征。根据网络分为在线数据和离线数据。根据位置分为空间数据和非空间数据。根据来源分为模拟数据和数字数据。根据范围分为局部数据和全局数据。根据格式可以分为矢量数据和栅格数据。

2.2 数据的内容

数据的内容有多种类型，主要包括实时数据与历史数据、状态数据与事件数据、主题数据与全部数据、图形数据与图像数据、数据字典与元数据、空间数据、流数据等（李德仁，王树良，李德毅，2013；程永，2013；Inmon，2005；Wang，Shi，2012；Han，Kamber，Pei，2013；Executive Office of the President，2014）。

2.2.1 实时数据与历史数据

实时数据（real-time data）和历史数据（historical data），都与数据仓库密切相关。

实时数据记录对象的实时行为。实时行为是一种即时发生的行为。行为可以是任何事情，如超市中商品的销售行为。一旦行为完成，就有关于它的数据。实时数据仓库在行为发生时就捕获数据，当行为完成时，相关数据就已经进入数据仓库并且能立即使用。历史数据是过期的大量的细节级数据。随着时间的推移和主题的变化，数据仓库系统中大量的细节级数据成为过期的数据，但是这些数据并不是无用的数据，过期的大量的细节级数据可归档为历史数据。归档的历史数据访问频率低，可能在相当长的时间内访问频率为零，但数据量极大，保存时间相对较长，有些数据甚至需要保存十年左右。

实时数据和历史数据，分别为各个级别的分析决策过程提供相应类型的数据集合支持，以数据智能来指导业务流程改进，监视时间、成本与质量。

2.2.2 事务数据与时态数据

事务数据（Transaction data）是一种特殊类型的记录数据，其中每个记录是一个项的集合。如顾客一次购物所购买的商品的集合就构成一个事务，购得的商品就是项，如图 2-1（a）所示。

时态数据（temporal data）又称时序数据（sequential data），可以认为是事务数据的扩充，每个记录包含一个与之相关联的时间，通常存放包含时间相关属性的关系数据，如图 2-1（b）所示“付款”时态数据。

购买事务数据

购物篮事务

ID	Chips	Mustard	Sausage	Softdrink	Beer
001	1	0	0	0	1
002	1	1	1	1	1
003	1	0	1	0	0
004	0	0	1	0	1
005	0	1	1	1	1
006	1	1	1	0	1
007	1	0	1	1	1
008	1	1	1	0	0
009	1	0	0	1	0

•Iter

（a）事务数据

Payment Date	First Name	Last Name	Product	Am
2012-03-18 15:57:00.0	Clayton	Valenzuela	Double bed	
2012-03-15 14:17:00.0	Lacey	Olsen	Mattress	
2012-03-15 12:40:00.0	Chantale	Lowe	Mattress	
2012-03-15 11:26:00.0	Kendall	Mccall	Rug	
2012-03-14 22:40:00.0	Nolan	Kaufman	Double bed	
2012-03-14 08:20:00.0	Kelsie	Delaney	Hammock	
2012-03-13 19:57:00.0	Sonya	Burch	Mattress	
2012-03-13 19:23:00.0	Sawyer	Santos	Mattress	
2012-03-13 17:44:00.0	Sawyer	Santos	Mattress	
2012-03-13 14:38:00.0	Daniel	Herring	Large Planter	
2012-03-13 13:50:00.0	Constance	Salas	Large Planter	

（b）时态数据

图 2-1 事务数据与时态数据

2.2.3 图形数据与图像数据

图形数据（graphic data）是图的矢量数据，主要包含地图数据（点、线、面、体）、带有对象之间联系的数据和具有图形对象的数据。对象之间的联系常携带重要的信息，数据可以用图表示，数据对象映射为图的节点，对象之间的联系用对象之间的链、方向、权重表示，如图 2-2（a）所示的社交网络数据。如果数据对象具有结构，即数据对象包含具有联系的子对象，也常用图表示，如图 2-2（b）所示的化合物结构数据。

图像数据（imagery data）是图的栅格数据。根据图像记录方式可分为模拟图像和数字图像。模拟图像通过某种物理量（如光、电等）的强弱变化来记录图像亮度信息，例如模拟电视图像；数字图像则是用计算机存储的数据来记录图像上各点的亮度信息，例如卫星遥感图像。图像可以分解为很多小区域，称为像素。黑白像素的灰度用一个数值表示，彩色像素用红、绿、蓝三原色分量表示。图像单位面积的像素数量的多少为图像分辨率，分辨率决定图像的清晰程度和占用的存储空间。

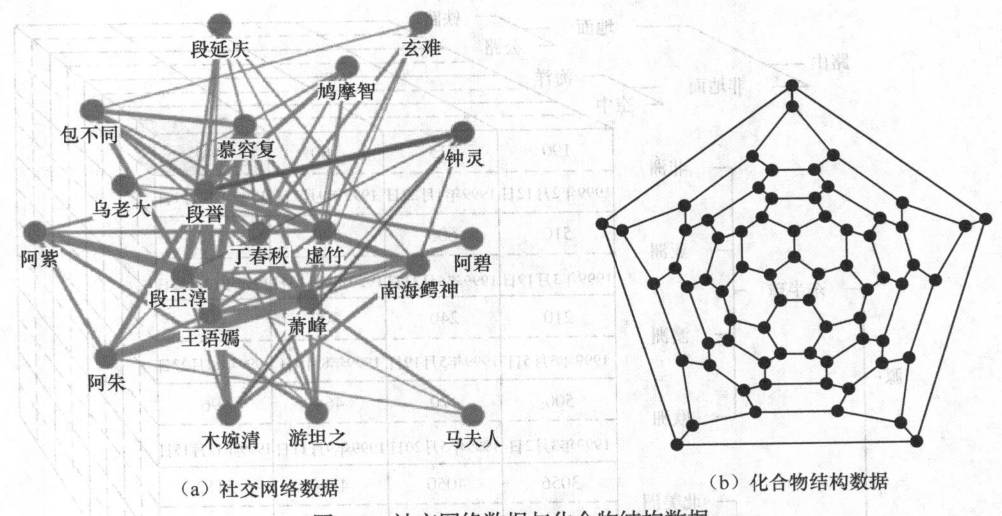

（a）社交网络数据　　（b）化合物结构数据

图 2-2　社交网络数据与化合物结构数据

2.2.4　主题数据与全局数据

主题数据（thematic data），又称局部数据（local data），是数据仓库中根据主题抽样的数据集合。在数据仓库中，数据的组织面向主题而非应用。主题在较高层次上将信息系统中的数据进行综合、归类、分析和利用，每个主题在逻辑上对应一个宏观分析领域涉及的对象。面向主题的数据可以完整一致地描述对象，能刻画各个对象涉及的各项数据，以及数据之间的联系。例如，企业中典型的主题数据库有产品、客户、零部件、供应商、订货、员工、文件资料、工程规范等。其中产品、客户、零部件这些主题数据库是通过分析整理有关账单、报表的数据项设计得到的，不是按照原样建立的。这些主题数据库与企业管理中要解决的主要问题相关联。

全局数据（global data），是数据库所有数据的集合，或者数据仓库中的所有主题数据的集合。主题数据和全局数据如图 2-3 所示。

2.2.5　空间数据

空间数据（spatial data）是用来描述空间实体的形状、大小以及位置和分布特征（Wang，Yuan，2014）的，具有空间、时间和专题属性三大特性。空间特征是指空间地物的位置、形状和大小等几何特征，以及与相邻地物的空间关系。空间位置可以通过坐标来描述。专题属性特征是指空间现象或空间目标的属性特征，它是指除了时间和空间特征以外的空间现象的其他特征，如地形的坡度、波向，某地的年降雨量、土地酸碱度、土地覆盖类型、人口密度、交通流量、空气污染程度等。时间特征是指空间数据总是在某一特定时间或时间段内采集得到或计算得到的。根据数据结构，空间数据主要分为矢量数据和栅格数据（见图 2-4）。

矢量数据结构通过记录空间对象的坐标及空间关系来表达空间对象的位置。在矢量数据中，点是空间的一个坐标点，线是由多个点组成的弧段，面是由多个弧段组成的封闭多边形。栅格数据以规则像元阵列表示空间对象的数据结构，阵列中每个数据表示空间对象的属性特征。或者说，栅格数据结构就是像元阵列，每个像元的行列号确定位置，用像元值表示空间对象的类型、等级等特征。在栅格数据中点为一个像元，线是在一定方向上连接成串的相邻像元集合，面是聚集在一起的相邻像元集合。

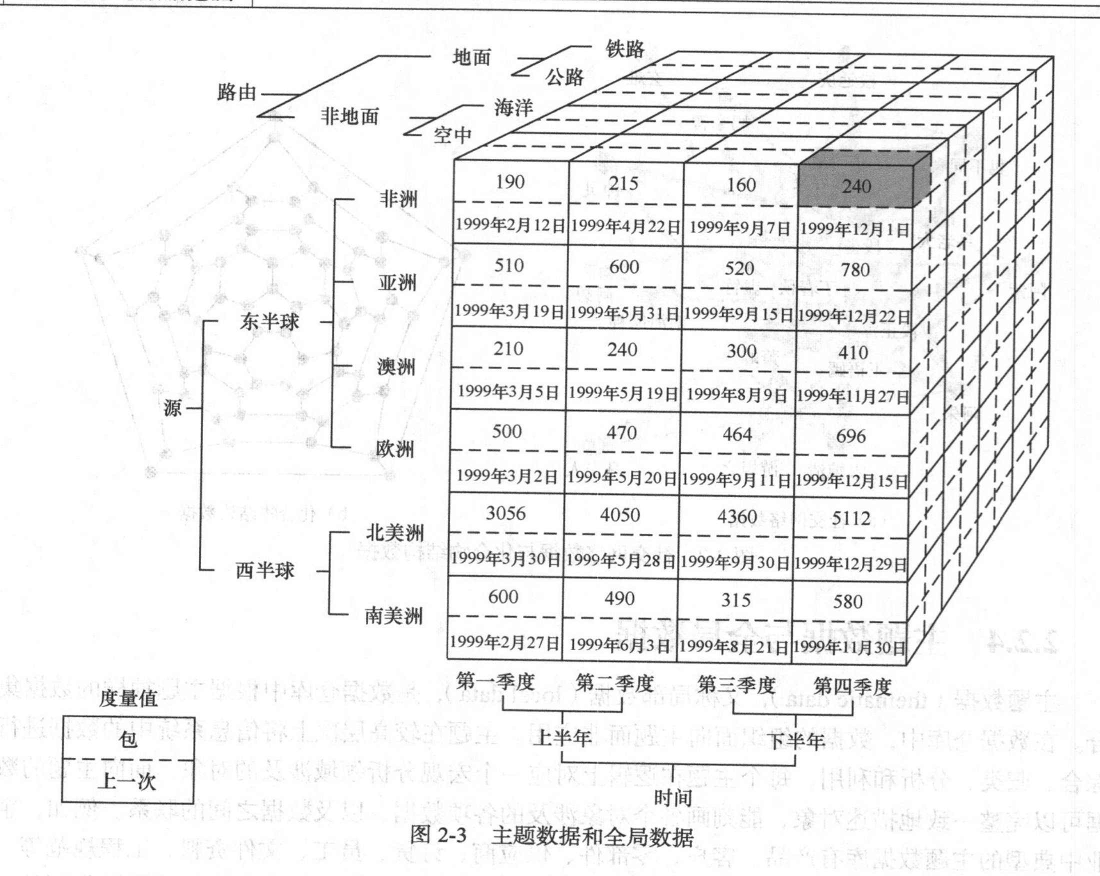

图 2-3 主题数据和全局数据

源自：http://www.bwxxkj.com/a/jishuzhongxin/shujukukaifa/2013/0325/169566.html，2013-03-25

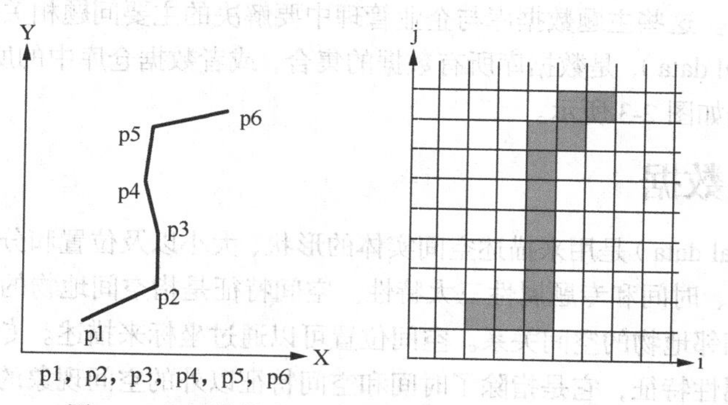

图2-4 空间数据（左是矢量结构，右是栅格结构）

2.2.6 序列数据和数据流

序列数据是记录各个实体顺序的数据，时间序列和生物序列数据是两类重要的序列数据，如图 2-5 所示。时间序列数据由客观对象的某个物理量在不同时间点的采样值按照时间先后次序排列而组成的序列，如证券市场中股票的交易价格与交易量，外汇市场上的汇率、期货和黄金的交易价格以及各种类型的指数等，这些数据都形成一个持续不断的时间序列。时间序列数据本身具备高维性、复杂性、动态性、高噪声特性以及容易达到大规模的特性。

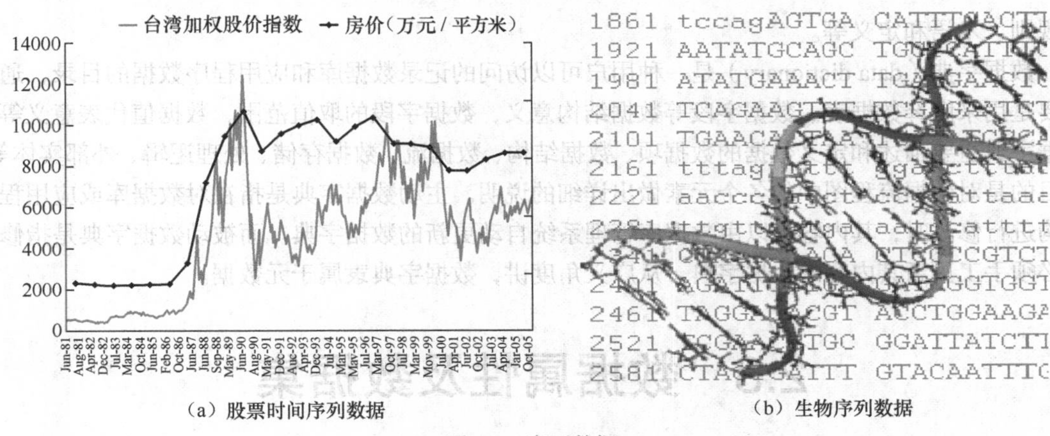

（a）股票时间序列数据　　（b）生物序列数据

图 2-5　序列数据

生物信息学、分子生物学实验技术的发展产生大量的各类生物数据，DNA（基因）序列数据成为生物信息学的主要研究对象之一。通过分析 DNA 序列，科学家能够解读序列在生物体中充当的角色，进而理解生命本质。DNA 序列被看作是组成 DNA 的 4 种核苷酸 A（adenine），G（guanine），C（cytosine），T（thymine）的线性排列，其中，不同排列顺序的 DNA 区段构成特定的功能单位——基因（gene）。不同基因的功能各异，各自分布在 DNA 的一定区域中。与一般数据不同，DNA 序列由非数值型字符组成，表示所用的符号集合很小，仅由 A，C，T，G 字符构成，长短差异大，有的很短，只有几十个字符；而有的却很长，甚至达几百兆以上。

随着通信技术和硬件设备的不断发展，尤其是小型无线传感设备的广泛应用，数据采集变得越来越便捷和趋于自动化。新兴的应用领域，诸如实时监控系统、气象卫星遥感、网络通信量监测和电力供应网等，每时每刻都在源源不断地产生大量的数据。这些数据是海量的（massive）、时序的（temporally ordered）、快速变化的和潜在无限的（potentially infinite）。这样的数据形态被称为数据流（Data Streaming），并用数据流模型（Data Streaming Model）来描述它。和传统的数据集相比，数据流是一种顺序、大量、快速、连续流进和流出的数据序列，可视为一个随时间延续而无限增长的动态数据集合。一般地，数据流实时到达，到达次序独立且不受应用系统所控制，数据规模大且不能预知其最大值，数据一经处理，除非特意保存，否则不能被再次取出处理，或者再次提取数据代价昂贵。流数据可以帮助卫星云图监测、股市走向分析、网络攻击判断等。

2.2.7　元数据与数据字典

元数据（meta data）是描述数据的数据，通常由信息结构的描述组成，主要描述数据及其环境，例如数据的精度、来源、投影坐标系、采集方式、生产时间、生产工艺、格式说明、使用范围、注解等。

元数据按用途分为技术元数据、业务元数据和操作元数据等。业务元数据主要包括业务规则、定义、术语、术语表、运算法则和系统使用业务语言等，主要使用者是业务用户。技术元数据主要用来定义信息供应链（Information Supply Chain，ISC）中各类组成部分的元数据结构，具体包括各个系统表和字段结构、属性、出处、依赖性等，以及存储过程、函数、序列等各种对象。操作元数据是指应用程序运行信息，例如其频率、记录数，以及各个组件的分析和其他统计信息等。

随着技术的发展，元数据的内涵有了非常大的扩展，目前包括 UML 模型、数据交易规则、用 Java/.NET/C++等编写的 API、业务流程和工作流模型、产品配置描述和调优参数，以及各种业务规则、术语和定义等。

数据字典（data dictionary）是一种用户可以访问的记录数据库和应用程序数据的目录，通常主要是用来解释数据表、数据字段等数据结构意义，数据字段的取值范围，数据值代表意义等。数据字典主要描述和定义数据的数据项、数据结构、数据流、数据存储、处理逻辑、外部实体等，其目的是对数据流程图中的各个元素做出详细的说明。主动数据字典是指在对数据库或应用程序结构进行修改时，其内容可以由数据库管理系统自动更新的数据字典。而被动数据字典是指修改时必须手工更新其内容的数据字典。从广义角度讲，数据字典隶属于元数据。

2.3 数据属性及数据集

数据属性（特征、维或字段）是指一个数据对象的某方面性质或特性。一个数据对象通过若干个属性来刻画。根据属性的不同性质，数据属性分为 4 种：标称（Nominal）、序数（Ordinal）、区间（Interval）和比率（Ratio）。

（1）标称属性（又称分类属性）的属性值只提供足够的信息以区分对象，如颜色、性别、产品编号等；这种属性值没有实际意义，如 3 个对象可以用甲、乙、丙来区分，也可以用 A、B、C 来区分。

（2）序数属性（又称顺序属性）的属性值提供足够的信息，以区分对象的序，如成绩等级（优良、中、及格、不及格）、年级（一年级、二年级、三年级、四年级）、职称（助教、讲师、副教授、教授）、学生（本科生、硕士生、博士生）等。

（3）区间属性的属性值之间的差是有意义的，如日历日期、摄氏温度。

（4）比率属性的属性值之间的差与比率都是有意义的，如长度、时间、速度等。

属性可进一步分为两类，标称和序数的属性统称为定性的（Qualitative）属性，取值为集合。区间和比率的属性统称为数值的（Numeric）或定量的（Quantitative）属性，取值为区间。属性的取值包括离散数据和连续数值。离散数值是指其数值只能用自然数或整数单位计算。例如企业个数、职工人数、设备台数等，这种数据的数值一般用计数方法取得。连续数值是指在一定区间内可以任意取值的数据，其数值是连续不断的，相邻两个数值可作无限分割，即可取无限个数值。例如人体测量的身高、体重、胸围等为连续数据，其数值只能用测量或计量的方法取得。

具有相同属性的数据对象的集合就是数据集。在数据挖掘领域，数据集具有 3 个重要的特性：维度（Dimensionality）、稀疏性（Sparsity）和分辨率（Resolution）。

（1）维度是指数据集中对象具有的属性个数总和。根据数据集的维度大小，数据集可以分为低、中、高维度数据集。

（2）稀疏性指在某些数据集中，有意义的数据非常少，对象在大部分属性上没有数据，取值为 0，非零项不到 1%。超市购物记录或事物数据集、文本数据集具有典型的稀疏性。

（3）人们可以在不同的分辨率或粒度下得到数据，而且在不同的分辨率下对象的数据也不同。例如，在肉眼看来，一张光滑的桌面是十分平坦的，在显微镜下观察，则发现其表面十分粗糙。数据的模式依赖于分辨率，分辨率太高或太低都得不到有效的模式，针对具体应用，需要选择合适的分辨率和粒度。例如，分析不同大学网络用户的行为特性时，如果使用每个具体地址，则难以体现群体的特性，使用部分 IP 地址，则容易发现不同群体的行为特性。

Weather 数据集如图 2-6 所示，该数据集包含 14 个数据对象，每个数据对象由 5 个数据属性

（outlook，temperature，humidity，windy，play）描述，数据的维度为 5，为低维度数据集。其中，outlook、windy、play 属性是标称属性和定性属性，temperature、humidity 是连续数值的定量属性，也属于区间属性。

Relation：weather

No.	outlook Nominal	temperature Numeric	humidity Numeric	windy Nominal	play Nominal
1	sunny	85.0	85.0	FALSE	no
2	sunny	80.0	90.0	TRUE	no
3	over cast	83.0	86.0	FALSE	yes
4	rainy	70.0	96.0	FALSE	yes
5	rainy	68.0	80.0	FALSE	yes
6	rainy	65.0	70.0	TRUE	no
7	over cast	64.0	65.0	TRUE	yes
8	sunny	72.0	95.0	FALSE	no
9	sunny	69.0	70.0	FALSE	yes
10	rainy	75.0	80.0	FALSE	yes
11	sunny	75.0	70.0	TRUE	yes
12	over cast	72.0	90.0	TRUE	yes
13	over cast	81.0	75.0	FALSE	yes
14	rainy	71.0	91.0	TRUE	no

图 2-6　Weather 数据集

2.4　数据特征的统计描述

数据集的分布特征可以从集中趋势、离散程度及分布形状 3 个方面进行描述。描述数据特征的测度如图 2-7 所示。

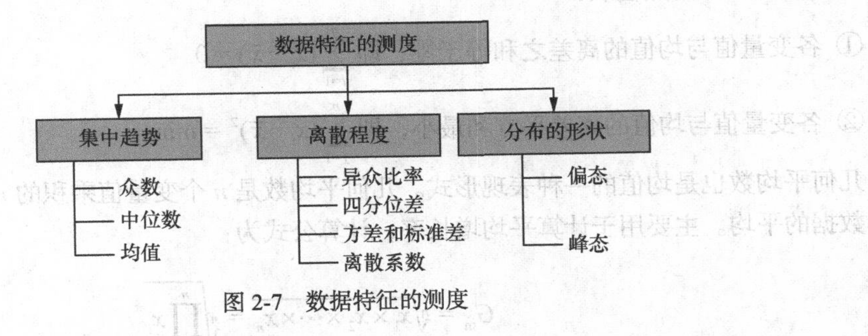

图 2-7　数据特征的测度

2.4.1　集中趋势

集中趋势是指一组数据向其中心值靠拢的倾向和程度，测度集中趋势就是寻找数据水平的代表值或中心值。不同类型的数据用不同的集中趋势测度值，低层次数据（定性数据）的测度值适用于高层次的测量数据（定量数据），但高层次数据的测度值并不适用于低层次的测量数据。集中趋势的主要测度包括以下几个。

（1）众数。表示出现次数最多的变量值。众数不受极端值的影响，一组数据可能没有众数或有几个众数。主要用于分类数据，也可用于顺序数据和数值型数据，如图 2-8 所示。

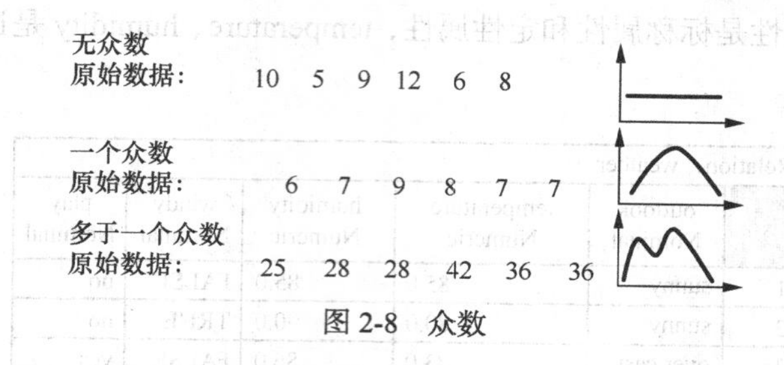

图 2-8 众数

（2）中位数。表示排序后处于中间位置上的值。 中位数不受极端值的影响，主要用于顺序数据，也可用数值型数据，但不能用于分类数据。各变量值与中位数的离差绝对值之和最小，即

$$\sum_{i=1}^{n}|x_i - M_e| = \min()$$

对于数值数据来说，中位数的位置为$\frac{n+1}{2}$；对于顺序数据来说，中位数的位置为$\frac{n}{2}$。

（3）均值。均值是集中趋势的最常用测度值，即一组数据的均衡点所在，均值体现了数据的必然性特征，易受极端值的影响，用于数值型数据，不能用于分类数据和顺序数据。设一组数据为：x_1，x_2，…，x_n，或各组的组中值为：M_1，M_2，…，M_k，相应的频数为：f_1，f_2，…，f_k，均值的计算公式如下所示。

简单均值：$\bar{x} = \frac{x_1 + x_2 + \cdots + x_n}{n} = \frac{\sum_{i=1}^{n} x_i}{n}$

加权均值：$\bar{x} = \frac{M_1 f_1 + M_2 f_2 + \cdots + M_k f_k}{f_1 + f_2 + \cdots + f_k} = \frac{\sum_{i=1}^{k} M_i f_i}{n}$

均值具有以下两点性质：

① 各变量值与均值的离差之和等于零，即$\sum_{i=1}^{n}(x_i - \bar{x}) = 0$

② 各变量值与均值的离差平方和最小，即$\sum_{i=1}^{n}(x_i - \bar{x})^2 = \min$

几何平均数也是均值的一种表现形式。几何平均数是 n 个变量值乘积的 n 次方根，适用于对比率数据的平均。主要用于计算平均增长率，计算公式为：

$$G_m = \sqrt[n]{x_1 \times x_2 \times \cdots \times x_n} = \sqrt[n]{\prod_{i=1}^{n} x_i}$$

几何平均数可看作是均值的一种变形，即

$$\lg G_m = \frac{1}{n}(\lg x_1 + \lg x_2 + \cdots + \lg x_n) = \frac{\sum_{i=1}^{n}\lg x_i}{n}$$

作为集中趋势的测度，众数不受极端值影响，具有不唯一性，当数据分布偏斜程度较大时适用。中位数不受极端值影响，在数据分布偏斜程度较大时适用。均值易受极端值影响，数学性质优良，当数据对称分布或接近对称分布时应用。

2.4.2 离散程度

离散程度（Measures of Dispersion）反映观测变量各个取值之间的差异，离散程度的测度包括：适用于分类数据的异众比率、适用于顺序数据的四分位差、适用于数值型数据的方差及标准差、适用于相对位置测量的标准分数测度、适用于衡量相对离散程度的离散系数等。

（1）异众比率：是对分类数据离散程度的测度，用于衡量众数的代表性，是非众数组的频数占总频数的比率，计算公式为：$v_r = \frac{\sum f_i - f_m}{\sum f_i} = 1 - \frac{f_m}{\sum f_i}$

（2）四分位差：适用于顺序数据离散程度的测度，也称为四分间距（inter-quantile range），是上四分位数（Q_U）与下四分位数（Q_L）之差：$Q_D = Q_U - Q_L$，四分位差反映了中间50%数据的离散程度，不受极端值的影响，用于衡量中位数的代表性。

（3）极差：表示一组数据的最大值与最小值之差，是离散程度的最简单测度值，易受极端值影响，未考虑数据的分布。

（4）平均差：是各变量值与其均值离差绝对值的平均数，对于未分组数据，计算公式为 $M_d = \frac{\sum_{i=1}^{n} |x_i - \bar{x}|}{n}$；对于分组数据，计算公式为 $M_d = \frac{\sum_{i=1}^{k} |M_i - \bar{x}| f_i}{n}$。平均差能全面反映一组数据的离散程度，但数学性质较差，实际中应用较少。

（5）方差和标准差：是数据离散程度的最常用测度值，反映了各变量值与均值的平均差异。根据总体数据计算的，称为总体方差或标准差；根据样本数据计算的，称为样本方差或标准差。未分组数据的方差和标准差的计算公式为 $s^2 = \frac{\sum_{i=1}^{n} (x_i - \bar{x})^2}{n-1}$ 和 $s = \sqrt{\frac{\sum_{i=1}^{n} (x_i - \bar{x})^2}{n-1}}$；分组数据的方差和标准差的计算公式为 $s^2 = \frac{\sum_{i=1}^{k} (M_i - \bar{x})^2 f_i}{n-1}$ 和 $s = \sqrt{\frac{\sum_{i=1}^{k} (M_i - \bar{x})^2 f_i}{n-1}}$。

（6）标准分数：也称标准化值，是对某一个值在一组数据中相对位置的度量，可用于判断一组数据是否有离群点，也可用于对变量的标准化处理，计算公式为 $z_i = \frac{x_i - \bar{x}}{s}$。对于标准分数来说，其均值为0，方差为1，标准分数只是将原始数据进行了线性变换，它并没有改变一个数据在该组数据中的位置，也没有改变该组数分布的形状，而只是将该组数据变为均值为0，标准差为1，如图2-9所示。

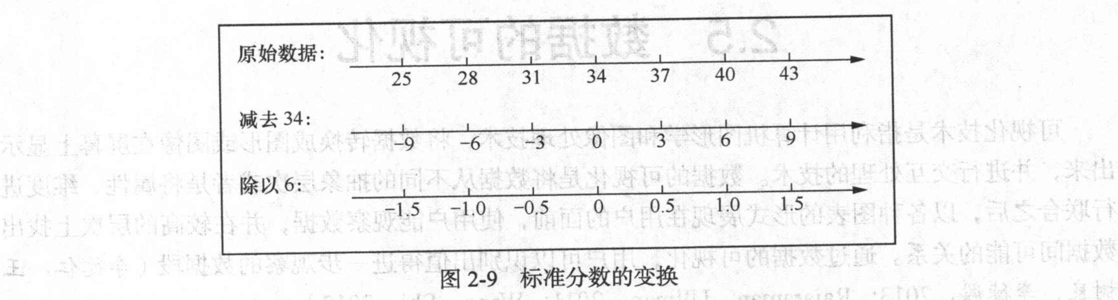

图2-9　标准分数的变换

（7）离散系数：是标准差与其相应的均值之比，消除了数据水平高低和计量单位的影响，适用于对不同组别数据离散程度的比较，其计算公式为 $v_s = \frac{s}{\overline{x}}$。

2.4.3 数据的分布形状

为了全面了解数据的特征，除了了解其集中趋势和离散程度，还要观察数据分布的形状。数据的分布形状通过偏态和峰态衡量，偏态由统计学家 Pearson 于 1895 年首次提出，是数据分布偏斜程度的测度，根据原始数据计算偏态系数的计算公式如下所示：

根据原始数据计算偏态系数 $$SK = \frac{n\sum(x_i - \overline{x})^3}{(n-1)(n-2)s^3}$$

根据分组数据计算偏态系数 $$SK = \frac{\sum_{i=1}^{k}(M_i - \overline{x})^3 f_i}{ns^3}$$

偏态系数为 0 时，数据为对称分布；偏态系数> 0，数据为右偏分布；偏态系数< 0，数据为左偏分布，如图 2-10 所示。

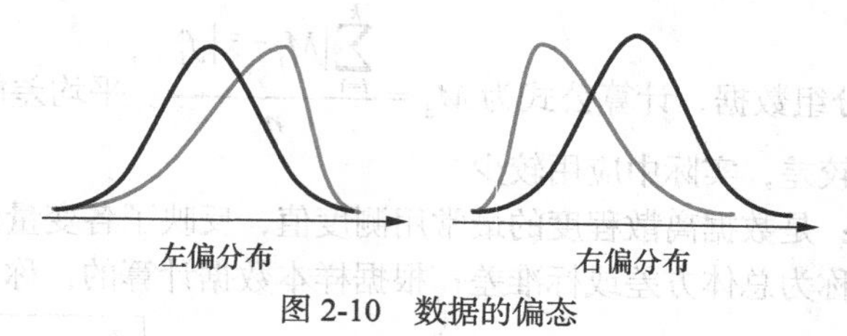

图 2-10 数据的偏态

众数、中位数和均值在不同的数据分布中的相对位置可用图 2-11 表示。

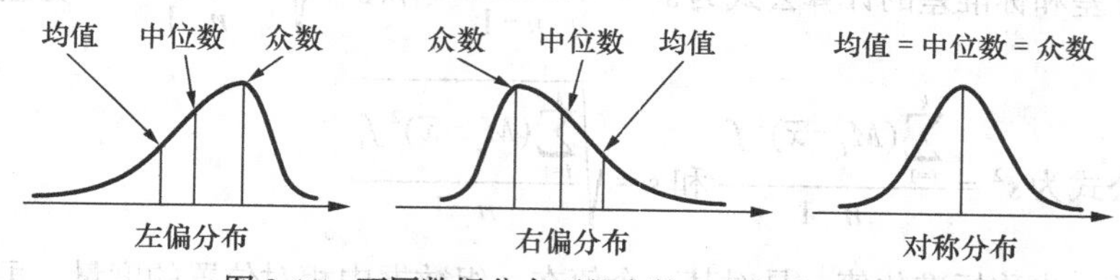

图 2-11 不同数据分布下的众数、中位数和均值

峰态系数是反映变量分布陡峭程度的指标，通常分为 3 种情况，即标准正态峰度、尖顶峰度和平顶峰度。与标准的正态分布相比，如果较为接近正态分布，则峰度的值近似为 0；如果尾部比正态分布更分散，则峰度的值大于 0；如果尾部比正态分布更集中，则峰度的值小于 0。

2.5 数据的可视化

可视化技术是指利用计算机图形学和图像处理技术，将数据转换成图形或图像在屏幕上显示出来，并进行交互处理的技术。数据的可视化是将数据从不同的抽象层次或者是将属性、维度进行联合之后，以各种图表的形式展现在用户的面前，使用户能观察数据，并在较高的层次上找出数据间可能的关系。通过数据的可视化，用户可以识别出值得进一步观察的数据段（李德仁，王树良，李德毅，2013；Rajaraman，Ullman，2011；Wang，Shi，2012）。

数据的可视化技术包括基于图表的可视化技术、基于几何投影的可视化技术、基于图标的可视化技术等。基于图表的可视化技术是传统的标准 2D / 3D 可视化技术，包括柱形图和条形图、面积图、堆积柱形图、折线图、饼图、直方图、分布图等。基于几何投影技术的可视化方法的目标是发现多维数据集的令人感兴趣的投影，以此将对多维数据的分析转化为仅对感兴趣的低维数据的分析。基于几何投影的可视化技术包括：散点矩阵技术、安德鲁斯曲线技术、格架图、测量图、平行坐标可视化技术和放射性可视化技术等。基于图标的可视化技术把每个多维数据项映射成一个图标，这些图标是一些很小的图，其各个部分用来表示不同维度的数据属性，常用的图标有针形图标、星形图标等。基于图标的可视化技术包括 Chemoff 脸谱图、形状编码图、枝形图等。本节内容简要介绍基于图表的可视化技术。

数据的可视化首先要弄清所面对的数据类型，因为不同类型的数据所采取的处理方式和方法是不同的，适合于低层次数据（定性数据）的整理和显示方法也适合于高层次的数据（定量数据）；但适合于高层次数据（定量数据）的整理和显示方法并不适合于低层次的数据（定性数据）。

对于分类数据和顺序数据主要是做分类整理，对数值型数据则主要是做分组整理。分类数据中可计算的统计量有以下几个。

（1）频数（frequency）：落在各类别中的数据个数。

（2）比例（proportion）：某一类别数据占全部数据的比值。

（3）百分比（percentage）：将对比的基数作为 100 而计算的比值，即比例乘以 100%。

（4）比率（ratio）：不同类别数值的比值。

分类数据可以采用条形图和饼图表达，如图 2-12 所示。条形图用宽度相同的条形的高度或长短来表示各类别数据的图形，有单式条形图、复式条形图等形式，主要用于反映分类数据的频数分布。绘制时，各类别可以放在纵轴，称为条形图；也可以放在横轴，称为柱形图。饼图也称圆形图，是用圆形及圆内扇形的角度来表示数值大小的图形，主要用于表示总体或样本中各组成部分所占的比例，对于研究结构性问题十分有用。绘制圆形图时，总体中各部分所占的百分比用圆内的各个扇形角度表示，这些扇形的中心角度是按各部分数据百分比占 360°的相应比例确定的。

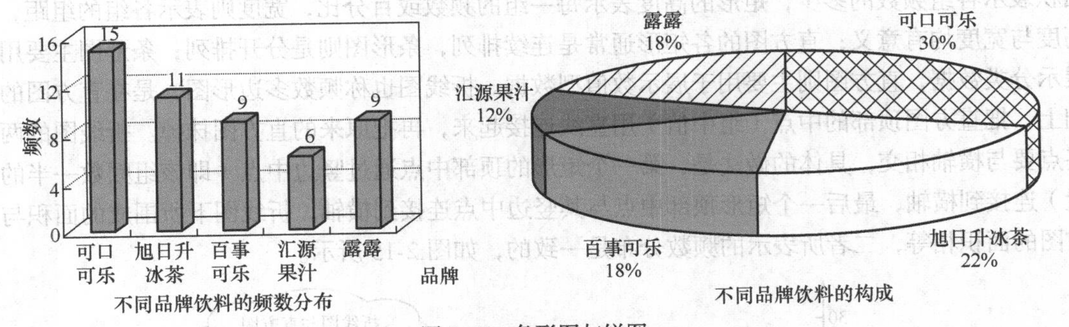

图 2-12　条形图与饼图

顺序数据可以通过累计频数分布图中的累积频数（cumulative frequencies，各类别频数的逐级累加）和累积频率（cumulative percentages，各类别频率（百分比）的逐级累加）展示，如图 2-13 所示。

分类和顺序数据还可以通过环形图表达，环形图中间有一个“空洞”，总体中的每一部分数据用环中的一段表示。环形图与圆形图类似，但又有区别，圆形图只能显示一个总体各部分所占的比例，环形图则可以同时绘制多个总体的数据系列，每一个总体的数据系列为一个环。环形图适用于结构比较研究，如图 2-14 所示。

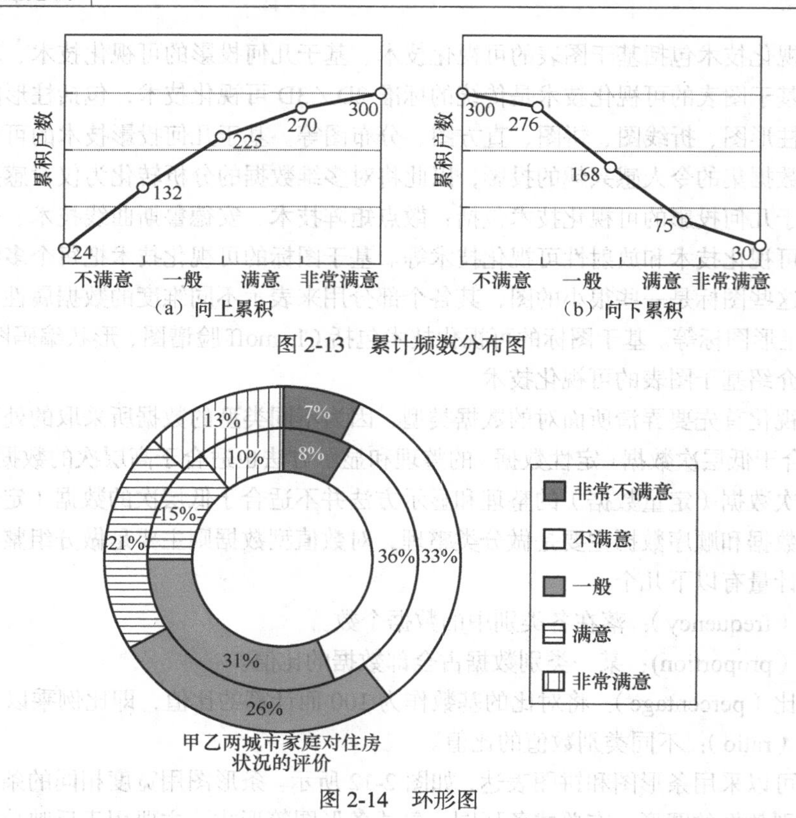

图 2-13　累计频数分布图

图 2-14　环形图

分组数据可以通过直方图表达。在直角坐标中，用横轴表示数据分组，纵轴表示频数或频率，各组与相应的频数就形成了一个矩形，即直方图。直方图用矩形的宽度和高度来表示频数分布的图形，实际上是用矩形的面积来表示各组的频数分布。直方图和条形图的区别在于，条形图是用条形的长度（横置时）表示各类别频数的多少，其宽度（表示类别）则是固定的，而直方图是用面积表示各组频数的多少，矩形的高度表示每一组的频数或百分比，宽度则表示各组的组距，其高度与宽度均有意义；直方图的各矩形通常是连续排列，条形图则是分开排列；条形图主要用于展示分类数据，直方图则主要用于展示数值型数据。折线图也称频数多边形图，是在直方图的基础上，把直方图顶部的中点（组中值）用直线连接起来，再把原来的直方图抹掉。折线图的两个终点要与横轴相交，具体的做法是，第一个矩形的顶部中点通过竖边中点（即该组频数一半的位置）连接到横轴，最后一个矩形顶部中点与其竖边中点连接到横轴，折线图下所围成的面积与直方图的面积相等，二者所表示的频数分布是一致的，如图 2-15 所示。

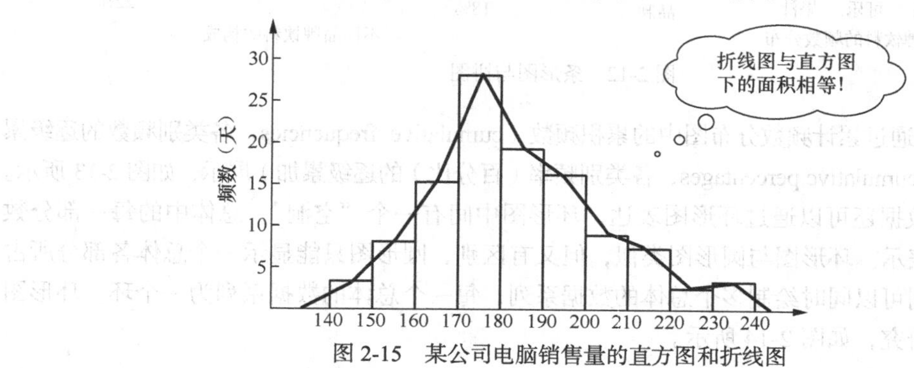

图 2-15　某公司电脑销售量的直方图和折线图

未分组的原始数据的分布可以通过茎叶图展示。由“茎”和“叶”两部分构成，其图形是由数字组成的，以该组数据的高位数值作树茎，低位数字作树叶，树叶上只保留一位数字。对于 n（$20\leqslant n\leqslant 300$）个数据，茎叶图最大行数不超过 $L=[10\times\lg(n)]$。茎叶图类似于横置的直方图，但又有区别，直方图可观察一组数据的分布状况，但没有给出具体的数值，茎叶图既能给出数据的分布状况，又能给出每一个原始数值，保留了原始数据的信息，如图 2-16 所示。

树茎	树叶	数据个数
14	1349	4
15	023345689	9
16	0011233455567888	16
17	011222222334445555667788899	27
18	00122345667777888999	20
19	00124455666667788	17
20	0123356789	10
21	00113458	8
22	3568	4
23	33447	5

树茎	树叶	数据个数
14*	134	3
14.	9	1
15*	02334	5
15.	5689	4
16*	00112334	8
16.	55567888	8
17*	0112222233444	13
17.	55556677888999	14
18*	0012234	7
18.	5667777888999	13
19*	001244	6
19.	55666667788	11
20*	01233	5
20.	56789	5
21*	001134	6
21.	58	2
22*	3	1
22.	568	3
23*	3344	4
23.	7	1

图 2-16　茎叶图

箱线图也可用于显示未分组的原始数据的分布，箱线图由一组数据的 5 个特征值绘制而成，它由一个箱子和两条线段组成。其绘制方法是首先找出一组数据的 5 个特征值，即最大值、最小值、中位数 M_e 和两个四分位数（下四分位数 Q_L 和上四分位数 Q_U），连接两个四分（位）数画出箱子，再将两个极值点与箱子相连接，如图 2-17 所示。

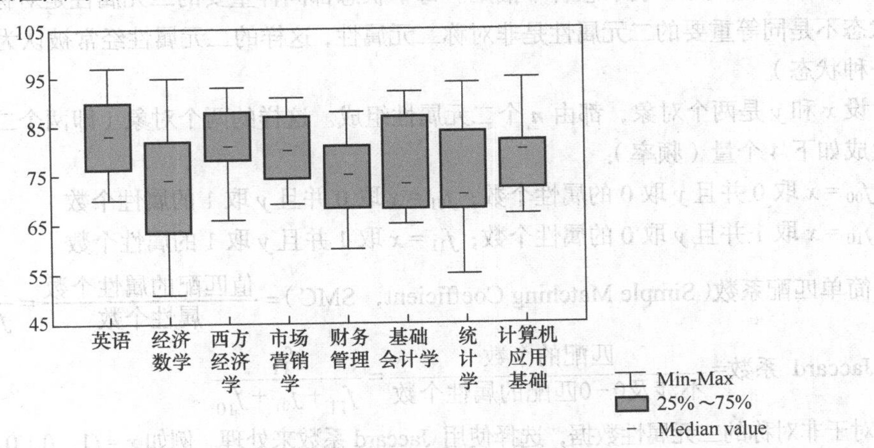

图 2-17　课程考试成绩箱线图

2.6　数据相似性与相异性的度量

两个对象之间的相似度（similarity）是两个对象相似程度的数值度量，两个对象越相似，它们的相似度就越高。两个对象之间的相异度（dissimilarity）是这两个对象差异程度的数值度量，对象越类似，它们的相异度就越低。在计算时，通常需要把相似度转换成相异度或相反，这就是相似度与相异度之间的变换。变换还常常用于把相似度或相异度变换到一个特定区间，如[0，1]。变换的目的一方面可以使数据适用特定算法或软件包，另一方面将邻近度放置在同一区间，使比较更直观。

（1）常用的相似度与相异度的变换方法包括以下几种。

① 将相似度或相异度变换到[0，1]之间。变化公式是：

$$p_1=(p-\text{min\_}p)/(\text{max\_}p-\text{min\_}p)$$

其中 p_1 是变换后的相似度或相异度，p 是原来的相似度或相异度，max_ p 和 min_ p 分别是相似度或相异度的最大值和最小值。也可考虑使用非线性变换，如公式：$P_1=p/(1+p)$，将[0，∞]上的邻近度变换到[0，1]之间，其中 p_1 是变换后的相似度或相异度，p 是原来的相似度或相异度。

② 直接把相似度变换成相异度或者相反。考虑到一般情况下，任何单调函数都可以用来将相似度与相异度互换，有如下两种处理方法：如果相似度落在[0，1]区间，则相异度可以定义为 d=1−s；相应地，如果相异度落在[0，1]区间，则相似度也可定义为 s=1−d。当原数区间在整个实数集上，还可以用负号转换，例如将为负的相似度定义为相异度。若希望将产生的结果集中在[0，1]之间，以相异度转换为相似度为例，可以用到公式：

$$s=1/d+1,\ s=e^{-d}\text{或者}\ s=1-\frac{d-\text{min\_}d}{\text{max\_}d-\text{min\_}d}。$$

（2）常用的相似度与相异度的度量方法包括以下几种。

① 二元数据的相似性度量可以采用简单匹配系数或 Jaccard 系数。二元数据的属性只有两种状态：0 或 1，其中 0 表示该属性不出现，1 表示它出现。例如，给出一个描述患者的属性 smoker，1 表示患者抽烟，而 0 表示患者不抽烟。每个状态都同样重要的二元属性是对称的二元属性。两个状态不是同等重要的二元属性是非对称二元属性，这样的二元属性经常被认为是“一元的”（只有一种状态）。

设 x 和 y 是两个对象，都由 n 个二元属性组成。这样的两个对象（即两个二元向量）的比较可生成如下 4 个量（频率）：

$f_{00}=x$ 取 0 并且 y 取 0 的属性个数；$f_{01}=x$ 取 0 并且 y 取 1 的属性个数

$f_{10}=x$ 取 1 并且 y 取 0 的属性个数；$f_{11}=x$ 取 1 并且 y 取 1 的属性个数

$$\text{简单匹配系数(Simple Matching Coefficient, SMC)}=\frac{\text{值匹配的属性个数}}{\text{属性个数}}=\frac{f_{11}+f_{00}}{f_{11}+f_{00}+f_{01}+f_{10}}$$

$$\text{Jaccard 系数}=\frac{\text{匹配的个数}}{\text{不涉及0-0匹配的属性个数}}=\frac{f_{11}}{f_{11}+f_{01}+f_{10}}$$

对于非对称的二元属性数据，选择使用 Jaccard 系数来处理。例如 x=(1，0，0，0，0，0，0，0，0，0)，y=(0，0，0，0，0，0，1，0，0，1)，由于为 0 的数量远大于为 1 的数量，因而像 SMC 这样的相似性度量将会判定 x，y 是类似的，Jaccard 系数考虑了数据的不平衡性，计算结果更能反映真实情况。$f_{01}=2$（x 取 0 并且 y 取 1 的属性个数），$f_{10}=1$（x 取 1 并且 y 取 0 的属性个数），$f_{00}=7$（x 取 0 并且 y 取 0 的属性个数），$f_{11}=0$（x 取 1 并且 y 取 1 的属性个数），SMC=0.7，Jaccard 系数为 0。

② 对于多元的、稠密的、连续的数据相异性度量，一般选择闵式距离、欧氏距离度量。

距离是具有特定性质的相异度，通过变换也可以成为相似度的度量方法。闵可夫斯基距离

（Minkowski distance），简称闵式距离，可用来概括众多类型的距离，其公式如下：

$$d(x,y)=(\sum_{k=1}^{n}|x_k-y_k|^r)^{\frac{1}{r}}$$

其中 n 是维数，x_k 和 y_k 分别是 x 和 y 的第 k 个属性值（分量），r 是参数。

当 r=1 时，称为绝对值距离。绝对值距离也叫出租汽车距离或城市块距离。在二维空间中可以看出，这种距离是计算两点之间的直角边距离，相当于城市中出租汽车沿城市街道拐直角前进而不能走两点连接间的最短距离。

当 r=2 时，称为欧几里德距离（Euclidean distance），简称欧氏距离，就是两点之间的直线距离。欧氏距离中各特征参数是等权的。欧氏距离也是最常用的距离公式：

$$d(x,y)=\sqrt{\sum_{k=1}^{n}(x_k-y_k)^2}$$

其中 n 是维数，x_k 和 y_k 分别是 x 和 y 的第 k 个属性值（分量）。

当 r=∞时，称为上确界距离，是对象属性间的最大距离。公式为：

$$d(x,y)=\lim_{x\to\infty}(\sum_{k=1}^{n}|x_k-y_k|^r)^{\frac{1}{r}}$$

以上方法都是针对不考虑权重的一般算法。如果某些属性的一般权重要高于其他，则不能将它们同等对待，需要为每个属性分配权重来体现其重要性。加权后的闵式距离公式如下：

$d(x,y)=(\sum_{k=1}^{n}w_k|x_k-y_k|^r)^{\frac{1}{r}}$，其中 ω_k 为第 k 个属性的权重。相应的欧氏距离也改为：

$d(x,y)=\sqrt{\sum_{k=1}^{n}w_k(x_k-y_k)^2}$。

③ 对于多元的、稀疏的、包含非对称性属性的数据的相似性，一般选择余弦度量和广义 Jaccard 度量。

稀疏性是指在众多数据中，只有极少甚至个别数据相匹配。处理这类邻近度计算，就不能依靠都缺失的性质数目，即忽略 0–0 匹配的相似性度量，否则它们只会高度相似。这点与 Jaccard 度量相仿，但是在 Jaccard 度量的基础上，还需要能够处理多元向量，这就需要用到余弦相似度（cosine similarity）和广义 Jaccard 度量。

余弦相似度是处理文档相似性最常用的方法，其公式如下：$\cos(\boldsymbol{x},\boldsymbol{y})=\frac{\boldsymbol{x}\cdot\boldsymbol{y}}{\|\boldsymbol{x}\|\|\boldsymbol{y}\|}=\frac{\sum_{k=1}^{n}x_k y_k}{\sqrt{\sum_{k=1}^{n}x_k^2}\sqrt{\sum_{k=1}^{n}y_k^2}}$ 其中 $\boldsymbol{x}$ 和 $\boldsymbol{y}$ 是两个向量，$\boldsymbol{x}\cdot\boldsymbol{y}$ 是向量点积，$\|\boldsymbol{x}\|$、$\|\boldsymbol{y}\|$ 是向量 $\boldsymbol{x}$、$\boldsymbol{y}$ 的长度。

广义 Jaccard 系数是 Jaccard 系数在非二元情况下的扩展，公式如下：

$$\mathrm{EJ}(\boldsymbol{x},\boldsymbol{y})=\frac{\boldsymbol{x}\cdot\boldsymbol{y}}{\|\boldsymbol{x}\|^2+\|\boldsymbol{y}\|^2-\boldsymbol{x}\cdot\boldsymbol{y}}$$

④ 对于需要标准化的数据相似性度量，一般选择皮尔森相关系数和规范化的余弦相似度度量。

皮尔森相关系数（Pearson correlation coefficient）也称皮尔森积矩相关系数（Pearson product-moment correlation coefficient），是一种线性相关系数。皮尔森相关系数是用来反映两个变量线性相关程度的统计量。公式如下：

$$r(x,y)=\frac{\frac{1}{n-1}\sum_{k=1}^{n}(x_k-\bar{x})(y_k-\bar{y})}{\sqrt{\frac{1}{n-1}\sum_{k=1}^{n}(x_k-x)^2}\sqrt{\frac{1}{n-1}\sum_{k=1}^{n}(y_k-y)^2}},$$

其中相关系数用 r 表示，n 为样本量，分别为两个变量的观测值和均值。r 描述的是两个变量间线性相关强弱的程度。r 的绝对值越大、表明相关性越强。可以简单理解相关系数 r 为分别对 x 和 y 基于自身总体标准化后计算空间向量的余弦夹角。

还有一种余弦相似度度量的方法，就是将余弦相似度算法规范化成对长度为 1 的向量进行相似度计算，即将余弦相似度公式化简为：$\cos(x,y)=\frac{x\bullet y}{\|x\|\|y\|}=\frac{x}{\|x\|}\cdot\frac{y}{\|y\|}=x'\bullet y'$，其中 $x'=\frac{x}{||x||}$；$y'=\frac{y}{||y||}$，分别代表被自身长度除后长度为 1 的向量，这样就不需要考虑两个数据之间的量值，余弦度量可以通过简单地取点积计算。

总地来说，距离度量用于衡量个体在空间上存在的距离。距离越远，说明个体的差异越大，包含欧几里德距离、闵式距离等。相似度度量用于计算个体间的相似程度，与距离度量相反，相似度度量的值越小，说明个体间相似度越小，差异越大，包含余弦相似度度量、皮尔森相关系数、Jaccard 系数、广义 Jaccard 系数等。

2.7 数据质量

数据质量定义为数据的一致性（consistency）、正确性（correctness）、完整性（completeness）和最小性（minimality）这 4 个指标在信息系统中得到满足的程度。一般说来，评价数据质量最主要的几个指标如下（Shi，Fisher，Goodchild，2002）。

- 准确性（Accuracy）：数据源中实际数据值与假定正确数据值的一致程度；
- 完整性（Completeness）：数据源中需要数值的字段中无值缺失的程度；
- 一致性（Consistency）：数据源中数据对一组约束的满足程度；
- 唯一性（Uniqueness）：数据源中记录以及编码是否唯一；
- 适时性（Timeliness）：在所要求的或指定的时间提供一个或多个数据项的程度；
- 有效性（Validity）：维护的数据足够严格以满足分类准则的接受要求。

存在的数据质量问题有很多种，总结起来主要有以下几种。

- 重复的记录：在一个数据源中有指向现实世界同一个实体的重复信息，或在多个数据源中有指向现实世界同一个实体的重复信息；
- 不完整的数据：由于录入错误等原因，字段值或记录未被记入数据库，造成信息系统数据源中应该有的字段或记录缺失；
- 不正确的数据：由于录入错误，数据源中的数据未及时更新，或不正确的计算等，导致数据源中数据过时，或者一些数据与现实实体中字段的值不相符；
- 无法理解的数据值：无法理解的数据值是指由于某些原因，导致数据源中的一些数据难以解释或无法解释，如伪值、多用途域、古怪的格式、密码数据等；
- 不一致的数据：数据不一致包括了多种问题，例如，由不同数据源来的数据很容易发生不一致；同一数据源的数据也会因位置、单位以及时间不同产生不一致。

在以上这些问题中，前3种问题在数据源中出现得最多。

2.8　数据预处理

现实世界中数据大体上都是不完整、不一致的脏数据，无法直接进行数据挖掘，或挖掘结果不尽如人意。没有高质量的数据就没有高质量的挖掘结果。为了提高数据挖掘的质量，产生了数据预处理技术，大大提高了数据挖掘模式的质量，降低实际挖掘所需要的时间。

数据预处理的任务如图2-18所示，包括数据清理、数据集成、数据变换和数据规约。数据清理包括填写空缺的值，平滑噪声数据，识别、删除孤立的点，解决数据不一致性；数据集成可以集成多个数据库或文件；数据变换主要实现数据规范化和聚集；数据规约得到数据集的压缩表示，规约后的数据集小得多，但可以挖掘得到相同或相似的结果。数据离散化是数据规约的一部分，通过概念分层和数据的离散化来规约数据，对数字型的数据特别重要（王日芬等，2007；吴刚，董志国，2004；郑岩，2011；孙水华，赵钊林，刘建华，2012；李雄飞，杜钦生，吴昊，2013；李德仁，王树良，李德毅，2013；Inmon，2005；Wang，Shi，2012；Han，Kamber，Pei，2013；Executive Office of the President，2014）。

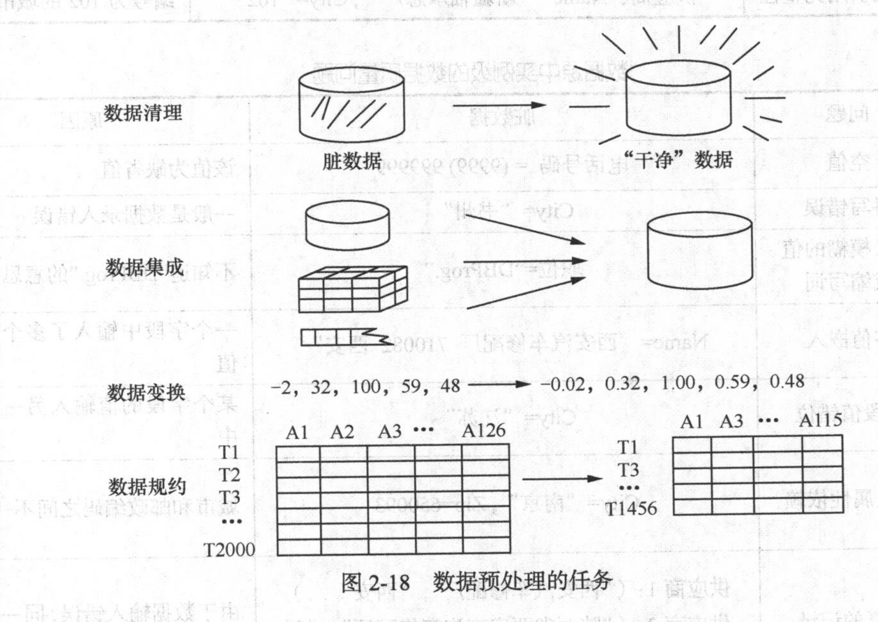

图2-18　数据预处理的任务

2.8.1　被污染的数据

被污染的数据（脏数据）是指没有进行过数据预处理而直接接收到的、处于原始状态的数据；从狭义上看，是不符合研究要求，以及不能够对其直接进行相应的数据分析。脏数据依据不同的分析目的有不同的定义，如在常见的数据挖掘工作中，脏数据是指不完整、含噪声、不一致的数据。

根据被污染的数据产生的原因，被污染的数据问题可分成单数据源问题和多数据源问题两个方面。

单数据源被污染的数据可以分成模式级和实例级两类问题进行分析，包含字段、记录、记录类型和数据源 4 种不同的问题范围（见表 2-1 和表 2-2）。

（1）字段：这类错误仅仅局限于单个字段的值；

（2）记录：这类错误表现在同一条记录中不同字段值之间出现的不一致；

（3）记录类型：这类错误表现在同一个数据源中不同记录之间的不一致关系；

（4）数据源：这类错误表现在数据源中的某些字段值和其他数据源中相关值的一致关系。

当多个数据源集成时，发生在单数据源中的这些问题会更加严重。这是因为每个数据源都是为了特定应用单独开发、部署和维护的，这就在很大程度上导致数据管理系统、数据模型、模式设计和实际数据的不同。每个数据源都可能含有脏数据，多数据源中的数据可能会出现不同表示、重复、冲突等现象。

表 2-1　数据源中模式级的数据质量问题

范围	问题	脏数据	原因
字段	不合法值	出生日期	值超出了域范围
记录	违反属性依赖	年龄 ＝22，出生日期 ＝1970.12.12	年龄=现在年-出生年
记录类型	违反唯一性	供应商 1：Name=“新疆轴承”，No=“G02002” 供应商 2：Name=“西安汽车修配厂”，No=“G02002”	供应商编号不唯一
数据源	违反引用完整性	供应商：Name=“新疆轴承总厂”，City=“102”	编号为 102 的城市不存在

表 2-2　数据源中实例级的数据质量问题

范围	问题	脏数据	原因
字段	空值	电话号码 ＝(9999) 999999	该值为缺省值
	拼写错误	City=“书州”	一般是数据录入错误
	含义模糊的值或缩写词	职位=“DBProg.”	不知道“DBProg.”的意思
	多值嵌入	Name=“西安汽车修配厂 710082 西安”	一个字段中输入了多个字段的值
	字段值错位	City=“江苏”	某个字段的值输入另一个字段中
记录	违反属性依赖	City=“南京”，Zip=650093	城市和邮政编码之间不一致
记录类型	重复的记录	供应商 1：（“西安汽车修配厂”，“西安”…） 供应商 2：（“陕西省西安市汽车修配厂”，“西安”，…）	由于数据输入错误，同一个供应商输入了两次
	冲突的值	供应商 1：（“新疆轴承总厂”，“4”，…） 供应商 2：（“新疆轴承总厂”，“3”，…）	同一个供应商被不同的值表示
数据源	引用错误	供应商：Name=“新疆轴承总厂”，City=“12”	编号为 12 的城市存在，但该供应商不在这个城市

通常污染的数据（脏数据）可分为两类：错误数据和重复数据。错误数据主要来自数字化过程中的识别录入错误、著录规则执行宽泛、批量转换失真等人为操作失误，如信息残缺、乱码、溢出等。重复数据是指同一实体拥有多个近似却不相等的记录形式，有学者认为重复数据还可细分为重复数据和不完整数据，例如同一篇文献有多条记录描述，因各自元数据项目记录的差异或矛盾致使计算机系统无法判定删重；再例如同一实体描述内容不完整，像“中国科学技术信息研究所”和“中国科技信息研究所”。数据的污染方式主要包括下面几种。

（1）误差：测量值与真值之差异称为误差；

（2）不完备：不完整数据是指感兴趣的属性没有值；

（3）不准确：造成数据不准确的原因有很多，例如拙劣的数据库设计，基于合理的原则的数据库设计会减少数据的错误；

（4）国际化和本地化：由于商业条件的改变，业务的结构可能会拓展到国际领域。公司将会转移到更广阔的的地域和面对新的文化。如果一个公司是国际化的，那么原系统中的数据会有变化，这样的变化很可能造成不确定性；

（5）重复：例如，在一个系统中需要填写的是籍贯，而另一个系统中需要填写的是出生地。只是叫法不同，但是含义一样，最后很可能在数据仓库中出现两个重复的字段，一个是“籍贯”，另一个是“出生地”。

（6）不一致：不一致数据则是指数据内涵出现不一致情况（如作为关键字的同一部门编码出现不同值）。

2.8.2 数据清理

数据清理也可称为数据清洗（Data Cleaning）。数据清理从名字上也看得出就是把“脏”的“洗掉”，包括检查数据一致性，处理无效值和缺失值等。迄今为止，数据清洗还没有公认的定义，不同的应用领域对其有不同的解释。

（1）数据仓库中的数据清洗：在数据仓库领域，数据清洗定义为清除错误和不一致数据的过程，并需要解决元组重复问题。当然，数据清洗并不是简单地用优质数据更新记录，它还涉及数据的分解与重组。

（2）数据挖掘中的数据清洗：数据挖掘（早期又称为数据库的知识发现）过程中，数据清洗是第一个步骤，即对数据进行预处理的过程。各种不同的 KDD 和 DW 系统都是针对特定的应用领域进行数据清洗的。

（3）数据质量管理中的数据清洗：数据质量管理是一个学术界和商业界都感兴趣的领域。全面数据质量管理解决整个信息业务过程中的数据质量及集成问题。在该领域中，没有直接定义数据清洗过程。从数据质量的角度，数据清洗被定义为一个评价数据正确性并改善其质量的过程。

数据清洗的原理为：利用有关技术，如统计方法、数据挖掘方法、模式规则方法等，将脏数据转换为满足数据质量要求的数据，如图 2-19 所示。数据清理包括以下几个步骤：

（1）数据分析。数据分析是指从数据中发现控制数据的一般规则，例如字段域、业务规则等。通过对数据的分析，可定义出数据清理的规则，并选择合适的清理算法。

（2）数据检测。数据检测是指根据预定义的清理规则及相关数据清理算法，检测数据是否正确，例如是否满足字段域、业务规则等，或检测记录是否是重复记录；

（3）数据修正。数据修正是指手工或自动地修正检测到的错误数据或处理重复的记录。

数据清理应该满足：能检测和消除所有主要的错误和不一致，包括单数据源和多数据源集成时；能被工具支持，人工检测和编程工作要尽可能少，并具有可扩展性。

数据清洗例程包括填补遗漏数据，消除异常数据，平滑噪声数据，以及纠正不一致的数据。数据清理一般针对具体应用，因而难以归纳统一的方法和步骤，但是根据数据不同可以给出相应的数据清理方法。王日芬等（2007）针对属性和重复记录的清洗，分别从检测和清洗两个角度对相关算法进行分类，如图 2-20 所示。

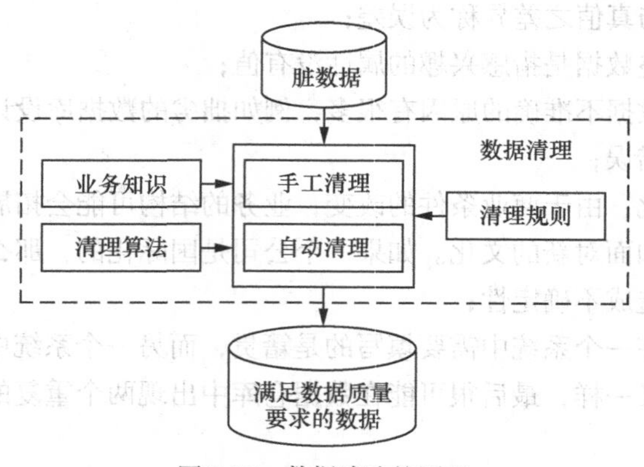

图 2-19　数据清洗的原理

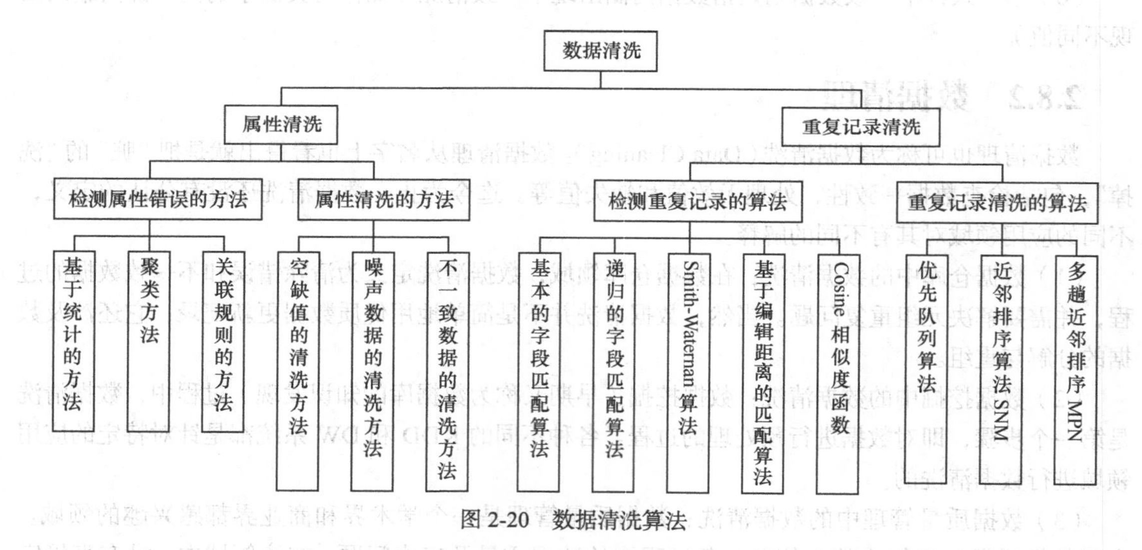

图 2-20　数据清洗算法

2.8.3　数据集成

随着信息化的进展，企事业单位存在很多自治（Heterogeneous）、独立（Autonomous）的数据源需要集成。其中，自治数据源指那些具有不同的数据模型、模式、数据表示以及接口等的数据源；独立的数据源是指每个数据源都是单独开发的，没有考虑其他数据源的存在，它们由不同的组织来维护。数据集成是将多个数据源中的数据整合到一个存储中。

由于每个数据源都是为了特定应用单独开发、部署和维护的，这就在很大程度上导致数据管理系统、数据模型、模式设计和实际数据的不同。例如：在两个数据源中，同一个相同的字段可能有不同的命名，或者两个不同的字段可能有相同的命名；在一个数据源中，一个字段可能由两列构成，而在另一个数据源中，一个字段可以仅由一列构成。由于多个数据源中的数据可能会出现不同表示、重复、冲突等现象，数据集成中有很多问题需要考虑，主要包括实体识别、数值冲突的检测与处理。

2.8.4 数据变换

数据变换是指将数据转换为适合挖掘的形式，包括：平滑、聚集、数据概化、规范化和属性构造。平滑是指去除数据中的噪声，主要方法已经在前面介绍过，包括分箱、聚类和回归。聚集是指汇总数据，构建数据立方体。数据概化是指沿概念分层向上汇总，数据立方体的不同维之间可能存在着一个概念分层的关系。

数据规范化是指将数据按比例缩放，使之落入一个小的特定区间，如-1.0到1.0或0.0到1.0。主要方法包括最小—最大规范化、z-score规范化和小数定标规范化。

最小-最大规范化是对原始数据进行线性变换。假定 min_A 和 max_A 分别为属性 A 的最小和最大值。最小—最大规范化通过计算

$$v' = \frac{v - min_A}{max_A - min_A}(new\_max_A - new\_min_A) + new\_min_A$$

将 A 的值 v 映射到区间[new_max_A，new_min_A]中的 v'。

最小—最大规范化始终保持原始数据之间的关系。如果今后的输入落在 A 的原始数据区之外，该方法将面临“越界”错误。

假定income的最小与最大值分别为$12000和$98000。映射income到区间[0，1]。根据最小—最大规范化，income值$73600将变换为

$$\frac{73600-12000}{98000-12000}(1-0)=0.716$$

在z-score规范化（或称为零—均值规范化）中，属性 A 的值基于 A 的平均值和标准差规范化。A 的值 v 被规范化为 v'，由下式计算：

$$v' = \frac{v - \overline{A}}{\sigma_A}$$

其中，$\overline{A}$ 和 σ_A 分别为属性 A 的平均值和标准差。当属性 A 的最大和最小值未知，或局外者左右了最大—最小规范化时，该方法是有用的。

假定属性income的平均值和标准差分别为$54000和$16000。使用z-score规范化，值$73600被转换为 $\frac{73600-54000}{16000}=1.225$。

小数定标规范化通过移动属性 A 的小数点位置进行规范化。小数点的移动位数依赖于 A 的最大绝对值。A 的值 v 被规范化为 v'，由下式计算：

$$v' = \frac{v}{10^j}$$

其中，j 是使得 $Max(|v'|)<1$ 的最小整数。

假定 A 的值由-986到917。A 的最大绝对值为986。为使用小数定标规范化，用1000（即 j=3）除每个值。这样，-986被规范化为-0.986。

属性构造又称为特征构造，指通过现有属性构造新的属性，并添加到属性集中以增加对高维数据结构的理解。例如，可能根据属性height和width添加属性area。

2.8.5 数据规约

数据仓库中往往存有海量数据，在其上进行复杂的数据分析与挖掘需要很长的时间。因此需要进行数据规约。数据规约的策略主要包括数据立方体聚集、维归约、数据压缩、数值归约、离散化和概念分层产生等。用于数据规约的时间不应当超过或“抵消”在归约后的数据上挖掘节省的时间。

思考题

1. 在数据库系统中，设计一种自动数据清理和加载算法，使得有错误的数据被标记，被污染的数据在加载时不会错误地插入数据库中。
2. 在数据挖掘过程中如何进行数据预处理？
3. 如何计算对象之间的相似性？

第 3 章 数据仓库与数据 ETL 基础

目前，许多企业在建设和运维事务型系统的过程中，不仅投入了大量的时间和资金，还累积了多种多样、高速变化、真实质差的海量数据，已经难以利用。可是，利用数据实现数据价值的的程度取决于优质廉价的数据分析能力。如果不经过分析使数据变得有意义，那么就很难改善数据利用的质量和降低费用，也更难开辟全新的数据应用领域。这就迫切需要把数据从事务型系统中抽出来，驱动一个高性价比的数据利用性能提升。在此趋势下，数据仓库应运而生。

数据仓库是一种 OLAP（On-Line Analytical Processing，联机分析处理）数据库，它通过 ETL（Extract-Transform-Load）从 OLTP（On-Line Transactional Processing，联机事务处理）数据库中获得数据，优化整理后创建一个分析平台，根据用户要求提供不同类型的数据集合，用于数据的深度理解与分析。

本章介绍数据仓库的概念、架构、数据模型，分析数据的 ETL 过程，给出 OLAP 的方法和数据模型（王日芬等，2007；吴刚，董志国，2004；郑岩，2011；孙水华，赵钊林，刘建华，2012；李雄飞，杜钦生，吴昊，2013；李德仁，王树良，李德毅，2013；Inmon，2005；Wang，Shi，2012；Han，Kamber，Pei，2013；Executive Office of the President，2014；IBM InfoSphere MDM 10.1 Information Center，2014）。

3.1 从数据库到数据仓库

已经有了数据库，为什么还需要数据仓库？因为数据库被设计用来处理事务，并非用来处理分析。也就是说，数据库的组织结构决定它的分析能力并不好，相对地，数据仓库的组织结构，能够让它快速简单地处理分析的请求，帮助决策者优化流程、节省成本和保障质量。

Inmon（2005）认为，数据仓库（Data Warehouse，DW）是一个面向主题的（Subject Oriented）、集成的（Integrated）、相对稳定的（Non-Volatile）、反映历史变化的（Time Variant）数据集合。

在宏观上，数据库通常是一种 OLTP 数据库，并局限于单一的应用软件，构成数据库系统。虽然数据库的设计使事务型数据库运行得更有效率，但是事务型数据库不善于分析。如果想在分析方面出色，就需要数据仓库的支持。数据仓库是一种 OLAP 数据库，可以作为其他数据库或者 OLTP 数据库的顶层而存在。数据仓库从这些数据库中获得数据，并努力创建一个优化的分析平台。

在细节上，按照数据库的行列表示形式，数据库和数据仓库的比较和对照见表 3-1。提升质量和降低费用需要分析，但分析需要数据仓库。传统的 OLTP 数据库不能处理分析请求。把数据输入传统的数据库中，能够得到数据的报告；如果把数据输入数据仓库中，能够深层次地分析数据。

3.2 数据仓库的结构

数据仓库把分析型工作从事务型工作中分离出来，面向分析型应用，将各个业务系统中与分析有关的数据集成在一起，构建了两种体系结构。

表 3-1 数据库和数据仓库的对比

	数据库	数据仓库
定义	任意数据的集合，被组织用来存储、访问和检索	一种集成事务型数据副本的数据库，数据仅供分析使用，这些数据来源于不同的数据库系统
类型	有很多不同种类的数据库，但是常用于 OLTP 应用数据库，这种数据库需要技术人员从头到尾将注意力集中在表上。其他类型的数据库包括 OLAP（数据仓库用）、XML、CSV 文件、纯文本，甚至 Excel 电子表格	数据仓库是一种 OLAP 数据库，建立在 OLTP 或其他数据库的顶部。而且不是所有 OLAP 都被平等地创建。它们的不同取决于数据建模。大部分数据仓库使用企业级或者高维数据模型
相同点	OLTP 和 OLAP 系统中的数据存储和管理都以表格、列、索引、关键字、视图和数据类型的形式进行。两者都用 SQL（Structure Querying Language，结构化查询语句）查询数据	
如何使用	通常局限于一个单一应用程序：一个应用相当于一个数据库。OLTP 允许快速实时的事务处理，可以快速创建并且快速记录目标进程	为任何数量应用提供数据存储：一个数据仓库相当于无限的应用和无限的数据库。OLAP 允许组织数据的真实数据源，被组织用来引导分析和决策。复杂查询在 OLTP 数据库中会变得更加困难
服务等级协议（SLA）	OLTP 数据库通常需要 99.99%的时间都处于可用状态。系统失败会导致混乱甚至法律诉讼。数据库直接与应用前端相连，数据实时满足用户的即时需要。在应用领域，这一数据有助于提高决策的准确性，提供及时服务	在 OLAP 数据库中，SLA 可以更加灵活，因为偶尔数据装载不可用是可以接受的。OLAP 数据库从应用前端分离出来，可扩展性更好。当需要时，数据可以从资源系统更新（通常每 24 小时更新一次）。它为历史趋势分析和商业决策提供服务
优化	为单点事务操作的读写进行了优化。OLTP 数据库的响应时间达到亚秒级。但在这种数据库上运行大量分析查询效率很低，处理日常事务会影响系统的性能，因为分析查询会锁定所有的记录，同时要花费数分钟运行	为高效读取/检索大数据集和数据汇集进行优化。因为要处理大量数据集，OLAP 数据库为 CPU 和磁盘带宽带来很重的负荷。数据仓库被设计用来处理大量分析查询，可以代替事务系统，减轻工作的负荷
数据组织	OLTP 数据库由非常复杂的表和链接组成，因为数据是结构化的，不需要复制。用这种方法创建数据关系提高了存储和处理的效率，并且允许亚秒级的响应时间	在 OLAP 数据库的结构中，数据被特别组织成为能够促进汇报和分析的，不是用来快速处理事务型请求。非结构化的数据增强了分析查询响应时效，易于用户使用。更少的表和简单的结构能够使报告和分析更加简单
报告/分析	由于做连接操作的表数目比较多，执行分析性查询非常复杂。执行分析性查询需要开发人员的专业知识或数据库管理员非常熟悉相关应用。典型的报告局限于更静态的需求。实际上通过运行在 OLTP 数据库上的数据库系统，可以得到相当多的报告，但是这些报告是静态的，使用 PDF 格式展示出来，这些报告很有帮助，但是它们做不了深层分析	有着较少的表连接，使解析和查询更加便捷。这就意味着掌握基本 SQL 语句的用户可以满足自身的需求。对于报告和分析的可能性是无限的。当需要分析数据的时候，只有一个统计列表是不够的。对于聚集、总结和插入数据来说，有着很大的内在需求。一个数据仓库可以完成描述（发生了什么？）、判断（为什么会发生？）、预测（会发生什么？）、决策（怎么做？）等操作，这就是分析需要的水平，从而在应用领域提高质量和降低费用

3.2.1　两层体系结构

在 DB-DW 的两层体系结构（见图 3-1）中，数据仓库是一种管道过滤器的体系结构，数据从数据源进入数据仓库到展示给最终用户，都相互关联，数据处理的合理调度主要通过元数据完成。由于数据仓库的数据源不同，源数据的存储形式也不同，因此在把数据导入数据仓库之前，可先将数据存放在一个暂存区中，统一不同数据源的数据格式，粗略检查数据的记录数量、关键字段是否丢失等初步问题，暂不导入错误的数据。更为复杂的数据清理，如单一记录级的统一字段格式、清洗数据内容等，则在数据抽取时完成。数据暂存区可以用文件目录或数据库表等多种存储形式实现。

3.2.2　三层体系结构

事务型数据库保存数据的瞬态信息，分析型数据仓库保存大量的历史数据。在实际业务处理中，除了事务型业务和分析型业务，还存在介于事务型和分析型之间的需求，即快速地分析短期的历史数据。这种分析需求无法在保存瞬态数据的事务型数据库中完成，也不能在保存大量历史数据的数据仓库中完成。于是，操作型数据存储（Operational Data Store，ODS）被引入，图 3-1 的 DB-DW 的两层体系结构被扩展为图 3-2 的 DB-ODS-DW 的三层体系结构。

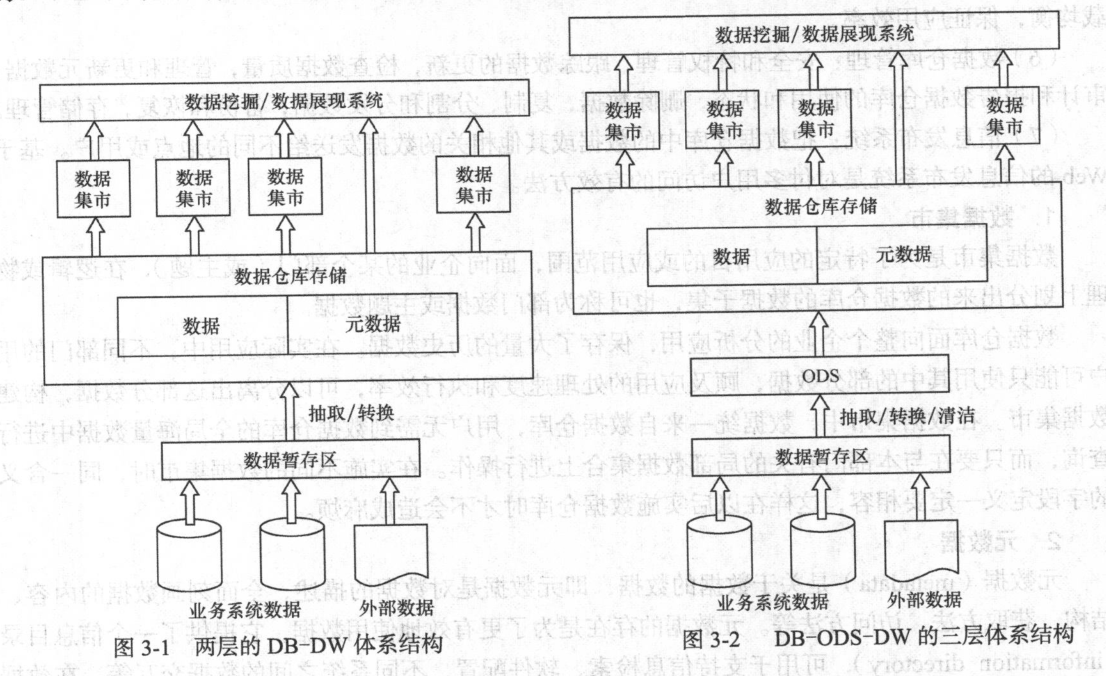

图 3-1　两层的 DB-DW 体系结构

图 3-2　DB-ODS-DW 的三层体系结构

ODS 把数据概括为面向主题的、集成的、可变的、当前的或接近当前的数据。其中，“可变的”是指 ODS 数据可以联机改变，包括增加、删除和更新等操作；“当前的”是指数据在存取时刻是最新的；而“接近当前”是指存取的数据是最近一段时间得到的；“面向主题的”和“集成的”的特点，使得 ODS 数据在静态特征上很接近数据仓库的数据，但是二者存在数据内容、数据数量和应用范围上存在差别：数据仓库中的历史数据是指长期保存并可重复查询的数据，既保存细节数据，也保存综合数据，而 ODS 中的历史数据是近期的，一般只保存细节数据，而且可以更新变化；ODS 保存的数据量要远远小于数据仓库的数据量；数据仓库用于长期的趋势分析或决策支持，而 ODS 主要支持企业的全局 OLAP 和即时决策分析。

3.2.3 组成元素

数据仓库由数据仓库数据库、数据抽取/转换、元数据、访问工具、数据集市、数据仓库管理和信息发布系统 7 个部分组成。

（1）数据仓库数据库：是整个数据仓库环境的核心，是存放数据的地方，提供对数据检索的支持。相对于事务型数据库，其突出特点是对海量数据的支持和快速的检索技术。

（2）数据抽取/转换：把数据从各种各样的存储方式中抽取出来，进行必要的转换和整理，再存放到数据仓库内。主要操作包括删除对决策应用没有意义的数据段，转换到统一的数据名称和定义，计算统计和衍生数据，给缺值数据赋予缺省值，统一不同的数据定义方式等。

（3）元数据：元数据描述数据仓库中的数据，是数据仓库运行和维护的中心。数据仓库服务器利用元数据来存贮和更新数据，用户通过元数据来了解和访问数据。

（4）访问工具：为用户访问数据仓库提供工具，例如数据查询和报表、应用开发、管理信息系统、OLAP、数据挖掘。

（5）数据集市：在数据仓库的实施过程中，根据主题将数据仓库划分为多个数据集市，从一个部门的数据集市着手，以后再用几个数据集市组成一个完整的数据仓库，有利于数据仓库的负载均衡，保证应用效率。

（6）数据仓库管理：安全和特权管理，跟踪数据的更新，检查数据质量，管理和更新元数据，审计和报告数据仓库的使用和状态，删除数据，复制、分割和分发数据，备份和恢复，存储管理。

（7）信息发布系统：把数据仓库中的数据或其他相关的数据发送给不同的地点或用户。基于 Web 的信息发布系统是对付多用户访问的有效方法。

1. 数据集市

数据集市是为了特定的应用目的或应用范围，面向企业的某个部门（或主题），在逻辑或物理上划分出来的数据仓库的数据子集，也可称为部门数据或主题数据。

数据仓库面向整个企业的分析应用，保存了大量的历史数据。在实际应用中，不同部门的用户可能只使用其中的部分数据，顾及应用的处理速度和执行效率，可以分离出这部分数据，构建数据集市。在数据集市中，数据统一来自数据仓库，用户无需到数据仓库的全局海量数据中进行查询，而只要在与本部门有关的局部数据集合上进行操作。在实施不同的数据集市时，同一含义的字段定义一定要相容，这样在以后实施数据仓库时才不会造成麻烦。

2. 元数据

元数据（metadata）是关于数据的数据，即元数据是对数据的描述，全面刻画数据的内容、结构、获取方法、访问方法等。元数据的存在是为了更有效地使用数据，它提供了一个信息目录（information directory），可用于支持信息检索、软件配置、不同系统之间的数据交互等。在数据仓库系统中，元数据描述数据仓库中的数据结构和构建方法，可以帮助数据仓库管理员和数据仓库开发人员非常方便地找到所需的数据。元数据的分类标准有多种，主要包括元数据的领域相关性、应用场合、具体内容、具体用途等。

（1）领域相关性：①与特定领域相关的元数据，描述数据在特定领域内的公共属性。②与特定领域无关的元数据，描述所有数据的公共属性。③与模型相关的元数据，描述信息和元信息建模过程的数据，又可进一步分为横向模型和纵向模型两类。当不同的信息模型之间进行互通时，需要模型中各个层的关联描述，横向模型关联元数据就是综合现有的两个或多个信息模型的元数据，例如两个不同数据库之间的交互、从多个数据源中提取数据。当不同的层采用不同的模型，上层是下层的结构描述，上下层之间对应关联，纵向模型关联元数据就是关联模型信息层与元信息层之间的元数据。④其他元数据，例如系统硬件、软件描述和系统配置描述等。

（2）应用场合：①数据元数据，又称为信息系统元数据，信息系统使用元数据描述信息源，以按照用户需求检索、存取和理解源信息，保证在新的应用环境中使用信息，支持整个信息系统的演进。②过程元数据，又称为软件结构元数据，是关于应用系统的信息，帮助用户查找、评估、存取和管理数据。大型软件结构中包括描述各个组件接口、功能和依赖关系的元数据，这些元数据保证了软件组件的灵活、动态配置。

（3）具体内容：①内容（Content），识别、定义、描述基本数据元素，包括数据单元、合法值域等。②结构（structure），在相关范围内定义数据元素的逻辑概念集合。③表达（representation），描述每一个值域学（多为技术相关）的物理表示，以及数据元素集合的物理存储结构。④文法（context），提供基础数据的族系和属性评估，包括所有与基础数据的收集、处理和使用相关的信息。

（4）具体用途：①技术元数据（technical metadata），存储关于数据仓库系统技术细节的数据，是用于开发和管理数据仓库使用的数据，保证数据仓库系统的正常运行。②业务元数据（business metadata），从业务角度描述数据仓库中的数据，提供介于使用者和实际系统之间的语义层，帮助数据仓库使用人员理解数据仓库中的数据。

3.3　数据仓库的数据模型

数据模型是对现实世界的一种抽象，根据抽象程度的不同，形成了不同抽象层次上的数据模型。类似于关系型数据库的数据模型，数据仓库的数据模型也分为概念模型、逻辑模型和物理模型 3 个层次。目前，对数据仓库数据模型的研究多数集中在逻辑模型。

3.3.1　概念模型

概念模型是客观世界到计算机系统的一个中间层次，最常用的表示方法是 ER（Entity Relationship）图。目前，数据仓库一般是建立在数据库的基础之上，所以其概念模型与一般关系型数据库的概念模型一致。

3.3.2　逻辑模型

逻辑模型是数据的逻辑结构，如关系模型和层次模型等。数据仓库的逻辑模型是多维模型，描述了数据仓库主题的逻辑实现，即每个主题对应的模式定义。数据仓库的逻辑模型包括星型、雪花型和星型-雪花型，三者都是以事实表为中心，不同之处只是外围维表之间的关系不同而已。

1. 星型

星型模式的每个维度都对应一个唯一的维表，维的层次关系全部通过维表中的字段实现，所有与某个事实有关的维都通过该维度对应的维表直接与事实表关联，所有维表的主键字组合起来作为事实表的主键字。星型模式的维表只与事实表发生关联，维表与维表之间没有任何关联，如图 3-3 和图 3-4 所示。在图 3-4 中，地域维是一

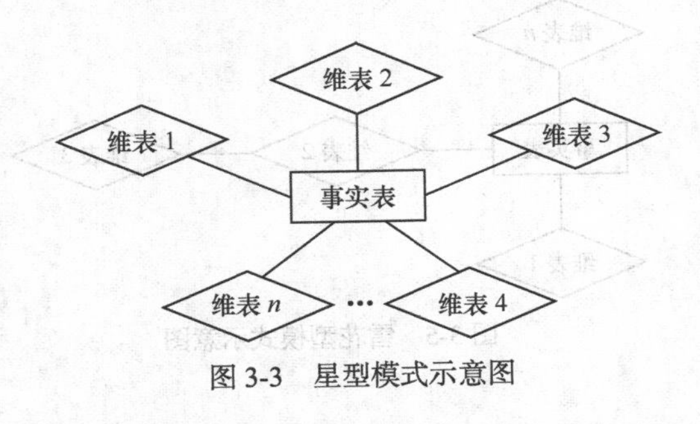

图 3-3　星型模式示意图

个与销售事实表关联的维度，地域维的层次是“省—地市”，该层次关系由维表中的省代码和地市代码字段实现。

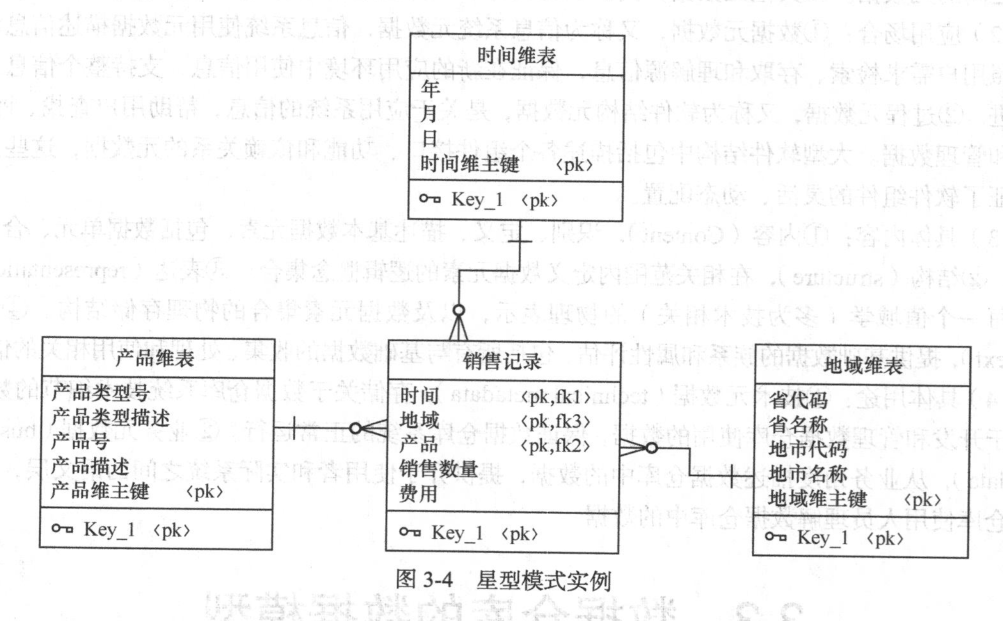

图 3-4 星型模式实例

星型模式具有如下特点。

（1）维表非规范化。维表保存了该维度的所有层次信息，减少了查询时数据关联的次数，提高了查询效率。但是维表之间的数据共用性较差。

（2）事实表非规范化。所有维表都直接和事实表关联，减少了查询时数据关联的次数，提高了查询效率。但是限制了事实表中关联维表的数量，如果关联的维表数量过多将会造成数据大量冗余，同时对事实表进行索引也很困难。

（3）维表和事实表的关系是一对多或一对一。维表中的主键字在事实表中作为外键字存在。如果维表和事实表之间是多对多的关系时，则不能直接采用星型模式，必须对维表或者事实表进行处理，如对维表中的成员组合进行编码或者在事实表中加入新的字段，都要求成员的组合数量固定，但如果数量不固定，同时维表的数据量又很大，星型模式的实现就较为困难。

2. 雪花型

星型模式通过主关键字和外关键字把维表和事实表联系在一起。事实上，维表只与事实表关联是规范化的结果。如果将经常合并在一起使用的维度进行规范化，就把星型模式扩展为雪花型模式。

雪花型模式对维表规范化，原有的维表被扩展为小的事实表，用不同维表之间的关联实现维的层次。它把细节数据保留在关系型数据库的事实表中，聚合后的数据也保存在关系型的数据库中，需要更多的处理时间和磁盘空间来执行一些专为多维数据库设计的任务，如图 3-5 和图 3-6 所示。

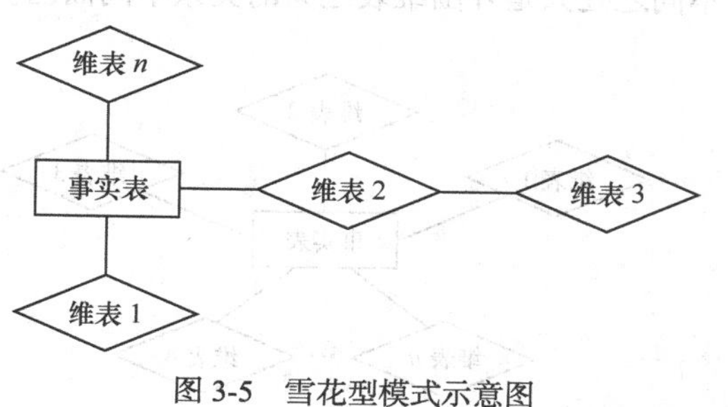

图 3-5 雪花型模式示意图

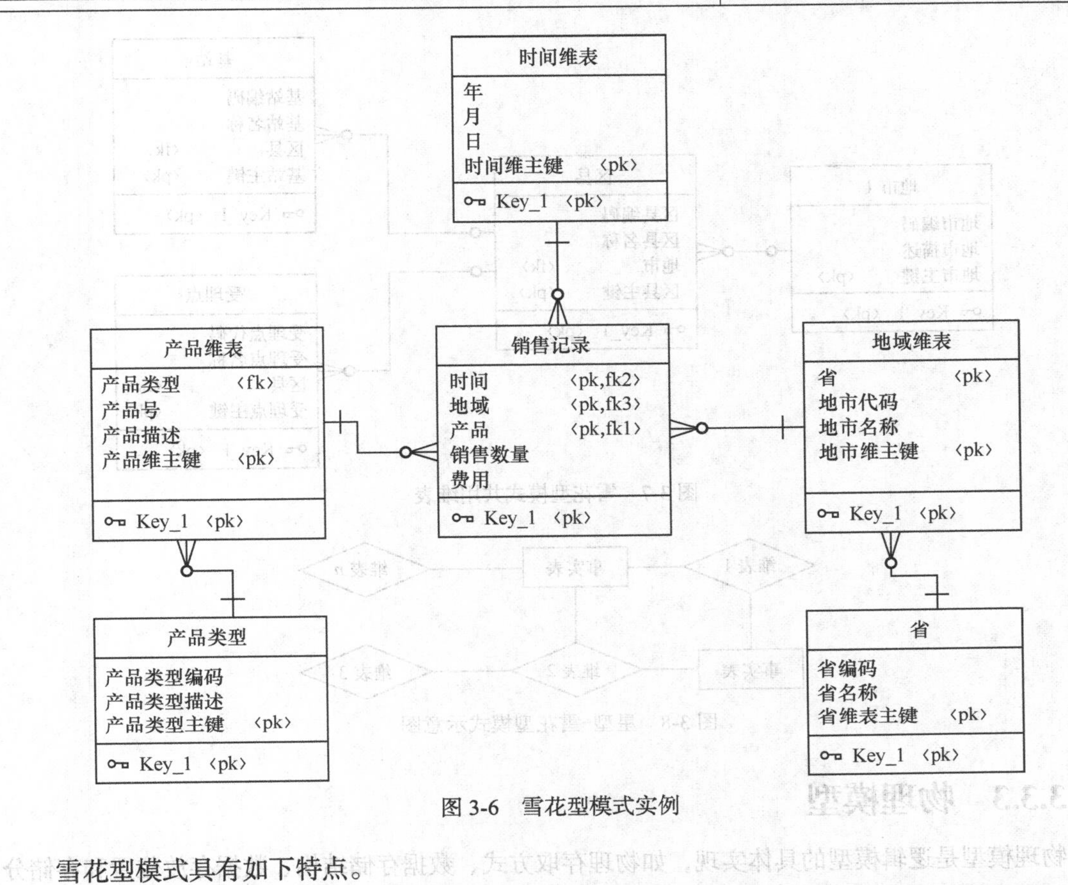

图 3-6 雪花型模式实例

雪花型模式具有如下特点。

（1）维表的规范化实现了维表重用，简化了维护工作。但是，查询时使用雪花型模式要比星型模式进行更多的关联操作，反而降低了查询效率。

（2）雪花型模式中有些维表并不直接和事实表关联，而是与其他维表关联，特别是派生维和实体属性对应的维，这样就减少了事实表中的一条记录。因此，当维度较多，特别是派生维和实体属性较多时，雪花型模式较为适合。但是，当按派生维和实体属性维进行查询时，首先要进行维表之间的关联，然后再与事实表关联，因此查询效率低于星型模式。

（3）用雪花型模式可以实现维表和事实表之间多对多的关系。

3. 星型-雪花型

由以上描述可见，星型模式结构简单，查询效率高，可是维表之间的数据共用性差，限制了事实表中关联维表的数量；雪花型模式通过维表的规范化，增加了维表的共用性，可是查询效率低。二者各有优缺点，却可以在一定程度上互补。例如，电信业务中基站和受理点两个维的层次关系分别是“地市—区县—基站”和“地市—区县—受理点”，这两个维度中都有地市和区县。星型模式把地市和区县分别保存在两个维表中，同一信息在基站和受理点之间的统一需要通过人工维护，这一问题被雪花型模式通过共用维表轻易地给予解决（见图 3-7）。因此，在实际应用中，经常综合使用星型模式和雪花型模式，即星型-雪花型模式。

星型-雪花型模式是星型和雪花型模式的结合，在使用星型模式的同时，将其中的一部分维表规范化，提取一些公共的维表，如图 3-8 所示。这样打破了星型模式只有一个事实表的限制，且这些事实表共享全部或部分维表，既保证较高的查询效率，又简化维表的维护。

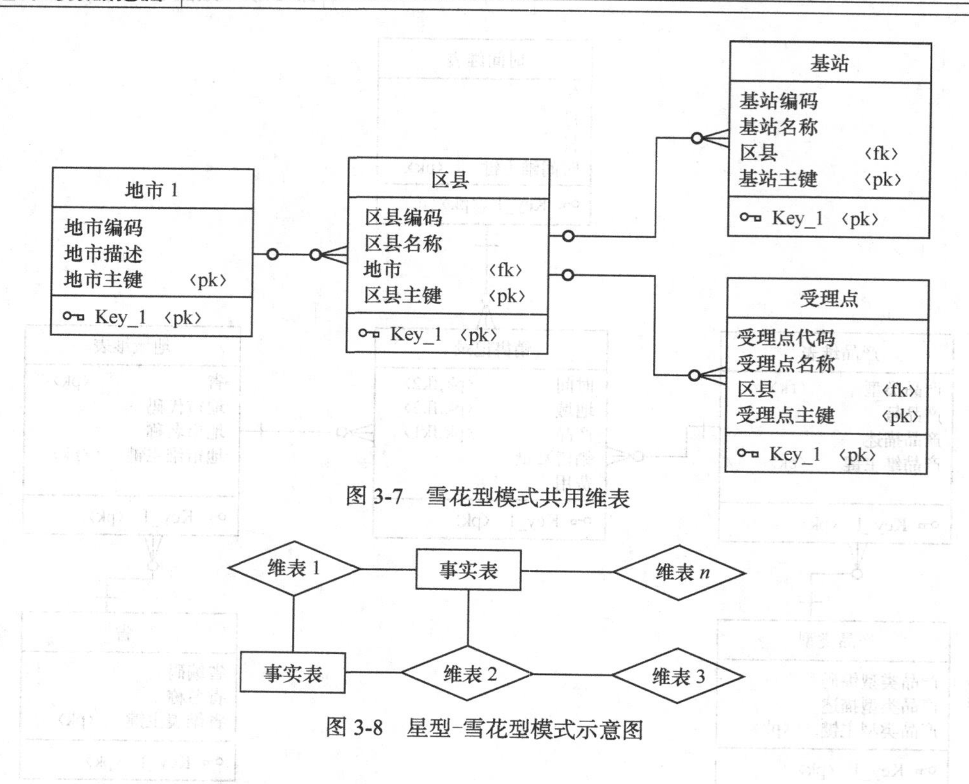

图 3-7 雪花型模式共用维表

图 3-8 星型-雪花型模式示意图

3.3.3 物理模型

物理模型是逻辑模型的具体实现，如物理存取方式、数据存储结构、数据存放位置和存储分配等。在设计数据仓库的物理模型时，需要考虑提高性能的技术，如表分区、建索引等。

3.4 ETL

ETL（Extract-Transform-Load）是数据的抽取、转换、装载的过程，负责完成数据从数据源向目标数据仓库的转化。即用户从数据源抽取所需的数据，经过数据清洗，按照预先定义的数据仓库模型，最终将数据加载入数据仓库，如图 3-9 所示。随着应用和系统环境的不同，数据的 ETL 具有不同的特点。ETL 维系着数据仓库中数据的新陈代谢，而数据仓库日常的大部分管理和维护工作就是保持 ETL 的正常和稳定。

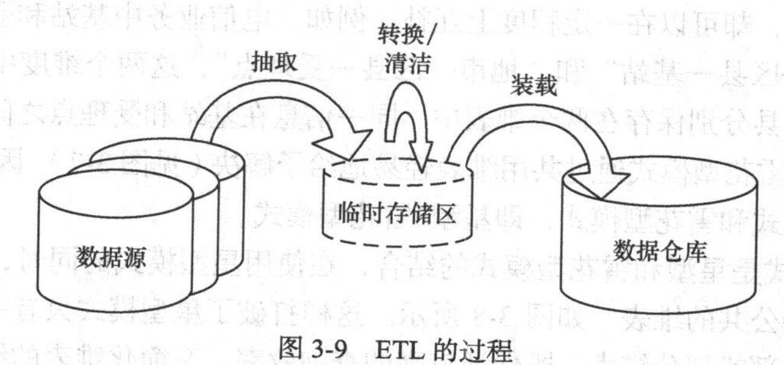

图 3-9 ETL 的过程

3.4.1　数据抽取

数据抽取是 ETL 的首要任务，主要是确定需要抽取的数据，并采用合适的方式抽取。源数据进入数据仓库是通过数据抽取完成的，是从一个或多个源数据库中通过记录选取进行数据复制的过程。抽取过程是将记录写入 ODS 或者临时区（staging area）以备进一步处理。

1. 主要功能

（1）数据提取。主要确定要导入数据仓库中的数据。

（2）数据清洁。检查数据源中存在矛盾的数据，按照用户确认的清洁规则修改数据。

（3）数据转换。包括数据格式、数据内容、数据模式的转换。数据格式转换把数据源的数据转换成数据仓库要求的格式，例如把数据源中的日期字段转换成数据仓库要求的字符形式。数据内容转换把同一含义的字段用统一的形式表达。数据模式转换在数据抽取时进行不同数据模式间的转换，因为分析型数据仓库系统和事务型业务系统面向的数据操作不同，所以在数据模式上也存在不同，例如业务系统中出账表的主关键字包括用户标识、费用项，但是数据仓库的用户主题中用户账务的主关键字是用户标识，不同费用项的费用是字段。

（4）衍生数据生成。数据仓库保存了大量的历史数据，为了保证查询的效率，需要预处理用户常用的查询操作以提高效率，生成衍生数据。衍生数据既包括数值数据的运算，如平均值、汇总等，也包括分类字段的生成，如用户费用的分档信息等。

2. 抽取方式

在很多情况下，数据源系统与数据仓库不在同一个数据服务器中，二者往往相互独立，并处于远程系统中。数据抽取可以远程式、分布式进行，涉及多种方法，主要有全量抽取和增量抽取两种方法。全量抽取将数据源中的表或视图的数据原封不动地从数据库中抽取出来，转换成 ETL 工具可以识别的格式。相对而言，增量抽取较全量抽取应用更广。增量抽取只抽取自上次抽取以来数据库中要抽取的表中新增、修改、删除的数据。在增量抽取时，捕获变化数据的方法，应该能够质优价廉地准确捕获业务系统中的变化数据，尽量减轻对业务系统造成的压力，避免影响现有业务。目前捕获变化数据的方法有以下几种。

（1）触发器。在要抽取的表上建立插入、修改、删除等需要的触发器，每当源表中的数据发生变化，就被相应的触发器将变化的数据写入一个临时表，抽取线程从临时表中抽取数据。触发器的优点是数据抽取的性能较高，缺点是要求在业务数据库中建立触发器，对业务系统有一定的性能影响。

（2）时间戳。它是一种基于递增数据比较的增量数据捕获方式，在源表上增加一个时间戳字段，系统中更新修改表数据的时候，同时修改时间戳字段的值。当进行数据抽取时，通过比较系统时间与时间戳字段的值来决定抽取哪些数据。同触发器一样，时间戳的性能比较好，数据抽取相对清楚简单，但对业务系统也有很大的侵入性（加入额外的时间戳字段），另外，无法捕获对时间戳以前数据的删除和更新操作，在数据准确性上受到一定的限制。

（3）全表比对。典型方式是采用 MD5 校验码。ETL 工具事先为要抽取的表建立一个结构类似的 MD5 临时表，该临时表记录源表主键字以及根据所有字段的数据计算出来的 MD5 校验码。每次进行数据抽取时，对源表和 MD5 临时表进行 MD5 校验码的比对，从而决定源表中的数据是新增、修改还是删除，同时更新 MD5 校验码。MD5 的优点是对源系统的侵入性较小（仅需要建立一个 MD5 临时表），但性能较差。当表中没有主键字或唯一列且含有重复记录时，MD5 方式的准确性较差。

（4）日志对比。通过分析数据库自身的日志来判断变化的数据。ETL 处理的数据源除了关系数据库外，还可能是文件，例如 txt 文件、excel 文件、xml 文件等。对文件数据的抽取一般是进行全量抽取，一次抽取前可保存文件的时间戳或计算文件的 MD5 校验码，下次抽取时进行比对，如果相同则可忽略本次抽取。

3. 数据清理

数据仓库中必须存放满足数据仓库定义的清洁数据。但是，来自事务型数据源的数据，可能含有拼写不清洁的成分和不规范的格式等数据污染问题，将在数据仓库的构建、维护、OLAP 中造成很多后患。数据清理针对数据污染的主要问题和特征，通过有效地组合数据对照表、数据转换函数及其子程序库，能够检测出被污染的数据，这些数据要么抛弃，要么将其转换成“清洁”数据，使其符合数据仓库定义，然后再装载到数据仓库中。常用数据清理方法包括以下几种。

（1）预处理：预先诊断和检测新的数据加载文件，特别是新的文件和数据集。

（2）标准化处理：为名字和地址建立辅助表或联机字典，据此检查和修正名字和地址。应用数据仓库内部的标准字典，对地名、人名、公司名、产品名、品类名等进行标准化处理。设计拼写检查，与标准值对照检查。

（3）查重：应用各种数据查询手段，避免引入重复数据。

（4）出错处理和修正：将出错的记录和数据写入日志文件，留待进一步处理。

3.4.2 数据转换

数据转换把已抽取的数据升华为数据仓库的有效数据，通过设计转换规则，实施过滤、合并、解码和翻译等操作。数据转换需要理解业务侧重、信息需求和可用源数据，常用规则如下。

（1）字段级的转换：主要是指数据类型转换，增加“上下文”数据，例如时间戳；将数值型的地域编码替换成地域名称，如解码（decoding）等。

（2）清洁和净化：主要是保留字段具有特定值或特定范围的记录；引用完整性检查；去除重复记录等。

（3）多数据源整合：主要包括字段映射、代码变换、合并、派生等。字段映射（mapping）以每个数据字段为基础指定一个特定的控件；代码变换（transposing）将不同数据源中的数据值标准化为数据仓库数据值。例如，将源系统的非英文编码、信息编码转换为数据仓库的英文编码、信息编码等；合并（merging）是将两个或更多源系统记录合并为一个输出或“目标”记录；派生（derivation）则根据源数据，利用数学公式产生数据仓库需要的数据，例如由身份证号码计算出生日期、性别和年龄等。

（4）聚合（aggregation）和汇总（summarization）：事务性数据库侧重于细节，数据仓库侧重于高层次的聚合和汇总。基于特定需求的简单数据聚合可以是汇总数据，也可以是平均数据，可以直接在报表中展示。基于多维数据的聚合体现在多维数据模型中。

3.4.3 数据加载

数据加载把转换后的数据按照目标数据库元数据定义的表结构装入数据仓库。数据加载有两个基本方式：刷新方式和更新方式。

刷新方式采用在定期的间隔对目标数据进行批量重写的技术。目标数据起初被写进数据仓库，然后每隔一定的时间，数据仓库被重写，替换以前的内容。现在这种方式用得比较少。更新方式是一种只将源数据中的数据改变写进数据仓库的方法。为了支持数据仓库的周期，便于历史分析，新记录通常被写进数据仓库中，但不覆盖和删除以前的记录，而是通过时间戳来分辨它们。

刷新方式通常用于数据仓库首次被创建时填充数据仓库，更新方式通常用于目标数据仓库的维护。刷新方式通常与全量抽取相结合，而更新方式常与增量抽取相结合。

3.5 OLAP

数据仓库与联机分析处理（On-Line Analytical Processing，OLAP）互补。OLAP 系统一般以数据仓库为基础，即从数据仓库中抽取详细数据的一个子集，经过必要的聚合，再存储到 OLAP 存储器中，供前端分析工具读取。

3.5.1 维

维（dimension）是一种高层次的类型划分，为决策分析时的一类属性，集合构成一个维。通过把一个实体的多项重要的属性定义为多个维，用户能对不同维上的数据进行比较。实际上，维反映了用户观察数据的特定角度，例如，时间维是企业观察不同销售数据随时间变化的情况。

一个维可能存在细节程度不同的多个描述，形成维的层次，例如时间维可以有年、月和日等不同层次。维成员是维的一个取值，若一个维是多层次的，则该维的成员就是在不同层次上取值的组合。例如时间维有年、月和日 3 个层次，则分别在 3 个层次上各取一个值组合起来得到时间维的一个成员，即“2014 年 12 月 6 日”。维的度量描述要分析的数值，例如销售额等。维的粒度指数据仓库所保存数据的细化或综合程度的级别。

数据仓库的逻辑模型是多维模型。维更是 OLAP 的技术核心。OLAP 支持最终用户进行动态多维分析，包括跨维计算和建模等，更好地迎合了人类的思维模式，可以更好地满足决策者的要求。

3.5.2 OLAP 与 OLTP

20 世纪 60 年代，E.F.Codd 提出了关系数据模型，促进了 OLTP（On-Line Transactional Processing，联机事务处理）的发展。随着数据的增多，用户在决策分析时，不得不对关系数据库进行大量计算，才能得到需要的结果，而基于 SQL 简单查询的 OLTP 结果并不能满足这种需求。因此，1993 年，E.F.Codd 又提出了 OLAP（On-Line Analytical Processing，联机分析处理），给出了多维数据库和多维分析的概念。

OLAP 是多维数据分析工具的集合，旨在满足多维环境下特定的决策支持、查询和报表需求。利用 OLAP，用户可以从多种角度在原始数据中提取有效信息，实现快速、一致、交互的存取，加深理解和使用数据。OLTP 和 OLAP 的区别见表 3-2。

与 OLTP 相比，OLAP 支持最终用户进行动态多维分析，包括跨维计算和建模等，更好地迎合了人类的思维模式，可以更好地满足决策者的要求。

OLTP 累积的大量数据，在数据仓库中整理后，有利于 OLAP、数据挖掘等方法的高效运行，快速从海量数据中发现有价值的知识，构建决策支持系统（Decision-making Support System，DSS），实现商业智能（BI）。

表 3-2 OLAP 与 OLTP 的区别

	OLTP	OLAP
用户	操作人员，低层管理人员	决策人员，高级管理人员
功能	日常操作处理	分析决策
DB 设计	面向应用	面向主题
数据	当前的、最新的细节的、二维的分立的	历史的、聚集的、多维的集成的、统一的
存取	读/写数十条记录	读上百万条记录
工作单位	简单的事务	复杂的查询
用户数	上千个	上百个
DB 大小	100MB-GB	100GB-TB

3.5.3 OLAP 的基本操作

OLAP 多维分析的基本操作有切块（dice）、切片（slice）、旋转（pivot）、聚合（aggresive）、钻取等，如图 3-10 与表 3-3 所示。

在实际 OLAP 应用中，OLAP 分析需要对组织好的数据进行各种基本操作，使得用户能够从多个角度、多个侧面观察数据库中的数据，更加深刻地理解数据，发现数据中的有用信息。切块是从数据区间上进行取舍，是切片的数据准备，可以通过切块得到决策需要的切片。对每一个多维数组，都可以根据决策分析的需要，将一些维定格到一个维成员，使多维数组简化为“切片”或“切块”。多维数据集的“切片”或“切块”数量取决于所选定维的维成员数量。例如，一个酒店经营的数据，若将时间维度选定为“季度”，客户维度选定为“流动客户”，则切片可以揭示该酒店一季度经营中流动客户的消费同促销手段之间的联系。钻取（包括下钻和上卷），下钻是指从概括性的数据出发，深入相应的更详细的数据进行观察或增加新维，使用户在多层数据中获得更多的细节数据；上钻是指从详细的数据中获得相应的概括性的数据，或者减少维数，使用户在多层数据中获得更多的概括性的数据。

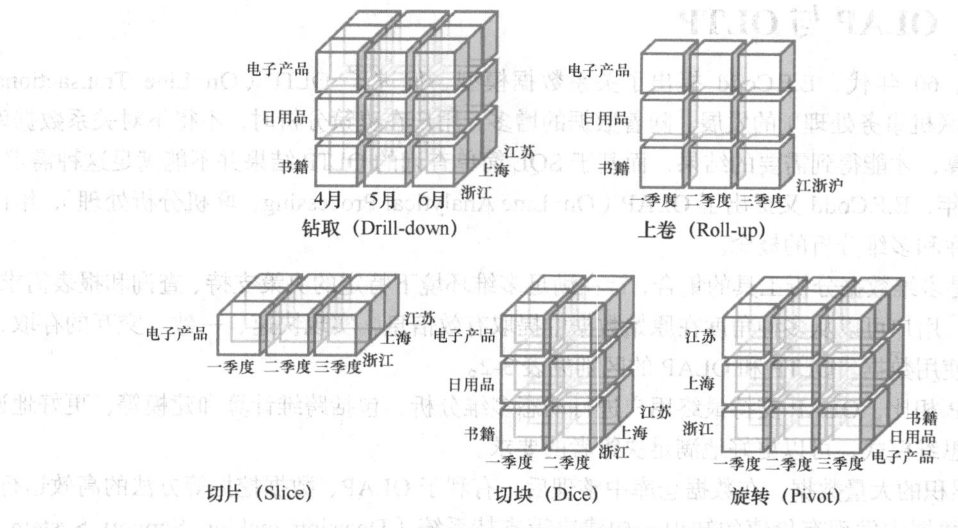

图 3-10 OLAP 基本操作

表 3-3　　OLAP 多维分析的基本操作

名称	内容	目的
切片	选定多维数组的一个二维子集来分析数据。切片是在某个或某些维上选定一个属性成员，而在其他维上取一定区间的属性成员或全部属性成员来观察数据的一种分析方法。即在多维数组的某两个维上分别选取一定区间或全部的维成员，而在其他维上均选定一个维成员	降低多维数据集的维度，以更好地了解多维数据集。它舍弃了数据的其他观察角度，可以使人们将注意力集中在一个二维子集内重点观察数据
切块	选定多维数组的一个三维子集来观察数据。即在多维数组的某 3 个维上分别选取一定区间或全部的成员属性，而在其他维上均选定一个成员属性	降低多维数组集的维，以更好地了解多维数据集。使人们能将注意力集中在较少的维上进行观察
旋转	把多维数据集显示的维方向改变为用户要求的方向。旋转是改变一个报告或页面显示的维方向，将多维数据集中的不同维交换显示，即在表格中重新安排维的放置（如行列互换）	通过改变维的位置得到不同视角的数据，实现用户直观并多角度地查看数据集中不同维之间的关系
聚合	通过一个维的概念分层向上攀升或者通过维规约，在数据立方体上进行聚集得到的结果	实现高层次的数据汇总，呈现整体与部分的关系
钻取	聚合的逆操作，指改变维的层次，变换分析的粒度。它包含向下钻取和向上钻取/上卷操作，钻取的深度与维所划分的层次相对应	为了在不同的综合层次上观察数据

3.6　OLAP 的数据模型

按照存储器的数据存储格式，OLAP 系统可以分为 ROLAP、MOLAP 和 HOLAP 三种数据模型。

3.6.1　ROLAP

ROLAP（Relational OLAP，关系联机分析处理）以关系数据库为核心，将分析用的多维数据存储在关系数据库中，并根据应用需要，把应用频率比较高、计算工作量比较大的 SQL 查询定义为实视图，作为表存储在关系数据库中，即将多维数据映像成平面关系表中的行。ROLAP 主要通过一些软件工具或中间软件实现，物理层采用关系数据库的存储结构，又称为虚拟 OLAP（Virtual OLAP）。

在 ROLAP 中，针对 OLAP 服务器的每个查询，为了提高效率，优先利用已计算好的实视图生成结果。作为 ROLAP 存储器的 RDBMS，也针对 OLAP 作相应的优化，如并行存储、并行查询、并行数据管理、基于成本的查询优化、位图索引、SQL 的 OLAP 扩展等。

ROLAP 对于数据的处理可以发生在数据库系统内、中间层服务器或客户端。在两层结构中，用户提交 SQL 请求给数据库，然后收到请求的数据。在三层结构中，用户提交多维分析的请求，然后 ROLAP 引擎将请求转化为 SQL 语句提交给数据库。获得结果后，ROLAP 引擎先将结构从 SQL 转化为多维格式，再把结果传给用户。常用的请求会被创建，然后预先存好。如果请求的信息是可得的，则这个请求就会被使用，以节约时间。例如微软 Access 的 PivotTable 就是三层结构。

ROLAP 将多维数据库的多维结构划分为两类表：一类是事实表，用来存储数据和维关键字；另一类是维表，即对每个维至少使用一个表来存放维的层次、成员类别等维的描述信息。在星型模式和雪花型模式中，ROLAP 服务器包括每个 DBMS 后端优化、聚集导航的逻辑实现、附加的工具和服务，使其支持更大的用户群和数据量，常常用于对这些容量要求很高的场合。此外，尽管关系数据库表达多维数据的能力不如多维数据库，但现有关系数据库具有成熟的理论和完整的技术，并且使用广泛，因此 ROLAP 数据模型是一个实用可行的方案。

3.6.2 MOLAP

MOLAP（Multidimensional OLAP，多维联机分析处理）将 OLAP 分析所用到的多维数据在物理上存储为多维数组的形式，形成“立方体”的结构，从而通过多维数组的存储引擎，显示数据的多维视图。维的属性值被映射成多维数组的下标值或下标的范围，而总结数据作为多维数组的值存储在数组的单元中。数据的多维视图直接映射在数据立方体的结构中，数据在多维空间中的位置由维属性来计算，数据的值就是度量属性的值。例如，Arbor 的 Essbase 就是一个 MOLAP 服务器。MOLAP 因为存储结构从物理层实现起，又称为物理 OLAP（Physical OLAP）。

使用数据立方体的优点是能够对预计算的汇总数据快速索引，使用多维数据存储，如果数据集是稀疏的，存储利用率可能很低。在这种情况下，应当使用稀疏矩阵压缩技术。许多 MOLAP 服务器采用两级存储，以便处理稀疏和稠密数据集：稠密数据集不变，并作为数组结构存储；而稀疏数据集使用压缩技术，从而提高存储利用率。

多维数据由多维数据库管理系统（MDBMS）负责管理，预先计算给定数据立方体的所有方体，并在需要时访问，当 OLAP 服务器解析这些请求时，首先查询存储在本地且预先聚集好的数据，如果访问命中就可以得到查询结果，无需再访问原始的数据仓库，实现查询速度高、响应速度快的优点，同时可以更直观地表达现实世界中的“一对多”或“多对多”的关系。MOLAP 中产生多维数据报表的主要技术包括对“立方体”的“旋转”“切块”“切片”等，将细节数据和聚合后的数据均保存在立方体中，虽然以空间换效率，查询时效率高，但生成数据立方体时需要大量的时间和空间。

基于多维数据库的 MOLAP，每个 OLAP 应用程序一般以多维方式处理数据。用户可以观察数据集的不同方面，例如销售时间、地点和产品模型。MOLAP 处理已经存贮在多维列表里的数据，在列表里数据可能的结合都被考虑到，每个数据都在一个能够直接访问的单元里。相对于目前其他数据模型，MOLAP 具有查询速度更快和更容易被用户理解的优势。

3.6.3 HOLAP

MOLAP 和 ROLAP 各有优点和缺点，例如 MOLAP 效率较高，但数据装载的效率非常低，因为将多维的数据预先填好，提高了出报表的效率，也让装载变得更复杂，而且仓库重新构造后，全部数据都要重新装载，若数据量增量过大，则导致维护成本剧增，容易引起“数据爆炸”；ROLAP 基于关系性数据库，操作较为复杂，但是多维报表通过事实表连维表的方式来构造，对于数据库性能要求比较高，针对数据仓库应用建立索引等优化措施，可以减少生成报表的开销，数据仓库调整后，除非特别大的调整，通常都不需要重新装载全部数据，提供了更大的灵活度。可见，MOLAP 和 ROLAP 各自存在优劣势，且结构迥然不同。为此，混合型 OLAP（HOLAP）被提出。

HOLAP（Hybrid OLAP，混合联机分析处理）把 MOLAP 和 ROLAP 两种结构的优点结合起来，同时实现了 ROLAP 较大的可规模性和 MOLAP 的快速计算。如低层是关系型的，高层是多维矩阵型的，对最常用的维度和维层次使用 MOLAP 来存储，对不常用的维度和数据使用 ROLAP 来存储。当用户查询不常用数据时，HOLAP 把简化的多维数据库和星型结构进行拼合，得到完整的多维数据库，更为灵活。HOLAP 服务器将细节数据保留在关系型数据库的事实表中，但是聚合后的数据保存在 MOLAP 的立方体中，数据维度少于 MOLAP 的维度，数据存储容量也少于 MOLAP 方式，但聚合时需要比 ROLAP 更多的时间，查询效率比 ROLAP 高，但低于 MOLAP。

思 考 题

1. 如何选择数据仓库的体系结构？
2. 如何实施 OLAP 的基本操作？
3. 在数据仓库中如何实行 ETL？

第 4 章 数据仓库和 ETL 工具

在大数据时代，信息和噪声数据一起呈爆炸式增长，如何有效管理并利用这些数据给企业提出了全新的挑战，本章主要以 IBM DB2 数据库/数据仓库、IBM DataStage 和 IBM QualityStage 为例，讲解数据仓库和 ETL 工具。

4.1 IBM DB2 V10

随着数据量的快速增长以及市场竞争的加剧，企业越来越面临着更加复杂和困难的工作负载压力，如何保证系统始终健康并高效地运行以及如何实现系统的可扩展是企业 CIO 们急于解决的问题。客户需要一种可高度扩展的、灵活的应对信息增长的解决方案，它应能够轻松扩展现有的应用程序。DB2 可以部署在任何规模的服务器上，从一个 CPU 到数百个 CPU，集群方式支持共享存储结构（Share Disk）和非共享存储结构（Share Nothing）两种方式：共享存储结构对应的是 DB2 PureScale，为事务处理提供了高可伸缩性和持续的可用性，最大支持成员数为 128；非共享存储结构对应的是 DB2 Database Partition Feature，主要为数据仓库提供高可伸缩性，最大支持 1 000 个数据库分区，DB2 MPP 架构的产品组件就是 DB2 DPF（DB2 V10.1，2014）。

4.1.1 自适应压缩

DB2 V10 自适应压缩（Adaptive Compression）是行压缩，主要使用表级别压缩字典（经典行压缩）和页级别压缩字典来实现数据压缩，其改进合并了 DB2 V9 的经典行压缩功能，并新增了逐页压缩数据功能。经典行压缩使用基于表级别压缩字典的压缩算法，根据数据抽样的重复情况，将数据行中重复出现的字节（可以是一行中多个列值）替换为较短符号来整体压缩数据；逐页压缩主要使用基于页级别压缩字典的压缩算法，根据表数据所在的每个页（Page）的重复情况来压缩数据。表级别压缩字典存储在表对象中，用来压缩整个表的数据，页级别压缩字典则与数据页存储在一起用来压缩该页中的数据。表级别压缩字典是静态字典，这些字典在创建后不会更改，除非在经典表重组期间重组这些字典，而页级别字典是动态的，其在必要时会自动重建。页级别压缩字典小于表级别压缩字典，数据在页面上更新时不需要执行表重组即可自动更新页级别压缩字典。

在 DB2 V10 中可以继续只启用表级别压缩字典（经典行压缩）来对表进行压缩，也可以启用自适应压缩（行压缩）同时使用表级别压缩字典和页级别压缩字典，需要注意的是不能仅仅单独启用页级别压缩字典来对表进行压缩。在启用自适应压缩（行压缩）的同时还可以使用 DB2 原有的值压缩功能。

如果想启用自适应压缩，直接将表的 COMPRESS 属性设置为 YES 即可。启用压缩后，向该表插入数据时会使用自适应压缩并会对表启用索引压缩。向该表更新数据时可能会产生溢出情况（当前数据页放不下，行的新映像被存储在溢出页上），为了避免这种情况需要适当增加重组后"每页留为可用空间的百分比"（PCTFREE）。更新操作时，日志的使用可能会增加，但总体来说因为启用了压缩，增删改操作的结果写入日志的数据量会减少。自适应压缩对表分区一样有效，当对表启用自适应压缩时，就对整个表（即便该表包含表分区）启用了自适应压缩。对临时表的压缩（仅包含经典行压缩）是自动启用的。

启用了数据压缩后，存储数据所需的磁盘空间大幅下降（节省了大量资金），可能需要更少的 I/O 操作来访问压缩数据，并且在压缩后，可以将更多数据高速缓存在缓冲池中。由于用户数据压缩在日志记录内，因此日志记录可能会变小（update 操作可能除外）。DB2 几乎为所有数据库类型提供了全面的压缩，包括表数据、索引、临时表、XML 文档、日志文件和备份映像等。自适应压缩由于减少了存储开支，潜在地提供了更高的性能。通常数据行中存在的模式重复率越高，压缩率就越高。如果数据行中没有重复字节或包含 BLOB 数据，压缩率就不会很高，这种情况下可以停用自适应压缩。

4.1.2　多温度存储

DB2 V10.1 引入了多温度存储（Multi-Temperature Storage）来管理数据，通过配置数据库，将经常访问的数据（热数据）存储在快速存储器（例如固态硬盘 SSD 存储）上；将访问不太频繁的数据（温数据）存储在速度稍慢的存储器（例如高速磁盘）上；将极少访问的数据（冷数据）存储在速度较慢的存储器（例如低速磁盘）上。当数据访问频率不那么频繁时，热数据所在的存储器可以换成速度稍慢或较慢的存储器。通过指定数据的优先级（热数据、温数据和冷数据）并动态指定不同类别的存储器，从而节省总投资，最小化管理开销，增加性能。例如，可以考虑将当前季度的交易记录存储在 SSD 存储上，当季度结束后，将该记录数据移至高速磁盘上（变更表空间所属的存储组，数据移动是在线的，在后台运行且可以挂起，并可以在以后恢复）。

DB2 使用存储器组来管理不同类型的存储器，存储器组是可存储数据的存储路径的指定集合，只有自动存储器表空间才能使用存储器组。一个表空间只能与一个存储器组相关联，但一个存储器组可与多个表空间关联。通过表分区功能，可以将表数据分散到多个表空间中。例如可以将热数据放在 SSD 盘上，将温数据放在高速盘上，将冷数据放在低速盘上。

例如，用户有 3 种存储方式：固态硬盘（SSD）存储、高速 SAS 盘阵存储和低速 SATA 盘阵。可以定义 3 个存储组 sg_hot（使用 SSD）、sg_warm（使用高速 SAS 盘阵）和 sg_cold（使用低速 SATA 盘阵），具体命令如下：

```
CREATE STOGROUP sg_hot  ON   实际路径目录列表
CREATE STOGROUP sg_warm ON   实际路径目录列表
CREATE STOGROUP sg_cold ON   实际路径目录列表
```

接下来创建 6 个表空间，每个季度数据对应一个表空间，并关联对应的存储组：

```
CREATE TABLESPACE TS_2012Q1 USING STOGROUP sg_cold
CREATE TABLESPACE TS_2012Q2 USING STOGROUP sg_warm
CREATE TABLESPACE TS_2012Q3 USING STOGROUP sg_warm
```

```
CREATE TABLESPACE TS_2012Q4 USING STOGROUP sg_warm
CREATE TABLESPACE TS_2013Q1 USING STOGROUP sg_hot
CREATE TABLESPACE TS_2013Q2 USING STOGROUP sg_hot
```

表 T1 采用表分区，并将销售时间字段作为分区键，每个季度的数据使用一个独立的数据分区，当前季度的数据（2013 年第一季度）使用 TS-2013Q1 表空间（采用 sg_hot 存储组，部署在 SSD 上），未来季度的数据将使用其对应的表空间，并部署在 SSD 上。

```
CREATE TABLE T1 (ID VARCHAR(100), S_DATE DATE, Rev INT) PARTITION BY RANGE (S_DATE)
(PARTITION "2012Q1" STARTING FROM ('2012-01-01') INCLUSIVE ENDING AT ('2012-04-01')
EXCLUSIVE in TS_2012Q1, PARTITION "2012Q2" STARTING FROM ('2012-04-01') INCLUSIVE
ENDING AT ('2012-07-01') EXCLUSIVE in TS_2012Q2, PARTITION "2012Q3" STARTING FROM
('2012-07-01') INCLUSIVE ENDING AT ('2012-10-01') EXCLUSIVE in TS_2012Q3, PARTITION
"2012Q4" STARTING FROM ('2012-10-01') INCLUSIVE ENDING AT ('2013-01-01') EXCLUSIVE in
TS_2012Q4, PARTITION "2013Q1" STARTING FROM ('2013-01-01') INCLUSIVE ENDING AT
('2013-04-01') EXCLUSIVE in TS_2013Q1), PARTITION "2013Q2" STARTING FROM ('2013-04-01')
INCLUSIVE ENDING AT ('2013-07-01') EXCLUSIVE in TS_2013Q2);
```

当2013年一季度过去后，可以将2013年一季度数据所使用的表空间TS_2013Q1移至sg_warm存储组（2013 年二季度的数据通过 TS_2013Q2 表空间继续使用 sg_hot 存储组）：

```
ALTER TABLESPACE TS_2013Q1 USING STOGROUP sg_warm
```

4.1.3 时间旅行查询

DB2 V10.1 支持对数据进行时间旅行查询，避免了以往应用程序为了维护基于时间的数据所付出的巨大开销，对管理多个数据版本或者跟踪业务有效期功能提供了完整支持，节省了 DBA 和开发人员的大量时间和精力。其表设计选型和查询语法是基于 ANSI/ISO SQL：2011 标准的。

时间旅行查询（Time Travel Query）支持两种时间类型：系统时间（SYSTEM_TIME）和业务时间（BUSINESS_TIME）。简单来说，系统时间由两个列组成，第一列是该记录行创建的时间，第二列表示该行被再次更新或删除的时间，例如某记录是在“2012-11-22”创建的，那么系统时间第一列的值就是“2012-11-22”（这里对时间格式进行了简化，实际执行时会包含具体时间，不仅仅包含日期），第二列的值就是“9999-12-30”，如果在“2012-12-30”删除该列，那么在历史记录中该记录系统时间第一列还是“2012-11-22”，第二列的值就是“2012-12-30”。业务时间就是有效期的概念，也包含两个列：第一列是业务有效期起始时间（该时间点在有效期内），第二列是业务有效期结束时间（该时间点不在有效期内）。

目前 DB2 支持创建 3 种结构的表，分别是系统周期临时表（使用系统时间）、应用程序时间段临时表（使用业务时间）和双时态表（既使用系统时间也使用业务时间）。系统周期临时表存储数据的当前版本，而其所有的历史记录都会被保存在关联的历史记录表中。“应用程序时间段临时表”没有关联的历史记录，所有记录都存储在“应用程序时间段临时表”中。

1. 示例一：系统周期临时表

某公司用来存储销售优惠政策的表 preferential 原有 4 个列，分别是 ID（编号）、PID（产品编号）、Location（大区）和 ZK（优惠幅度），创建系统周期临时表（基础表）需要增加 3 个列，分别是 sys_start（系统开始时间）、sys_end（系统结束时间）和 ts_id（开始执行影响该行的事务的时间），这 3 个列类型为 TIMESTAMP(12)并定义为 GENERATED ALWAYS，DB2 会自动维护这 3 个列。另外，将 ts_id 设置为 IMPLICITLY HIDDEN 的目的是在执行 SELECT * 语句时不显示该列，当然 sys_start 和 sys_end 也可以设置成隐藏。“PERIOD SYSTEM_TIME (sys_start, sys_end)”子句将 sys_start 和 sys_end 标识成系统时间。

步骤 1：创建带有 SYSTEM_TIME 属性的表 preferential。

```
CREATE TABLE preferential (
id          varchar(10) NOT NULL,
pid         INT NOT NULL,
location  varchar(10) NOT NULL,
ZK            decimal(4, 2) NOT NULL,
sys_start TIMESTAMP(12) NOT NULL GENERATED ALWAYS AS ROW BEGIN,
sys_end     TIMESTAMP(12) NOT NULL GENERATED ALWAYS AS ROW END,
ts_id       TIMESTAMP(12) NOT NULL GENERATED ALWAYS AS TRANSACTION START ID IMPLICITLY
HIDDEN,
PERIOD      SYSTEM_TIME (sys_start, sys_end)
```

步骤 2：创建历史记录表 preferential_history。

```
CREATE TABLE preferential_history LIKE preferential
```

步骤 3：将 preferential 和 preferential_history 关联起来。

```
ALTER TABLE preferential ADD VERSIONING USE HISTORY TABLE preferential_history
```

接下来往 preferential 中插入 3 条产品优惠记录（日期：“2012-11-22”），其中 Location 字段插入的值“01”表示北京，“02”表示上海：

```
Insert into preferential(id, pid, location, zk) values('1', 1001, '01', 0.6);
Insert into preferential(id, pid,  location, zk) values('2', 1002, '01', 0.65);
Insert into preferential(id, pid,  location, zk) values('3', 1003, '02', 0.7);
```

查询 preferential 表可以看到 3 条记录，在 SYS_START 列可以看到这些记录的插入时间（为了方便显示，sys_start 和 sys_end 字段都使用 date 函数，只显示日期），而 preferential_history 中没有记录：

```
select id, pid, case when location='01' then 'beijing' else 'shanghai' end as
location, zk, date(sys_start) as sys_start, date(sys_end) as sys_end  frompreferential

ID          PID           LOCATION    ZK       SYS_START     SYS_END
----------  -----------   --------    ------   ----------    ----------
1           1001          beijing     0.60     2012-11-22    9999-12-30
2           1002          beijing     0.65     2012-11-22    9999-12-30
3           1003          shanghai    0.70     2012-11-22    9999-12-30
```

根据业务需要，产品 1002 需要加大促销度，在“2012-12-21”将产品 1002 的优惠幅度从 0.65 改成了 0.75：

```
UPDATE preferential SET ZK = 0.75 WHERE pid = 1002
```

查询 preferential 表后发现产品 1002 的折扣幅度已经改成了 0.75，SYS_START 值变成了

“2012-12-21”（时间仅显示日期）：

```
ID          PID           LOCATION       ZK      SYS_START     SYS_END
----------  ------------  --------       ------  ----------    ----------
1           1001          beijing        0.60    2012-11-22    9999-12-30
2           1002          beijing        0.75    2012-12-21    9999-12-30
3           1003          shanghai       0.70    2012-11-22    9999-12-30
```

查询 preferential_history 表可以看到里面多了一条记录，产品 1002 在“2012-11-22”到“2012-12-21”期间的折扣幅度为 0.65 已经记录下来了：

```
ID          PID           LOCATION    ZK      SYS_START     SYS_END
----------  ------------  --------    ------  ----------    ----------
2           1002          beijing     0.65    2012-11-22    2012-12-21
```

2. 示例二：应用程序时间段临时表

应用程序时间段临时表只使用业务时间。

销售优惠政策的表需要记录该政策的有效期，可以考虑在原有的 4 个列上增加两个列，分别表示有效期起和有效期止。使用 PERIOD BUSINESS_TIME 子句将有效期起和止注册为业务时间，并使用 BUSINESS_TIME WITHOUT OVERLAPS 子句保证同一产品同一时期内唯一：

```
CREATE TABLE preferential2 (
id          varchar(10) NOT NULL,
pid          INT NOT NULL,
location  varchar(10) NOT NULL,
ZK            decimal(4, 2) NOT NULL,
bus_start date NOT NULL,
bus_end     date NOT NULL,
PERIOD BUSINESS_TIME(bus_start,  bus_end),
PRIMARY KEY(pid,  BUSINESS_TIME WITHOUT OVERLAPS) )
```

首先，往表 preferential2 中插入 3 条产品优惠记录（日期：“2012-11-23”）：

```
Insert into preferential2 values('1',1001,'01',0.6, '2012-01-01', '2012-12-30');
Insert into preferential2 values('2',1002,'01',0.65, '2012-01-01', '2012-12-30');
Insert into preferential2 values('3',1003,'02',0.7, '2012-01-01', '2012-12-30');
```

查询 preferential2 表可以看到里面有 3 条记录：

```
ID          PID           LOCATION      ZK       BUS_START     BUS_END
----------  ------------  ----------    ------   ----------    ----------
1           1001          01            0.60     2012-01-01    2012-12-30
2           1002          01            0.65     2012-01-01    2012-12-30
3           1003          02            0.70     2012-01-01    2012-12-30
```

尝试对产品 1001 插入一条记录（有效期从 2012-06-01 至 2012-12-30）会被拒绝，因为同一时期内同一产品的优惠政策要唯一：

```
D:\>db2 Insert into preferential2 values('1',1001,'01',0.6,'2012-06-01', '2012-12-30')
DB21034E  该命令被当作 SQL 语句来处理，因为它是无效的“命令行处理器”命令。在
```

```
SQL 处理期间，它返回：
SQL0803N  INSERT 语句、UPDATE 语句或由 DELETE 语句导致的外键更新中的一个或多个值无效，因为由 "1"标识的主键、唯一约束或者唯一索引将表 "DB2ADMIN.PREFERENTIAL2"的索引键限制为不能具有重复值。 SQLSTATE=23505
```

假如需要临时调整某个产品的促销折扣，例如对产品 1003 从 2012-10-01 至 2012-11-23 进行促销，将其折扣幅度由 0.7 提高到 0.75，更新该记录后，可以看到 preferential2 表中多了 2 条记录，其将从 2012-01-01 至 2012-12-30 中的一条记录拆分成了 3 条：

```
UPDATE preferential2 FOR PORTION OF BUSINESS_TIME FROM '2012-10-01' TO '2012-11-23'
SET zk = 0.75 WHERE pid = 1003
DB20000I  SQL 命令成功完成。
D:\>db2 select * from preferential2

ID         PID         LOCATION    ZK     BUS_START    BUS_END
---------- ----------- ----------- ------ ----------   ----------
1          1001        01          0.60   2012-01-01   2012-12-30
2          1002        01          0.65   2012-01-01   2012-12-30
3          1003        02          0.75   2012-10-01   2012-11-23
3          1003        02          0.70   2012-01-01   2012-10-01
3          1003        02          0.70   2012-11-23   2012-12-30
5 条记录已选择。
```

3. 示例三：双时态表

双时态表既使用系统时间，也使用业务时间。

```
CREATE TABLE preferential3 (
id          varchar(10) NOT NULL,
pid         INT NOT NULL,
location    varchar(10) NOT NULL,
ZK          decimal(4, 2) NOT NULL,
bus_start   date NOT NULL,
bus_end     date NOT NULL,
sys_start   TIMESTAMP(12) NOT NULL GENERATED ALWAYS AS ROW BEGIN,
sys_end     TIMESTAMP(12) NOT NULL GENERATED ALWAYS AS ROW END,
ts_id       TIMESTAMP(12) NOT NULL GENERATED ALWAYS AS TRANSACTION START ID
IMPLICITLY HIDDEN,
PERIOD      SYSTEM_TIME (sys_start, sys_end),
PERIOD BUSINESS_TIME(bus_start, bus_end),
PRIMARY KEY(pid, BUSINESS_TIME WITHOUT OVERLAPS) )
```

创建其历史记录表并关联：

```
CREATE TABLE preferential3_history LIKE preferential3
ALTER TABLE preferential3 ADD VERSIONING USE HISTORY TABLE preferential3_history
```

首先，往表 preferential3 中插入 3 条产品优惠记录（日期“2012-11-23”）：

```
Insert into preferential3(id, pid, location, zk, bus_start, bus_end)  values ('1',
1001, '01', 0.6, '2012-01-01', '2012-12-30');
```

```
Insert into preferential3(id, pid, location, zk, bus_start, bus_end) values ('2', 1002, '01', 0.65, '2012-01-01', '2012-12-30');
Insert into preferential3(id, pid, location, zk, bus_start, bus_end) values ('3', 1003, '02', 0.7, '2012-01-01', '2012-12-30');
```

为了推广产品 1003，计划在 2012-10-01 至 2012-11-23 期间对其进行促销，优惠幅度将从 0.65 变为 0.75。更新操作完成后可以发现 preferential3 表中的记录由 3 条变成了 5 条（系统时间仅显示日期，location 转换成了对应值），preferential3_history 表增加了一条记录：

```
UPDATE preferential3 FOR PORTION OF BUSINESS_TIME FROM '2012-10-01' TO '2012-11-23' SET zk = 0.75 WHERE pid = 1003
```

表 preferential3 中记录：

```
ID      PID      LOCATION   ZK      SYS_START    SYS_END      BUS_START    BUS_END
------- -------  ------     -----   --------     ---------    ---------    ---------
1       1001     beijing    0.60    2012-11-23   9999-12-30   2012-01-01   2012-12-30
2       1002     beijing    0.65    2012-11-23   9999-12-30   2012-01-01   2012-12-30
3       1003     shanghai   0.75    2012-11-23   9999-12-30   2012-10-01   2012-11-23
3       1003     shanghai   0.70    2012-11-23   9999-12-30   2012-01-01   2012-10-01
3       1003     shanghai   0.70    2012-11-23   9999-12-30   2012-11-23   2012-12-30
```

表 preferential3_history 中记录：

```
ID      PID       LOCATION   ZK     SYS_START    SYS_END      BUS_START    BUS_END
------- --------  ------     -----  --------     --------     --------     ---------
3       1003      shanghai   0.70   2012-11-23   2012-11-23   2012-01-01   2012-12-30
```

4.1.4 DB2 兼容性功能

DB2 从 V9.7 开始陆续引入了对 Oracle、Sybase 和 MS SQL-Server 的兼容性支持，使用方法非常简单，就是将 DB2_COMPATIBILITY_VECTOR 注册表变量启用一个或多个 DB2 兼容性功能（DB2 Compatibility Features），然后创建 Unicode 数据库即可。这些功能帮助用户，可以快速方便地将基于 DB2 以外的关系型数据库产品编写的应用程序，迁移到 DB2 数据库中。

- ORA，对 Oracle 应用程序充分利用 DB2 兼容性功能
- SYB，对 Sybase 应用程序充分利用 DB2 兼容性功能
- MYS，对 MySQL 应用程序充分利用 DB2 兼容性功能

示例：启用 Oracle 兼容性功能。

```
db2set DB2_COMPATIBILITY_VECTOR=ORA
db2stop
db2start
```

4.1.5 工作负载管理

工作负载是指数据库服务器上正在进行的活动或操作，工作负载管理（Workload Management）通过对工作负载进行分类和识别，根据管理的需要对其进行进一步控制（例如对不同的工作负载设置不同的优先级，分配不同的 CPU、内存或 IO 等）。DB2 从 V9.5 开始引入了工作负载管理（简称 WLM）功能，并在之后的版本中持续做了改进。一个好的 WLM 可以帮助企业更有效地监控系统运行状况并进行相应的控制。WLM 有 3 个阶段，分别是标识阶段（用来对数据库当前运行

的工作进行分类）、管理阶段（可以对工作负载进行动态管理，例如对某个工作分配资源或进行严格限制）和监控阶段（衡量并跟踪目标完成情况，确定你的系统和独立运行的工作负载是否健康和高效）。

在标识阶段，可以在连接或事务级别根据关键会话属性标识工作负载。在此阶段可以根据工作所在的数据库连接属性(可以是 Address、Application Name、System authorization ID、Session authorization ID、Group of session authorization ID、Role of session authorization ID、Client user ID、Client application name、Client workstation name 和 Client accounting string 等）来标识数据库活动，创建工作负载（Workload）；也可以通过事务的类型属性创建工作类（Work Class）和工作类集（Work Class Set），连接属性可以是 READ、WRITE、DML、DDL、LOAD、CALL、ALL 等。在对工作进行分类后（各种工作负载或工作类），可以在管理阶段对这个工作分配资源或进行控制。

在管理阶段可以定义服务类（Service Classes）、服务子类（Service Subclasses）、阈值（Threshold）、工作操作（Work Action）和工作操作集（Work Action Set）等。服务类的目的是为工作运行定义一个执行环境，这个环境包含可用的资源和不同的执行阈值，当你定义一个工作负载时，你必须为之指定对应的服务类。如果你没有显式地定义工作负载，用户数据库请求会被认为是系统默认的工作负载，其对应的服务类是系统默认的用户服务类。所有的系统数据库请求对应的都是默认系统服务类。所有的数据库请求都是在服务类中执行的，并且在服务类中获得相应的资源。所有的连接都是映射到工作负载上的，所有的工作负载都是映射到服务类上的。针对服务类中资源分配的情况，可以定义相应的阈值来进行限定。DB2 的服务类拥有两层结构：服务父类和服务子类。使用服务类时，可以通过控制这个服务类的一系列属性，使不同的工作具有不同的优先级。例如，可以设置服务类中工作的 I/O 页预取优先级，设置服务类中所有代理的 CPU 优先级，还可以通过创建阈值的方式对服务类所使用的资源进行控制，用不同类型的阈值控制服务类中不同工作所使用的资源大小。

具体而言，阈值提供一种方法，用来控制每种工作能够使用的资源数量。在工作负载管理解决方案中，可以使用阈值来防止系统过载或者资源被滥用现象的发生。通过阈值，可以直接对特定的资源设置限定，当超过限定时，就会触发特定的动作。工作操作是一个用来控制某一种类型工作所对应数据库活动的方法。简单地说，就是当数据库活动满足已经定义好的工作类所涉及的范围时，就会触发相应的工作操作。

总地来说，工作负载管理有两种方式对工作进行管理，即一种主要的方式和一种补充的方式。主要的方式是通过工作负载、服务类和阈值相结合的方式，根据数据库行为的来源（数据库连接属性）对工作进行管理。补充的方式是通过工作类集和工作操作集相结合，根据数据库行为的属性对工作进行管理。补充的方式是在主要的管理方式基础上进行的，不是单独进行管理的，也就是说，主要的管理方式一定会生效，如果定义了补充的方式，则补充的方式也同时生效。

另外，DB2 V10 还新增了根据工作负载所访问的数据（利用数据标记组合）来确定其优先级功能。通过使用数据标记的组合，可以确定活动的优先级。例如，表空间 A 包含关键数据，并且已对这些数据指定了“数据标记”，那么访问该表空间数据的操作将分配给拥有较高“总体 CPU 周期百分比”的服务类。可以将数据标记直接指定给表空间，也可以指定给存储组，然后表空间会自动继承该存储组的数据标记。

4.1.6 PureXML

在信息交换、复杂信息分析方面，XML 应用得越来越广泛。DB2、Oracle 和 SQL Server 从较早版本就开始进行支持，支持的方式各有不同。传统方式下，开发人员对 XML 的存储和访问一般基于两种方式：

（1）保存为大对象 CLOB/BLOB 或 Varchar（主流数据库都支持该方式）；

（2）对 XML 对象拆分后进行存储（例如 DB2 V8 XML Extender 和 Oracle 10g 等）。

大对象的方式将 XML 作为黑盒处理，当需要对其访问时，不得不整个读取该对象，效率难以保证。对 XML 对象拆分存储的方式使得 XML 对象失去了灵活性，很难适应需求的变化（以往仅需要对 XML 节点进行调整就能适应变化）。

为了避免传统处理方式的弊端，DB2 从 V9 开始引入了 Native 的 XML 支持，也就是 PureXML（并新增了一个数据类型 XML），并在后续的各个版本中陆续做了增强。Native 的含义如下：

（1）不需要在 XML 层次模型跟其他模型之间作转换；

（2）不需要拆分；

（3）不需要存成大对象文本串。

在 DB2 中，XML 对象被真正作为层次模型来支持，从磁盘上最小的存储单元开始，保存的就是 XML 对应的树结构，PureXML 技术以节点级粒度而不是文档级粒度存储 XML 对象。数据库的主要存储单元是节点，每个节点不仅连结其父节点，还连结其子节点，因此对 XML 对象树状结构浏览的速度非常高。DB2 支持对 XML 列建立路径特定的索引，元素和属性经常被用作谓词并可以构建跨文档的索引。新的 XML 值索引使用特定的 XML 模式表达式（XPath 的子集）来编制路径和 XML 对象中值的索引，该索引可以有效评估 XML 模式表达式，并提高 XML 文档的查询性能。PureXML 支持 XQurey 查询，并支持对 XML 对象插入、更新和删除节点，当然也可以混合使用 SQL 和 XQurey。PureXML 的存储原理如图 4-1 所示。

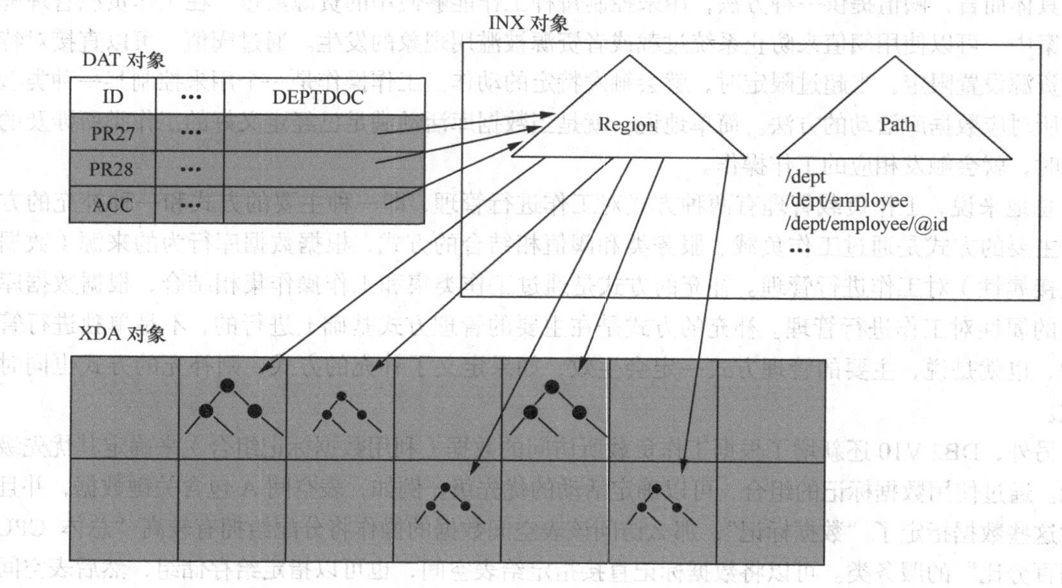

图 4-1　PureXML 存储原理

4.1.7　当前已落实

在 DB2 V9.7 之前，当执行检索操作时，一般只锁定当前行。当执行更新或删除操作时，则除了当前行外还会对修改的行上锁，这些锁会阻止其他应用程序对其进行读取访问，直到该锁被释放。为了避免这种读写冲突，DB2 从 V9.7 开始引入了“当前已落实（Currently Committed）”功能，当其启用时（在默认隔离级别游标稳定性下），只有写和写操作会发生堵塞，其他操作都不会发生堵塞，具体见表 4-1。

表 4-1　启用“当前已落实”的 CS 隔离级别情况下的堵塞情况

后出现的工作负载 / 先出现的工作负载	读工作负载	写工作负载
读工作负载	否（不堵塞）	否（不堵塞）
写工作负载	否（不堵塞）	是（堵塞）

DB2 通过完全锁定避免技术（即当可获得数据或页的已落实版本时，避免使用行级锁）来避免读写冲突。其实现方式是在行级锁定中增加新的反馈机制，标识哪些“日志记录”与该行的首次修改有关，从其首次修改中可以得到该行修改前的值，也就是已落实的值。当发生一个锁冲突时，锁管理器就会使用该反馈机制直接返回这些日志记录编号。当前已落实扫描通过日志（日志缓冲区或活动日志文件）访问得到该行修改前的值。

启用当前已落实的方法非常简单，只要保证数据库配置参数 cur_commit 处于启用状态即可。默认情况下，新建数据库默认启用当前已落实功能。启用当前已落实特性会需要更多的日志表空间。

4.1.8　DB2 PureScale Feature

DB2 PureScale Feature 是基于共享存储结构的数据库集群模式，为事务处理提供了高可伸缩性和持续的可用性，可以确保在成员节点出现故障时事务处理不中断（高可用性）。以 DB2 for z/OS 经过证明的设计特点为基础，集成了几种高级硬件和软件技术，DB2 PureScale Feature 可以满足对高容错功能的最严厉要求（IBM PureData System for Transactions 信息中心，2014）。

1．高可伸缩性

可以高效地近线性缩放为不同级别（目前最大成员节点数为 128），例如当节点数翻番时，总体处理能力也接近增加一倍。集群高速缓存设施（Cluster Caching Facility，CF）可以高速地处理实例范围内（各个节点间）的锁管理和全局高速缓存，避免了各个节点间相互通信维护锁定信息的困扰，增加成员节点时性能同样可以近线性地增加。集群内成员节点及 CF 之间通过万兆以太网或 InfiniBand 高速互联，并使用远程直接存储器存取（RDMA）技术在成员节点和 CF 之间共享组缓冲池（GBP）的数据页。

2．连续可用性

提供对数据的不间断访问和一致的性能，在所有活动的成员节点之间自动负载均衡（如对 Java 程序使用事务级别负载均衡，对 Non-Java 使用连接级别负载均衡）。

（1）当成员节点遇上计划外的软件故障时，将被立即隔离开并在其 Home 主机上自动重新启动，然后执行崩溃恢复，恢复完成后成员就会恢复事务处理。故障期间其他成员节点正常工作，除了失败成员节点上在节点失败时参与“交易更新”的数据（处于锁定临时暂挂状态）以外，共享磁盘存储器上的数据都可用。

（2）当成员节点遇上计划外的硬件故障时，成员将在另外一台主机上重新启动并执行崩溃恢复以恢复数据，恢复完成后该成员不提供事务处理功能。只要其 Home 主机再次可用，该成员就会尝试在该主机上进行故障恢复，并在重新启动后恢复事务处理。

（3）在主 CF 发生软硬件故障后，辅助 CF 将自动接管主 CF 角色，此过程对应用程序是透明的并只会引起很短的延时，该实例依然可用。

（4）如果对成员节点执行计划内系统维护，可将其停顿，待其完成现有事务后使该成员脱机，然后执行维护。维护期间，其他成员正常工作，该成员完成维护后手工将其重新启动并重新加入实例，再次恢复事务处理。

DB2 PureScale Feature 的体系结构如图 4-2 所示，集群中存在多台主机，每台主机可以运行成员节点（members）或 CF，或者二者同时运行。成员节点和 CF 之间由 cluster interconnect（network）和通用并行文件系统（GPFS）紧密联系，共同组成 DB2 PureScale 实例。实例、主机、成员节点、CF、网络和 GPFS 的状态由 Cluster Services 管理和监控。CF 应该配置成 2 个以避免单点故障，支持配成单个但不推荐，双 CF 时如果主 CF 失败，备用 CF 可以接管，避免造成整个系统宕机。

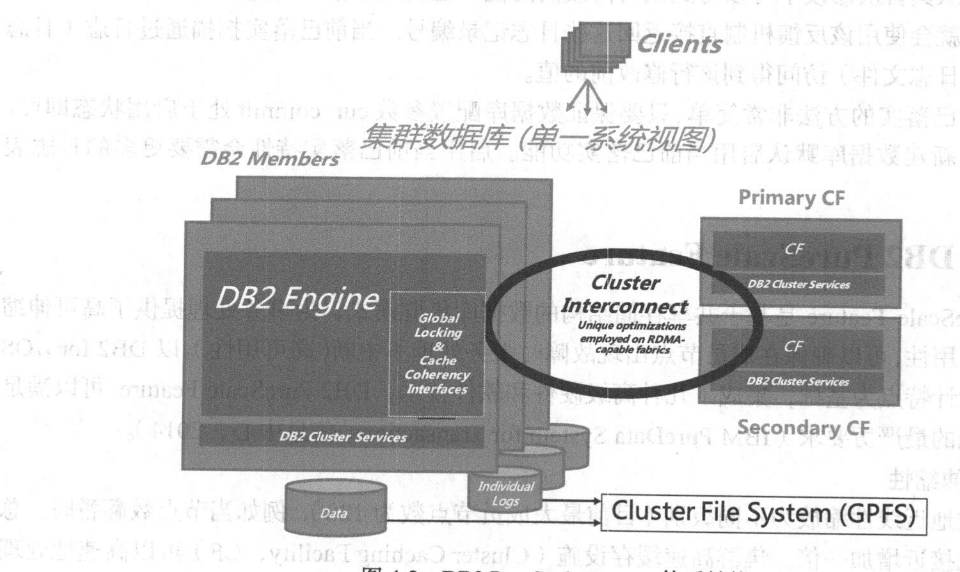

图 4-2　DB2 PureScale Feature 体系结构

CF 用来协调多个成员对共享数据的访问，为所有成员节点提供锁定和数据缓存一致性服务，DB2 使用 CF 保证所有节点上的数据是一致的。CF 主要包括组缓冲池（Group Buffer Pool，GBP）、全局锁定管理器（Global Lock Manager，GLM）和共享通信区（Shared Communications Area，SCA）。每个数据库有一个 GBP 保存各个成员节点已经提交的更新数据页，保持跟踪各个节点本地缓冲池（LBP）处于 in-use 状态的数据页，确保所有成员都能读到最新提交的数据页。GLM 用来管理 DB2 PureScale 成员中的锁定（成员持有的锁定及锁定等待等），成员想要针对某一对象进行锁定时，如果成员内的局部锁定管理器（LLM）尚未持有该锁定，那么 LLM 会向 GLM 请求锁定，GLM 会协调不同成员发出的针对锁定的请求。共享通信区（SCA）提供 DB2 控制数据的一致性机制，如日志序列号（LSN）和 control blocks 等。成员节点拥有自己的内存、缓冲池、交易日志和锁机制，可以部署在物理机器或逻辑节点上，生产环境中推荐每个主机一个成员，也支持在一台主机上运行多个逻辑成员。

4.1.9　分区特性

1. 数据库分区技术

数据库分区技术（DB2 Database Partitioning Feature）采用 Share Nothing 的 MPP 体系结构，每个节点（数据库分区）有自己的数据、索引、配置文件和事务日志，节点间通过网络交换数据，最大可扩充到 1 000 个节点，通过使用 DPF 数据库分区（不使用表分区），单表的最大大小可以达到 64PB，如果再使用表分区后，容量还可以扩大到 2ZB（表分区最大允许 32KB 个数据分区）。DB2 提供了先进的“哈希（HASH）算法”映射数据库中每一条记录到特定的数据库分区中，使用表中的一列（或一组列）作为分区关键字，得到 0 至 4 095 的数值。分区图定义了为 4 096 个值中的每一个值分配的特定的数据库分区。

DB2 为数据存储提供了灵活的拓扑结构以达到高性能及高并行，每个数据库由一些数据库分区组成，每个数据库分区实际上是数据库的一个子集，它包含自己的用户数据、索引，交易日志及配置文件。在数据库中，管理员需要定义节点组（Node Group）——数据库分区所分布的节点集合。节点组能够跨越为该数据库设置的数据库分区的一部分或全部。在节点组中，还要定义表空间，以说明用来存储表数据及索引的容器（Container）（文件或设备）。在数据库分区中，如果为每个表空间定义多个容器，则数据库管理系统可以利用 I/O 的并行机制提高性能。图 4-3 所示为 DB2 数据库的 Hash 分区的和分区映射表。

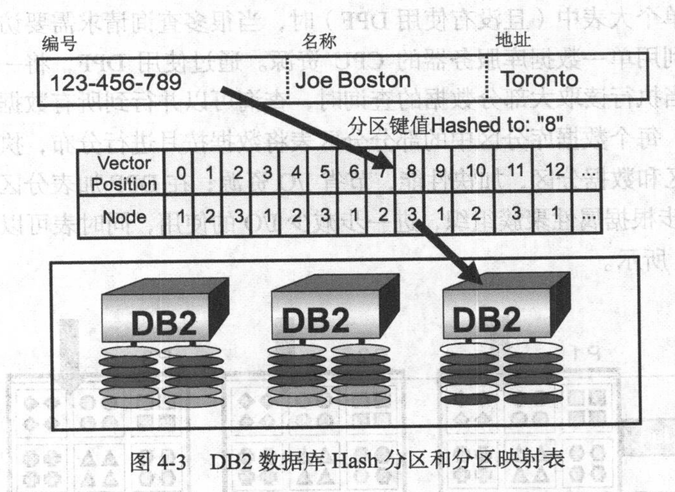

图 4-3　DB2 数据库 Hash 分区和分区映射表

2. 表分区

表分区功能是一种数据组织方案，根据一个或多个表列中的值将表数据划分到多个称为数据分区或范围的存储对象中。每个数据分区都是单独存储的。这些存储器对象可位于不同的表空间或相同的表空间中。跨多个存储器对象对表数据进行分区的能力为数据库管理员提供了更高的可伸缩性和灵活性，同时提高了性能和控制能力。表分区可大幅度减少管理庞大数据库所需的维护工作，并可有效增加单个表的潜在大小。表和索引自动重组的新策略选项使用户能够更有效地管理 DB2 服务器对表和索引的自动重组。表分区使用户能够定义表数据的范围，以便单独保存每个范围。例如，用户可基于表中的日期列，按月对表进行分区。每个范围（称为数据分区）与单个存储器对象对应。这些存储器对象可位于不同的表空间和／或相同的表空间中。由于可以对单个数据分区执行管理任务，将很耗时的维护操作分成一系列较小的操作来执行，从而使管理工作更为灵活。例如，可备份和复原单个数据分区而不是整个表。此功能在数据仓库环境中特别有用，在此环境中经常需要装入或删除数据以运行决策支持查询。能够将表分区与其他数据组织方案组合在一起。通过将表分区与数据分区功能（DPF）一起使用，可跨数据库分区均匀地分布数据范围，以利用 DPF 的查询内并行性和数据库分区负载均衡功能。单表最大大小可以达到 64T×32K=2 048PB（即 2EB）。

3. 多维集群

多维集群（MDC）引入了基于块的索引，块索引指向记录块或记录组而不指向单个记录。根据索引的键值将表中的数据物理上组织成块，可以使用块索引访问这些块，从而加速查询性能。MDC 支持在多个键或维上进行物理集群，极大地提高了大范围查询的性能，因为页面连续存储完成预取的性能将非常高，从而提高查询效率。在 DB2 V8 之前，仅支持通过集群索引对数据进行单维索引，不支持多维索引。与常规表的索引相比，MDC 不再局限在单个维上，也避免了常规集群索引的一些缺点，例如单维索引使用一段时间后将变得不再集群需要定期做重组，索引耗费空间会比较大等。尽管 MDC 表一段时间后也可能变成不是集群的，但是大多数情况下 MDC 表能够对所有维自动并持续地维护以保证其集群，因此无需频繁地重组 MDC 表。MDC 表由于其集群索引是基于块的，比常规索引小很多，因此节省了不少磁盘空间。MDC 适用于数据仓库和大小数据库环境，也可以用在 OLTP 环境中。

4. DB2 多重分区技术

当数据存储在单个大表中（且没有使用 DPF）时，当很多查询请求需要访问表中大部分数据时，查询处理只能利用单一数据库服务器的 CPU 资源。通过使用 DPF，将一个表的数据分布在多个数据库分区，当执行读取大部分数据的查询时，查询可以并行到所有数据库分区；通过使用 DPF 和表分区技术，每个数据库分区中的部分分区表将数据按月进行分布，执行查询时通过剔除不相关的数据库分区和数据分区，加快性能，节省 I/O 资源；在 DPF 加表分区的基础上，再使用 MDC，使数据进一步根据属性聚簇组织，进一步减少 I/O 的使用，同时表可以更容易地装入装出数据，具体如图 4-4 所示。

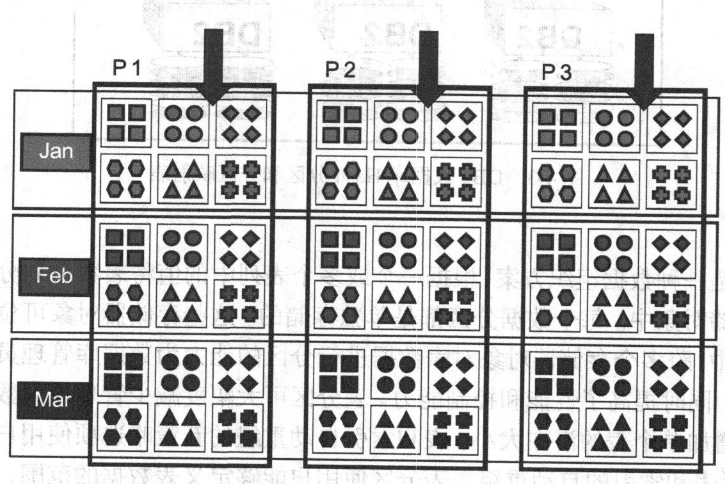

图 4-4　DB2 多重分区

4.1.10　并行技术

无论在 SMP 或 MPP 环境下，还是在 SMP 节点组成的 MPP 环境下，InfoSphere Warehouse（DB2）都可以通过完善的协同处理和事务控制技术保证处理的并行性、完整性和一致性，充分发挥并行处理能力。DB2 支持 I/O、查询和实用程序 3 种类型的并行性。

（1）I/O 并行性。如果一个表空间的多个容器分别位于不同的物理磁盘上，数据库管理器就可以使用并行 I/O，同时处理两个或多个 I/O 设备的写入和读取，明显改进吞吐量。

（2）查询并行性。

① 查询间并行性：数据库同时可以接受多个应用程序查询，每个查询独立于其他查询。

② 查询内并行性：使用分区内并行性（Intra-Partition Parallelism）或分区间并行性（Inter-Partition Parallelism）来同时处理单个查询的各个部分。

- 分区内并行性：是指将一个数据库操作（例如查询、装入操作或创建索引等）分为多个部分的能力，其中大部分或全部操作可以在单个数据库分区内以并行方式运行。
- 分区间并行性：是指将一个查询分成多个部分并将其分布在多个节点（数据库分区）上并行运行的能力。
- 可以同时使用分区内和分区间并行性，以便提高处理速度。

（3）实用程序并行性。DB2 实用程序可以利用分区内并行性和分区间并行性，装入实用程序（大量使用 CPU）可以利用分区内并行性、分区间并行性和 I/O 并行性。备份和还原（频繁地涉及 I/O 任务）可以利用 I/O 并行性和分区内并行性，备份操作通过以并行方式读取多个表空间容器并以并行方式异步写入多备份介质来利用 I/O 并行性。在创建索引期间，可并行执行数据的扫描和后续排序。在创建索引时，DB2 系统既利用 I/O 并行性又利用分区内并行性。

4.1.11　SQW

SQW（SQL Warehousing Tool）是一个 in-database 的基于 ELT 数据集成工具，并与 InfoSphere Datastage 实现了集成，SQW 是基于 Eclipse 实现的。SQW 为 BI 应用程序部署提供 Native 集成，为多维分析和数据挖掘提供数据准备，所有的转换和数据移动作业都可以在 Design Studio 中基于图形化方式开发。如图 4-5 所示，SQW 主要包含数据流、挖掘流和控制流等功能组件。

（1）数据流：反映数据从源数据库经过转换后进入目标数据库的移动过程。SQL 数据流利用 DB2 的 SQL 处理功能来进行数据仓库构建操作，处理关系表和平面文件的数据。

（2）挖掘流：将关键的数据挖掘操作集成到基于 SQL 的模型中。

（3）控制流：它对一组相关数据流进行排序，并定义执行这些数据流的处理规则。

4.1.12　Cubing Services

InfoSphere Warehouse Cubing Services 可以帮助 DB2 支持多维分析视图，通过 Cubing Services，可以为关系型数据仓库创建、编辑、导入、导出和部署立方体模型，并提供优化技术，从而极大地提升 OLAP 查询性能。数据仓库（数据集市）通常是为多维分析设计的，数据按照星型模型或雪花型模型进行存储，例如简单的星型模型包含一个事实表，并以事实表为中心关联多个维表，雪花型模型是星型模型的扩展，就是一个或多个维表没有直接连接到事实表上，而是通过其他维表连接到事实表，像雪花一样连接在一起。如图 4-6 所示，Cubing Services 可以捕获星型模型或雪花型模型中的固有结构，并为之构建立方体模型（元数据对象），也就是说，Cubing Services

可以帮助用户捕获 DB2 数据库的多维结构和设计。

如图 4-7 所示，前端展现工具可以通过 MDX 方式访问 OLAP Server，也可以通过 SQL 方式访问数据仓库，例如 Excel 和 Cognos 可以通过 ODBC 和 XMLA 访问 Cubing Services。

Cubing Services 通过创建合适的物化查询视图（MQT）来加速 SQL 查询，MQT 中保存了预先汇总的数据，当收到 SQL 查询请求时，DB2 优化器会根据需要重新路由给 MQT 并得到预先汇总的数据，从而极大地提高查询性能。Cubing Services 有一个基于元数据和用户输入的优化顾问程序，会推荐一组合适的 MQT 让用户创建。DB2 优化器路由到 MQT 的示例如图 4-8 所示。

4.1.13 列式存储及压缩技术

如图 4-9 所示，在即将推出的 10.5 版本（本书出版时应该已推出）会引入全新的列式存储技术，通过内存列存储技术和深度数据压缩技术，为分析型应用提供加速功能。BLU（列式存储及压缩技术）加速器采用新增的存储引擎，并和 DB2 核心系统集成在一起，支持以列方式存储表，大幅提升了查询性能，并节省存储空间。列存储引擎和传统的行存储引擎并行工作，使得 DB2 在同一系统内可以同时处理按行和按列方式存储的表。通过使用 BLU 加速器，分析型应用可以提升 8 到 25 倍性能。

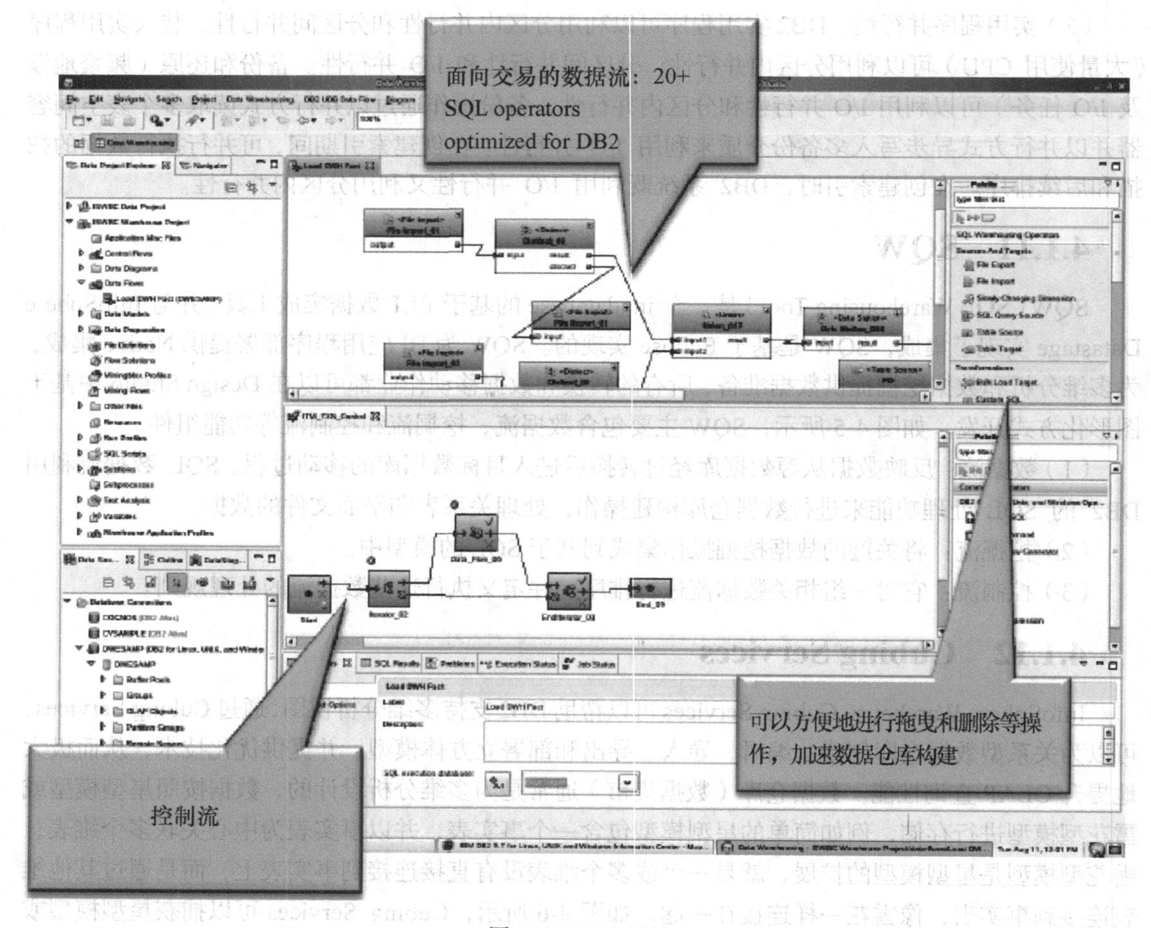
面向交易的数据流：20+
SQL operators
optimized for DB2
可以方便地进行拖曳和删除等操作，加速数据仓库构建
控制流

图 4-5 SQW 工具

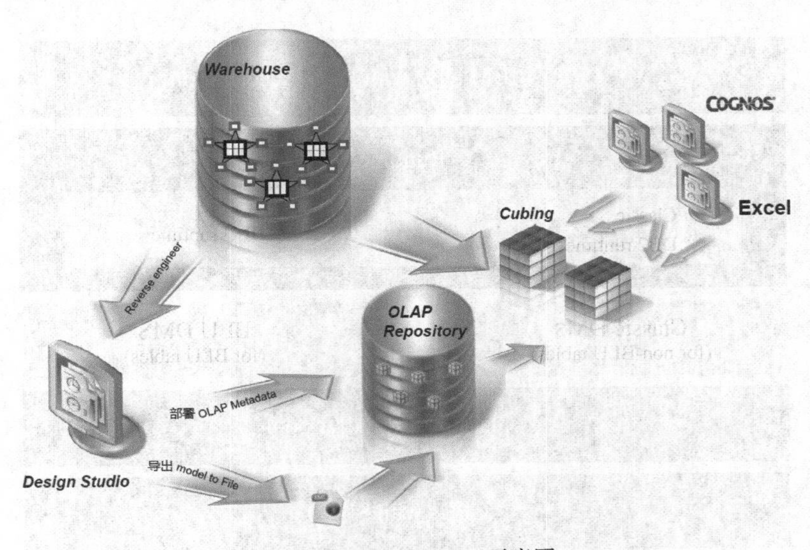

图 4-6　Cubing Sevices 示意图

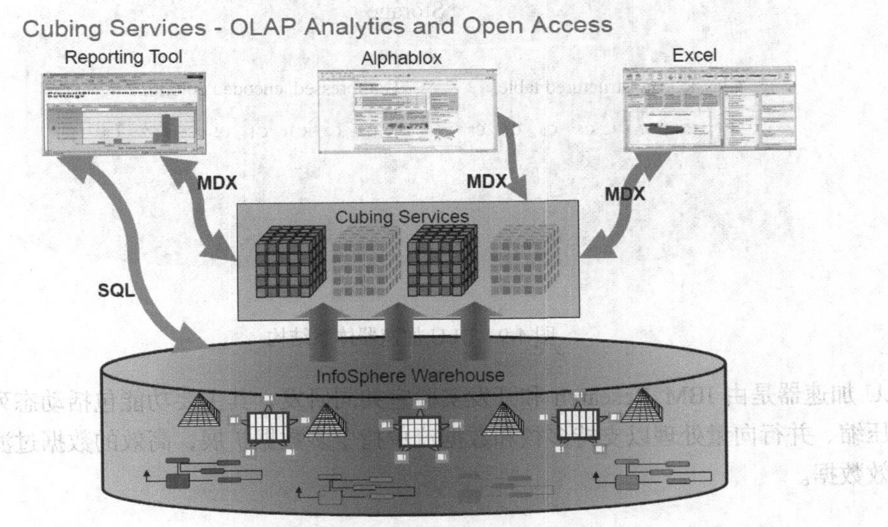

图 4-7　访问 Cubing Services 示例

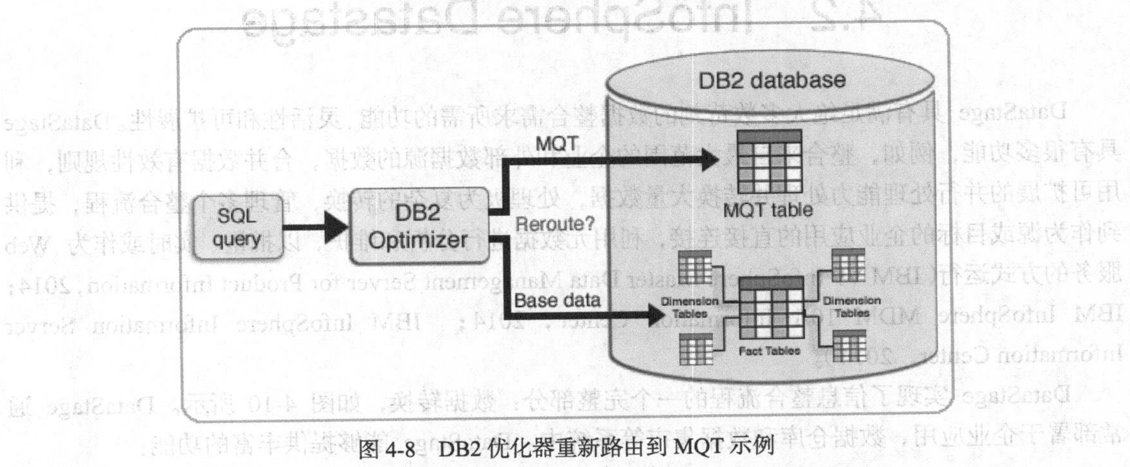

图 4-8　DB2 优化器重新路由到 MQT 示例

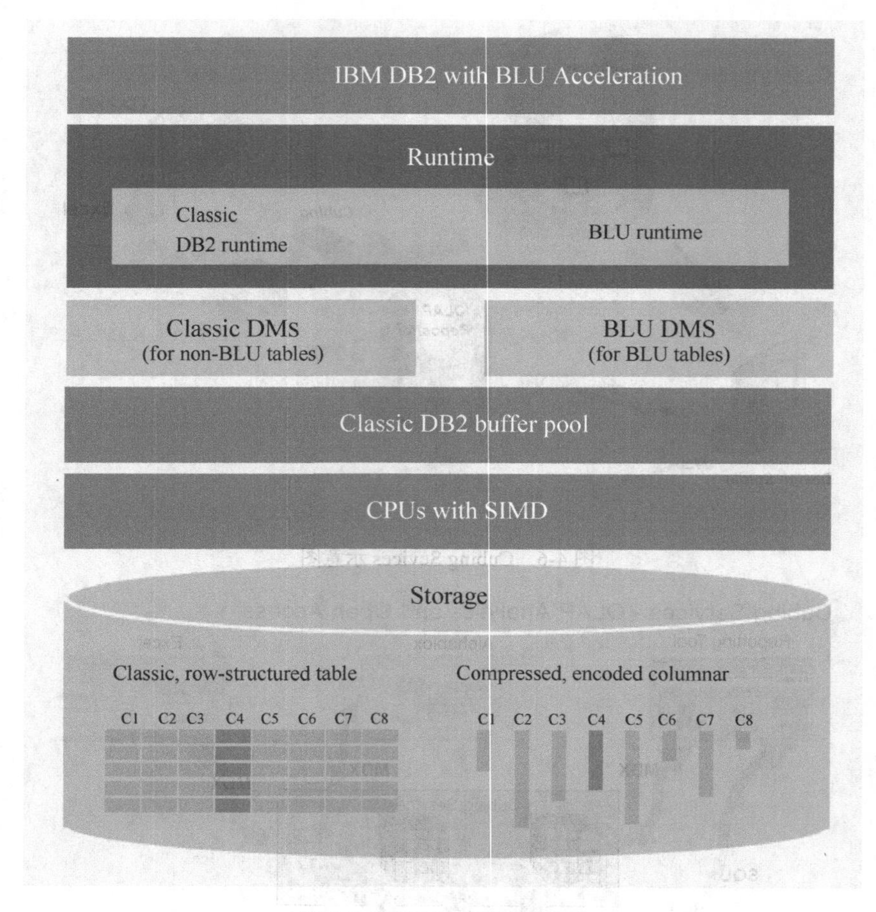

图 4-9 BLU 加速器体系结构

BLU 加速器是由 IBM Research 和开发实验室共同研发，其主要功能包括动态列式存储、深度数据压缩、并行向量处理以支持多核和数据流单指令多数据扩展，高效的数据过滤功能以避免处理无效数据。

4.2 InfoSphere Datastage

DataStage 具有满足绝大多数苛刻的数据整合需求所需的功能、灵活性和可扩展性。DataStage 具有很多功能，例如，整合来自最大范围的企业和外部数据源的数据，合并数据有效性规则，利用可扩展的并行处理能力处理并转换大量数据，处理极为复杂的转换，管理多个整合流程，提供到作为源或目标的企业应用的直接连接，利用元数据进行分析和维护，以批量、实时或作为 Web 服务的方式运行(IBM V9 InfoSphere Master Data Management Server for Product Information，2014；IBM InfoSphere MDM 10.1 Information Center，2014； IBM InfoSphere Information Server Information Center，2014)。

DataStage 实现了信息整合流程的一个完整部分：数据转换，如图 4-10 所示。DataStage 通常部署于企业应用、数据仓库和数据集市等系统中。DataStage 能够提供丰富的功能：

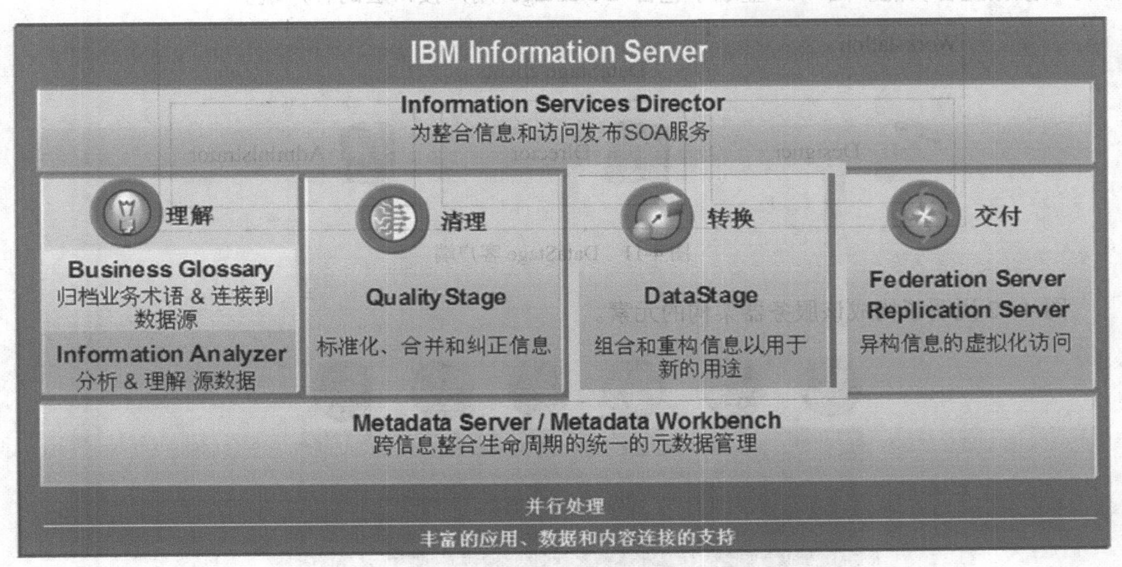

图 4-10　IBM DataStage 软件模块

（1）实现运营、交易和分析目标间的数据移动和转换；

（2）帮助确定如何能够最佳地整合数据（无论是批量还是实时），以满足商业需求；

（3）节省时间，改进设计、开发和部署的一致性。

简而言之，DataStage 执行从源系统到目标系统的批量和实时的数据转换和移动。数据源可以包括索引文件、顺序文件、关系数据库、档案、外部数据源、企业应用和消息队列。可能涉及以下转换：

（1）字符和数字格式和数据类型转换；

（2）业务派生和计算，对数据应用业务规则和算法。示例涵盖从直接的货币转换到更复杂的利润计算；

（3）参照数据检查与实施，以确认客户或产品的标识符。在建立规格化的数据仓库的过程中使用此流程；

（4）将来自分散来源的参照数据转换到通用参照集，创建整个系统的一致性。使用此技术，为有关产品、客户、供应商和员工的数据创建一个主数据集（或一致的维度）；

（5）用于报表和分析的汇聚；

（6）创建分析或报表数据库，如数据集市或立方。此过程涉及将数据反向规格化到星型或雪花形式，以改进性能并使业务用户易于使用。

DataStage 还可以将数据仓库看作源系统，通常为作为目标系统的数据集市提供局部化的子集数据，如客户、产品和地理区域。DataStage 提供 4 个核心功能：

（1）连接到种类广泛的大型机、旧有遗留系统、企业应用、数据库和外部信息资源；

（2）超过 300 个功能的预构建库；

（3）使用并行、高性能处理架构获得最高吞吐率；

（4）面向开发、部署、维护和高可用性的企业级功能。

4.2.1　基于 Information Server 的架构

DataStage 由基于客户端的设计、管理和操作工具组成，通过一个通用服务层访问一套基于服务的数据整合功能。图 4-11 显示了包含 DataStage 用户接口层的客户端。

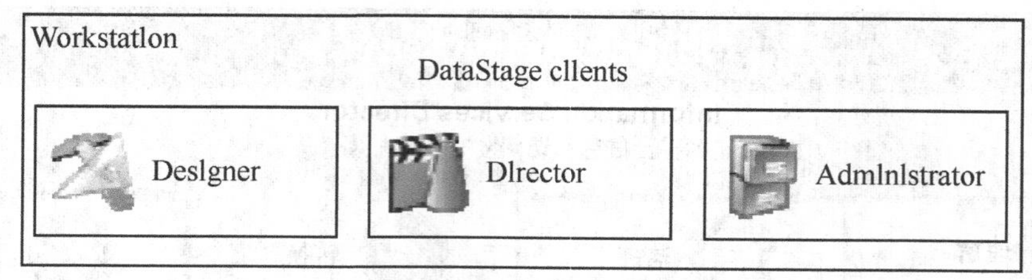

图 4-11 DataStage 客户端

图 4-12 说明了构成该服务器架构的元素。

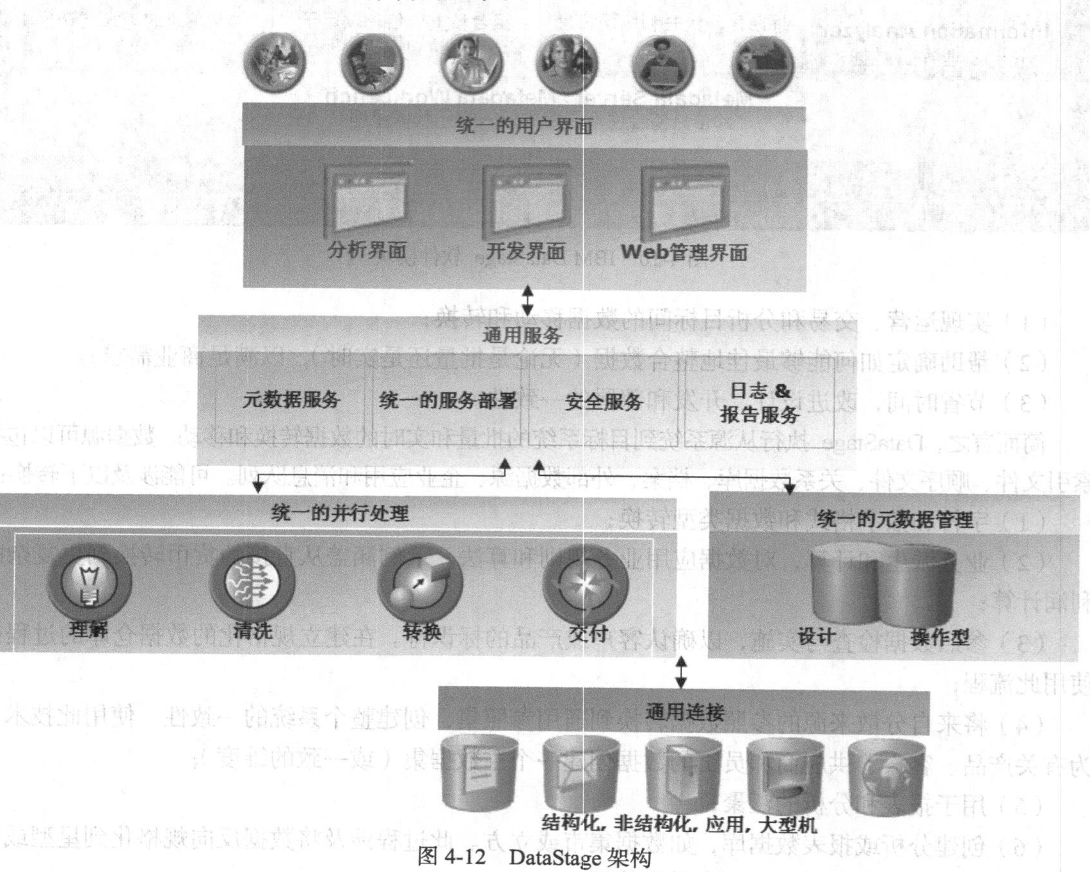

图 4-12 DataStage 架构

DataStage 架构包括以下组件。

1. 通用用户界面

以下客户端应用包含 DataStage 用户界面。

（1）DataStage Designer：一个图形设计界面，用于创建 DataStage 应用（也称为作业）。因为转换是数据质量的一个完整部分，所以 DataStage 和 QualityStage Designer 是 DataStage 和 QualityStage 的设计界面。

每个作业都指定数据源、所需的转换和数据目的地。将作业编译，并创建可执行文件，由 DataStage 和 QualityStage Director 排定该文件的执行计划，并在 DataStage Server 上运行。在将部署所需的编译执行数据写入 Metadata Server 知识库中的同时，Designer 客户端将开发元数据写入动态知识库中。

（2）DataStage Director：一个图形用户界面，用于确定、预定、运行并监控 DataStage 作业顺序。Director 客户端在运行知识库中查阅有关作业的数据，并将项目元数据发送到 Metadata Server，以控制 DataStage 作业流。

（3）DataStage Administrator：一个图形用户界面，用于管理任务，如设置 IBM Information Server 用户；记录日志，创建并移动项目；以及设置清除记录的标准。

2. 通用服务

由于 DataStage 拥有多个离散的服务，所以它拥有足够的灵活性，能够配置系统以支持不断增多的不同用户环境和分层架构。通用服务在该架构的很多部分间提供了灵活的、可配置的内部连接：

（1）元数据服务，如影响分析与搜索；

（2）执行支持所有 DataStage 功能的服务；

（3）设计支持 DataStage 任务的开发与维护的服务。

3. 通用知识库

通用知识库包含支持 DataStage 所需的 3 种元数据。

（1）项目元数据：将所有的项目级元数据组件（包括 DataStage 作业、表定义、内建阶段、可重用子组件、以及例行程序）组织到文件夹中。

（2）运行元数据：该知识库包含的元数据描述了整合流程的运行历史、工作的成功与否、使用的参数，以及这些事件的时间和日期。

（3）设计元数据：该知识库包含由 DataStage、QualityStage Designer 和 Information Analyzer 所创建的设计时元数据。

4. 通用并行处理引擎

该引擎运行可执行作业，在多种设置中提取、转换并载入数据。该引擎使用数据分区并行和管道并行，可以更迅速地处理大量工作。

5. 通用连接器

该连接器提供到大量外部资源的连接，和从处理引擎到通用知识库的访问。IBM Information Server 所支持的任何数据源都可以用作对 DataStage 工作的输入，或来自 DataStage 作业的输出。

6. 直观易用的开发和维护环境

DataStage 提供了全面的功能去最优化用户在建立、升级和管理数据整合架构时的速度、灵活性和效率。DataStage 丰富的功能组件减少了学习的周期，简单化了管理和优化了开发资源的使用，减少了数据整合应用的开发和维护周期。

用户通过各个客户端工具访问 DataStage 企业版的开发、配置和维护功能。这些工具包括以下几种。

（1）Designe：用来建立和编辑 DataStage 作业和表的定义。Designer 中的“Job Sequencer”控制作业的执行，以及其他作业成功完成与否的条件。

（2）Administrator：用来执行管理任务，如建立 DataStage 用户，建立和删除工程并且建立清洗标准。

（3）Director：用来验证、时序安排、运行和监测企业版作业。

DataStage 任务设计是基于数据流的概念，数据流使得用户非常容易建立和理解应用。用户在 DataStage Designer 的图形化画布上通过一系列的功能组件（Stage）标示数据集合的流程来构建一个数据整合应用。一个完整的数据流图（DataStage 作业）从一个存储的数据源开始，并且执行一系列的增值转换和其他处理操作，最后加载数据到一个存储。DataStage Designer 使用户可以灵活地从任何地方建立作业：从上到下、从下到上、从中间开始。

在建立一个数据流图表时，通过一系列的处理步骤对庞大的数据集合构架顺序流。用户不需要担心如何在多处理器计算机上运行该应用。

DataStage包含了高性能访问（加载和读）关系型数据库的强大组件，包括并行的关系型数据库。

DataStage 的内嵌扩展 Stage 提供了数据整合应用中 80%～90%的最常用的逻辑需要。另外，企业版提供了许多机制用来建立自定义的 Stage。

（1）Wrapped：允许并行执行一个顺序程序；

（2）Build：允许自动并行执行自定义 Stage 的 C 语言表达式；

（3）Custom：提供了完整的 C++API，来开发复杂和扩展的 Stage。

基于组件架构和扩展内嵌组件类库的 DataStage 除了对传统编码方式的需要，最大化了组件的重复使用。对于可扩展的数据整合应用来说，DataStage 开放的和可扩展的架构使得整合第三方软件工具和已存在的程序更加容易。

4.2.2 企业级实施和管理

1. 作业顺序器

DataStage 提供一个图形作业定序器，在该定序器中，用户可以指定将要运行的作业的顺序。顺序中还可以包含控制信息。例如，根据顺序中的作业成功与否，该顺序可以指出不同的行动。在定义了一个作业顺序后，可以使用 Director 客户端、命令行或 API 排定计划并运行该顺序。该顺序在知识库和 Director 客户端中作为一个作业出现。

设计一个作业顺序与设计作业相类似。在 DataStage Designer 中创建作业顺序，并添加来自工具调色板的活动（而不是阶段）。然后，将活动与触发器（而不是连接）相联合，定义控制流。每个活动都能够在触发器表达式中得到测试，并按照顺序进一步向下传送到另一个活动。活动还可以包含参数，提供作业参数和例行程序自变量。

作业顺序具有属性和参数，可以按顺序将参数传送到下一个活动。作业顺序支持以下活动类型。

（1）作业：指定一个 DataStage 作业；

（2）例行程序：指定一个例行程序；

（3）执行命令：指定一个将要执行的操作系统命令；

（4）电子邮件通知：指明应使用简单邮件传输协议（SMTP），在此顺序点发送一封电子邮件通知。通常，此方法可用于异常和错误处理；

（5）等待文件：等待一个指定的文件出现或消失。此活动可以在等待文件出现或消失一个指定的时间段后，向顺序发送一个停止消息；

（6）运行异常活动：在一个作业顺序中只允许一个运行异常活动。若顺序中的作业无法运行，则运行此活动（其他异常由触发器处理）；

（7）作业顺序的检查点、重新启动选项：作业顺序的检查点属性允许在故障点重新启动顺序；

（8）环回阶段：StartLoop 和 EndLoop 活动使得作业定序器更加灵活，并提供更多的控制能力；

（9）用户表达式和变量：使用户能够定义并设置变量。用户可以使用这些变量评估作业顺序流中的表达式；

（10）中止异常活动：当出现问题时，中止作业顺序。

2. 任务资源使用预估

DataStage 提供资源预估功能，可以估算 ETL 任务过程中每个处理阶段所占用的系统的资源，如 CPU、Memory、Disk 等信息，在 ETL 测试运行前，帮助开发人员了解所设计的 ETL 任务对系统的影响，也可以帮助找到 ETL 瓶颈，进行调优（见图 4-13）。

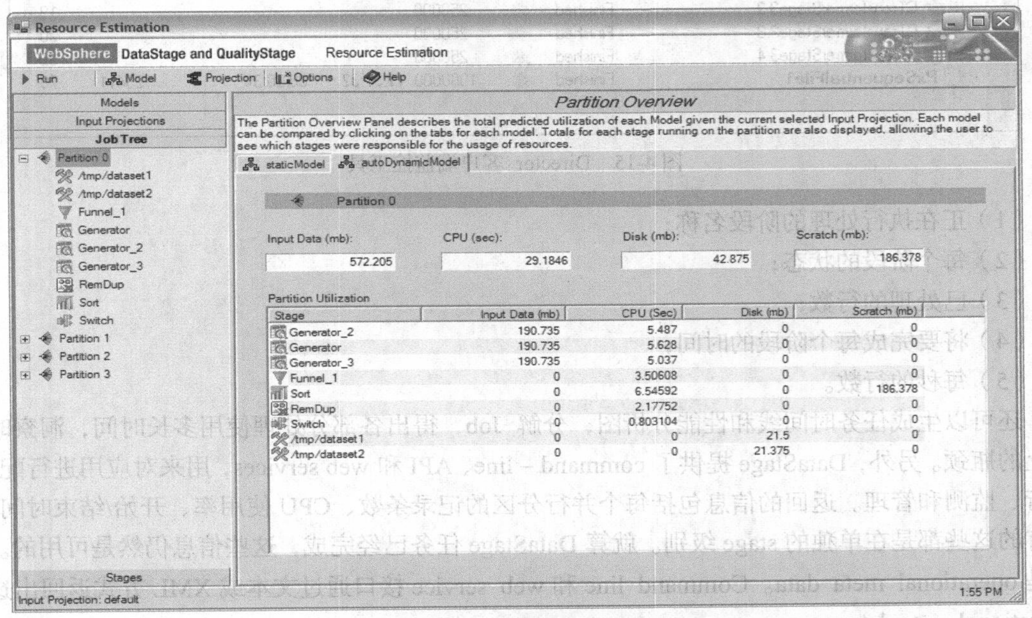

图 4-13　资源预估示例

3. 图形化监控工具

DataStage 提供图形化的直观监控工具，可以直接从设计的数据流图上得知 ETL 每个阶段运行情况：成败\数据量\处理效率，方便开发人员差错和调整，如图 4-14 所示。

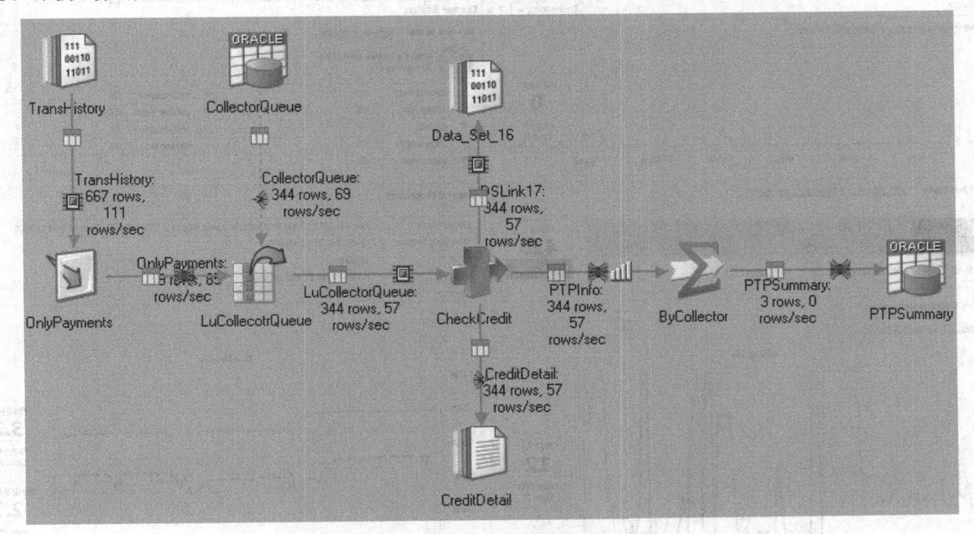

图 4-14　DataStage 图形化监控示例

Director 客户端包含一个监控工具，可以显示处理信息。如图 4-15 所示，监控作业状态窗口显示以下详细情况：

DataStage Director Monitor - ptest2

Stage/Link name	Link type	Status	Num rows	Started at	Elapsed time	Rows/sec	%CP
PxSequentialFile0		Finished	1000000	11:37:32	00:00:34	29411	78
CTransformerStage3 X4		Finished	1000000	11:37:32	00:00:34	29411	92
CTransformerStage3.1		Finished	250000				21
CTransformerStage3.2		Finished	250000				19
CTransformerStage3.3		Finished	250000				20
CTransformerStage3.4		Finished	250000				32
PxSequentialFile1		Finished	1000000	11:37:32	00:00:34	29411	78

图 4-15　Director 客户端监控工具

（1）正在执行处理的阶段名称；

（2）每个阶段的状态；

（3）已处理的行数；

（4）将要完成每个阶段的时间；

（5）每秒的行数。

还可以生成任务时间线和性能分析图，分解 Job，得出各部分处理使用多长时间，洞察时间线上的瓶颈。另外，DataStage 提供了 command – line、API 和 web services，用来对应用进行配置、执行、监测和管理。返回的信息包括每个并行分区的记录条数、CPU 使用率、开始/结束时间等。所有的这些都是在单独的 stage 级别。就算 DataStage 任务已经完成，这些信息仍然是可用的。这就是 operational meta data。Command line 和 web service 接口通过文本或 XML 方式返回出这些 operational meta data。

4. 负载管理及监控平台

DataStage 提供基于 WEB 浏览器的监控平台，在监控平台仪表盘首页，直观地显示当前服务器的运行状态，包括 CPU 利用率、内存磁盘等使用情况，ETL 任务的运行状态等（见图 4-16）。

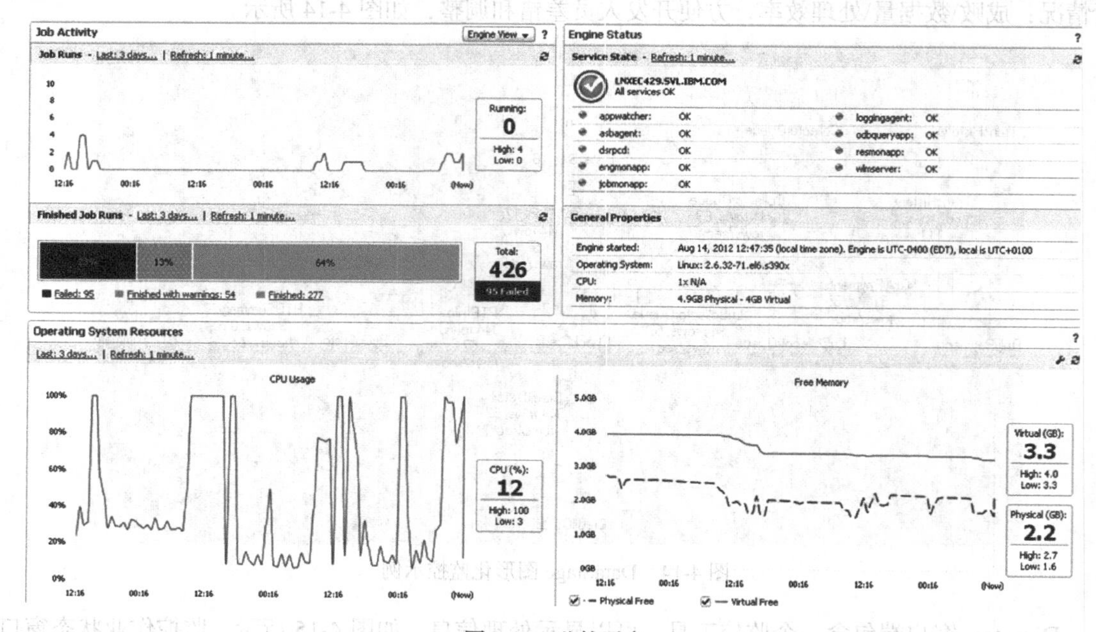

图 4-16　监控平台

DataStage 还提供了基于 WEB 浏览器的资源负载管理的功能，可以控制对机器资源的占用和 ETL 任务的并发数目，当系统资源占用达到设置的限制时，将待运行的 ETL 作业放入队列中，并可以在队列中对 ETL 任务进行调整，设置任务优先级（见图 4-17）。

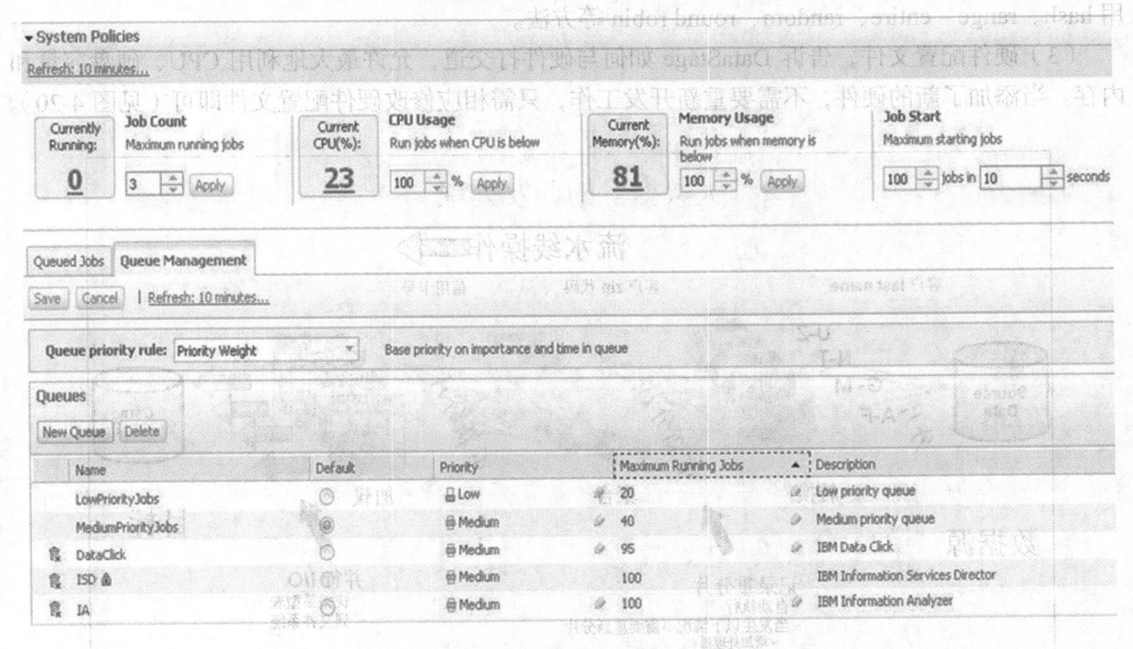

图 4-17　资源负载管理

如图 4-18 所示，可以控制 ETL 服务器的内存资源占用不超过 61%。

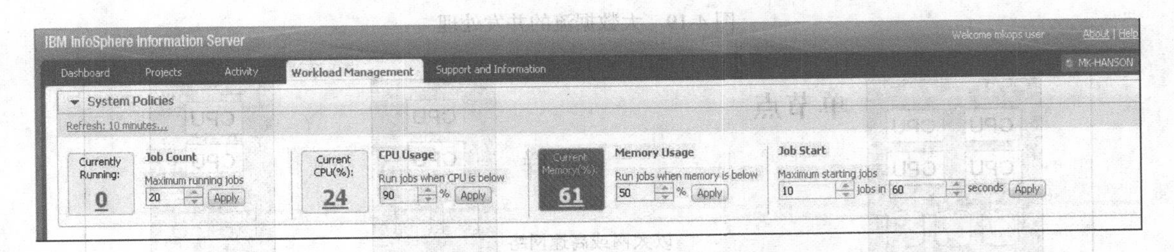

图 4-18　资源负载管理内存控制示例

从而，可以实现如下功能。

（1）当多个团队共享硬件基础架构时，允许前瞻性的管理系统资源；

（2）优化硬件利用率，优先执行高优先级任务；

（3）当系统资源超过管理员设定的阀值，限制任务运行；

（4）为任何提交的任务分配优先级，可配置跨工程的任务；

（5）随意提升更改选定任务的执行队列。

4.2.3　高扩展的体系架构

DataStage 可在管道并行和分区并行的机制下执行，这样可以获得高吞吐量和性能（见图 4-19）：

（1）数据管道意味着应用可以从源系统抽取数据并且在数据流图表中定义的顺序处理功能间

移动。记录通过管道进行流动，不需要将记录加载到磁盘。

（2）数据分区，将记录集分割到各个分区，或记录子集的并行方法。数据分区通常提供了一种良好的、可以线性增长的应用性能。企业版支持记录集通过应用流的自动分区，像 DB2 一样使用 hash、range、entire、random、round robin 等方法。

（3）硬件配置文件，告诉 DataStage 如何与硬件打交道，允许最大地利用 CPU、硬盘容量和内存。当添加了新的硬件，不需要重新开发工作，只需相应修改硬件配置文件即可（见图 4-20）。

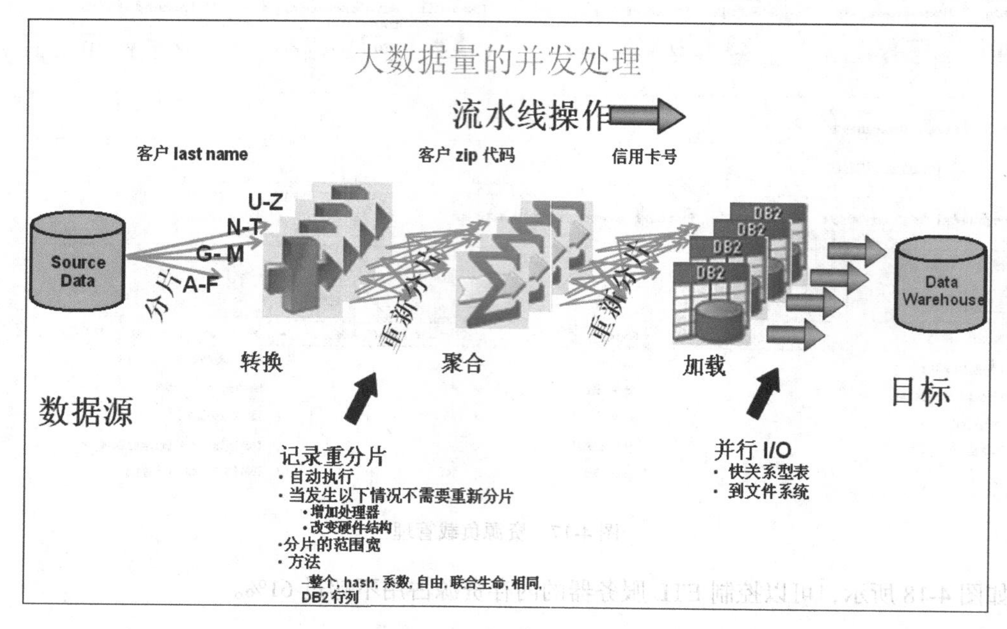

图 4-19　大数据流的并发处理

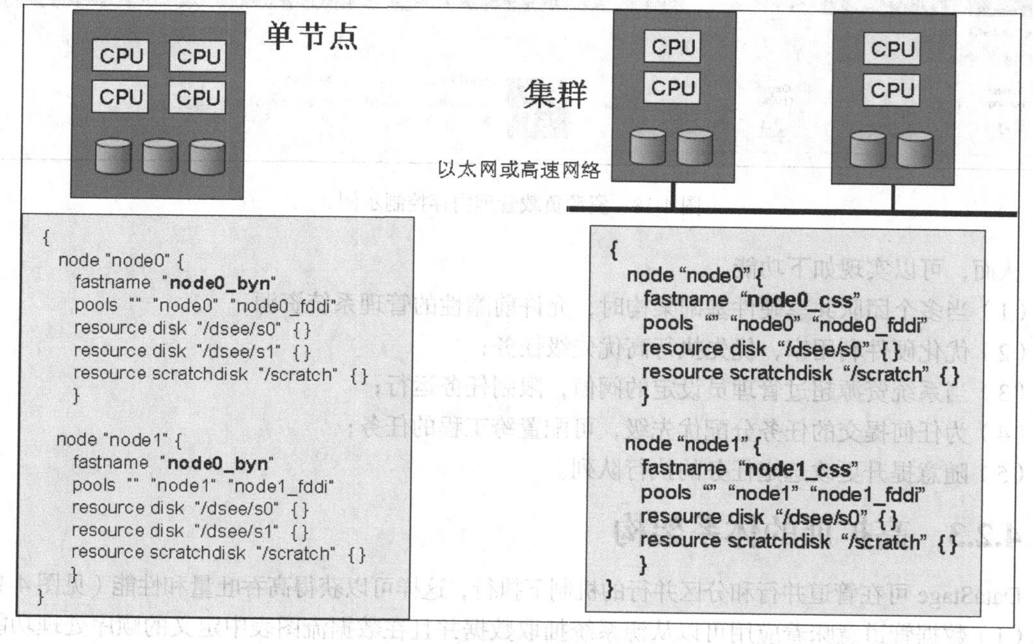

图 4-20　硬件配置示例

（4）并行数据集，具有在硬盘上以分片的方式存储数据的能力，因而确保数据的再使用，以减少 I/O 到最小，替代平面文件读和写，以平行的读和写的方式，提高性能。

（5）不落地地再分片，扩展性的最大障碍是 I/O，一些其他产品在写到硬盘之前不具备再分片的功能。

（6）支持 MPP&GRID 的环境，DataStage 支持跨多个服务器配置的 MPP 或 Grid 的运行方式。

（7）并行处理吞吐，因为 DataStage 是并行处理方式，每一步处理能够并行地执行，以确保没有序列处理，不需要依赖数据库本身的并行机制，ETL 自身应带有此功能，以减轻数据库的负载，不影响数据库的性能表现（见图 4-21）。

这个 benchmark 是在写数据（每条记录平均 534 byte、50 多个字段）之前进行了 15 次不同的转换，以 1：1 的比例显示出处理器导致近乎线性的性能扩展。

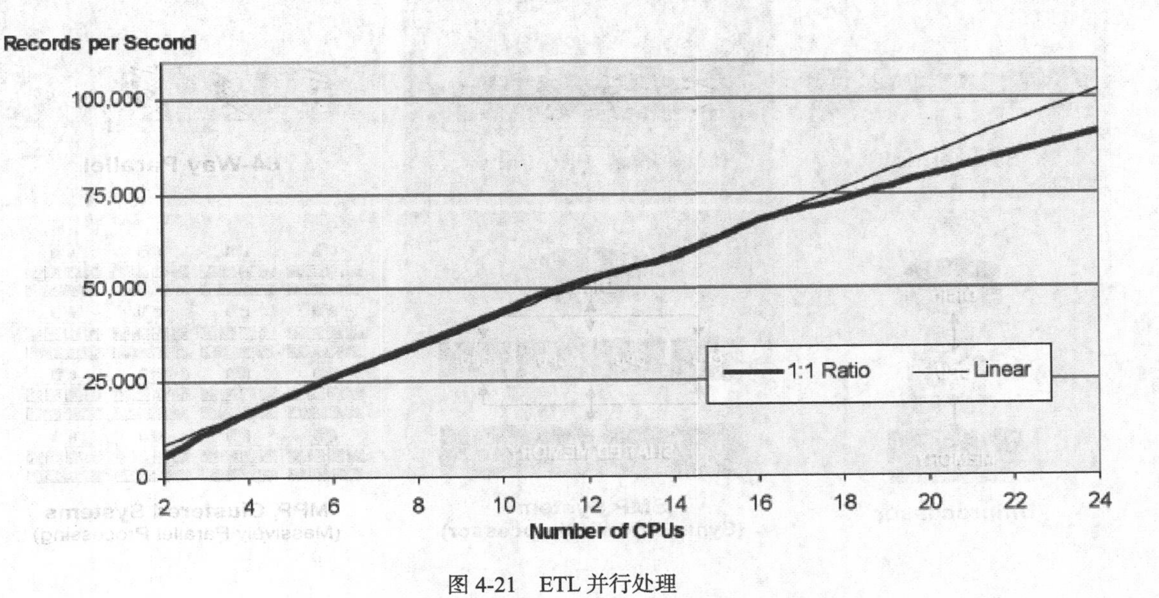

图 4-21　ETL 并行处理

4.2.4　具备线性扩充能力

为了实现最大的可扩展性，集成软件执行的任务必须超过它在对称多处理（SMP）和大规模并行处理（MPP）计算机系统上的限制。如果数据集成平台不能支持群集或网格中的 MPP 设备或系统的所有节点，则无法提供最高的可扩展性。

DataStage ETL 服务器充分利用了 SMP、群集、网格和 MPP 环境，以优化对所有可用硬件资源的使用。

例如，当用户使用 DataStage 以图形化方式创建简单的有序数据流时，无须担心基础硬件架构或处理器数量等问题。基本多处理器计算系统的资源（物理和逻辑分区或节点、内存及磁盘）由单独的配置文件所定义。

如图 4-22 所示，配置将创建有序的数据流图表与应用的并行执行明确分隔开来，能够简化并行运行的可扩展的数据集成系统的开发工作。支持可扩展的硬件环境，避免出现以下问题：

（1）硬件资源优化问题造成处理速度减慢；

（2）应用设计和硬件配置脱节，每当硬件变化时都需要手动干预甚至重新设计；

（3）不可能根据需要进行扩展。

DataStage 利用强大的并行处理技术来确保快速处理大量信息。这项技术可确保处理能力不影响项目成效，允许解决方案轻松扩展到新硬件并利用所有可用硬件的处理能力。

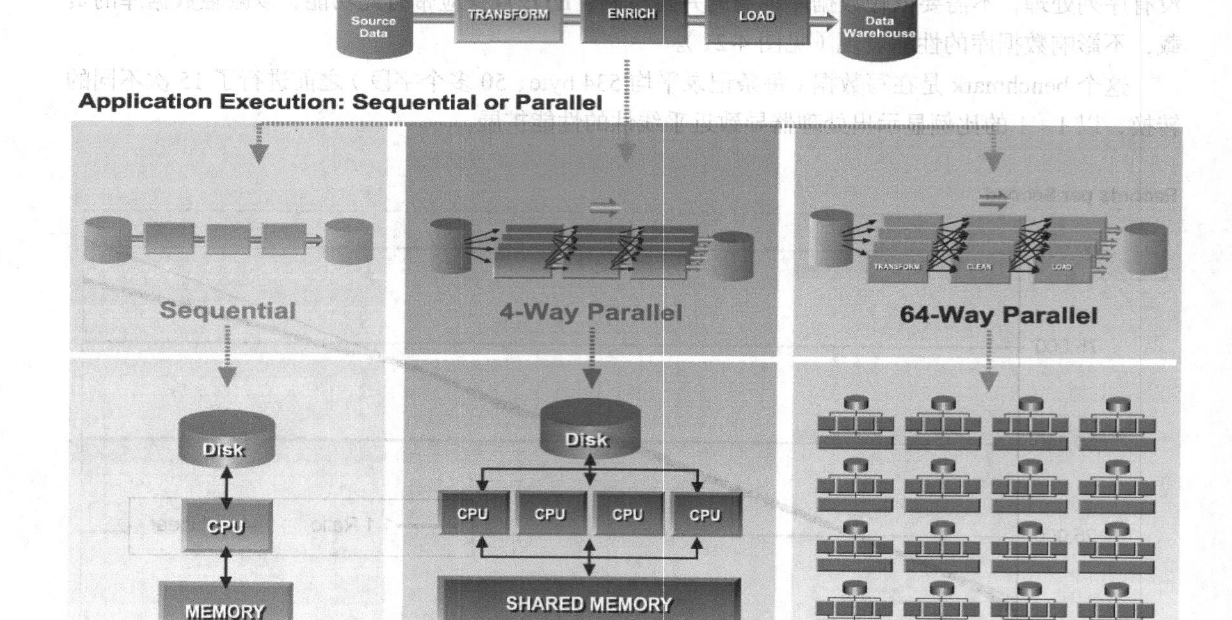

图 4-22　线性扩充

4.2.5　ETL 元数据管理

元数据是数据整合基础架构的黏合剂，是维护一致性、解释清晰和正确的关键。DataStage 的端对端元数据在数据整合生命周期中可供所有的工具中共享，确保有关元数据可以勾画出一个清晰、明确的业务视图。DataStage 元数据管理通过提供一致、正确的元数据来帮助用户管理数据中有用的部分。这样就可以减少在多工具中共享元数据时候存储和更新元数据目录的负担。通过 DataStage 企业版的元数据分析和管理功能确保整个商务智能架构中整合和业务规则的重复使用变得简单，而不需要传统编码方式。

4.3　InfoSphere QualityStage

QualityStage 是一款功能强大的数据清洗工具，可以和 DataStage 无缝集成，通过使用数学概率算法匹配重复的数据记录，自动地把数据（例如客户地址、电话号码、传真、电子邮箱等）转换为经过检验的标准格式，可以消除现有数据源中的重复内容，从而确保数据的唯一性、准确性和一致性。通过可视化的用户界面，定义复杂的匹配和留存逻辑，以确保将干净、标准化和不重复的信息装入目的端。QualityStage 使用和 DataStage 相同的基础设施导入、导出数据，设计、部署和运行作业及生成报告。

QualityStage 主要包括以下功能。

（1）数据调查：帮助了解数据质量和期望达到的数据清洗标准等，为数据标准化提供一些参考信息。

（2）数据标准化：帮助将名字、电话号码和地址等常用客户信息标准化，也可根据行业数据做定制，标准化行业数据信息。

（3）数据匹配：基于数据的标准化，将数据被切割成统一格式的、多个小的信息单元，将小的信息单元用于匹配权重计算，大大提高匹配概率和准确性。

（4）数据留存：将多条匹配或者称为重复的数据交叉组合形成最优的候选数据提供给用户，甚至可以补足一些缺失字段等。

例如需要对包含地址信息的字段进行清洗并重新生成新记录，匹配的原理就是将相似的数据根据地址字段分组，然后在数据分组内通过比较计算权重判断哪些数据可能重复，如图 4-23 所示。

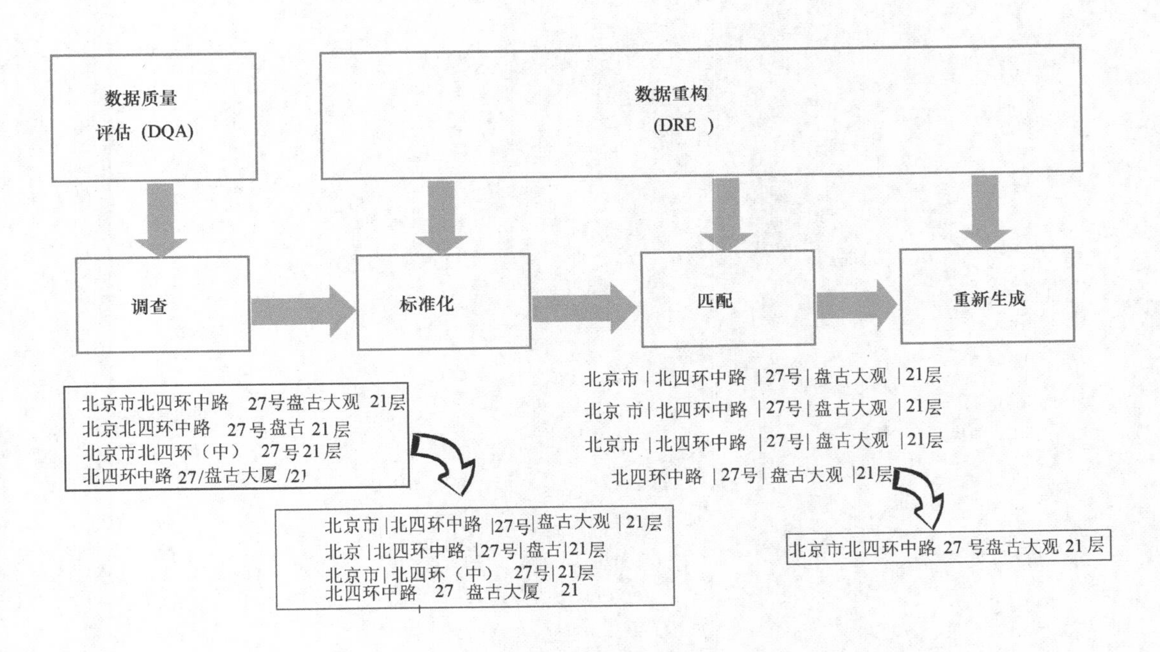

图 4-23　数据清洗示例

通过减少重复的客户记录并建立客户家庭档案等方法，企业可以显著提高客户识别能力并减少市场运营成本。例如某国电信公司拥有总用户数两千万，不同系统的相同客户信息写法不一致，很多信息缺失或者录入错误。该电信公司通过使用 QualityStage 将各种信息如姓名、生日、地址、电话、ID 等进行标准化，然后根据概率算法进行匹配并生成统一的客户视图。结果是该电信公司每个月少发 30 万封信，从而每年节省 200 万美金的开支。

思考题

1. 根据 IBM DB2 V10 分析 OLAP 和 OLTP。
2. 根据 InfoSphere Datastage 分析数据仓库和数据库。

第5章 数据挖掘基础

数据挖掘是多学科交叉的产物，是从大量数据中发现未知却有用的知识的过程。本章主要讲述数据挖掘的定义，分析数据挖掘的任务，介绍数据挖掘的标准流程，剖析数据挖掘的十大挑战性问题（毛国君，2005；郑岩，2011；孙水华，赵钊林，刘建华，2012；王斌，2013；李雄飞，杜钦生，吴昊，2013；李德仁，王树良，李德毅，2013；袁梅宇，2014；Inmon，2005；Wang，Shi，2012；Han，Kamber，Pei，2013；Wang，Yuan，2014；Rajaraman，Ullman，2011；Executive Office of the President，2014；IBM InfoSphere MDM 10.1 Information Center，2014；Yang，Wu，2006）。

5.1 数据挖掘的起源

数据挖掘（Data Mining）源于大型数据系统的广泛使用和把数据转换成有用知识的迫切需要，数据库、统计学、人工智能、互联网、可视化、机器学习、模式识别等学科和技术共同促成了数据挖掘的产生和发展，例如，数据库技术为数据挖掘提供数据管理技术，机器学习、模式识别和统计学等学科为数据挖掘提供数据分析的技术和手段。

20世纪60年代，为了适应信息的电子化要求，信息技术从简单的文件处理系统向有效的数据库系统变革。20世纪70年代，层次、网络和关系型数据库的研究和开发取得了重要进展。20世纪80年代，关系型数据库及其相关的数据模型工具、数据索引及数据组织技术被广泛采用，并且成为整个数据库市场的主导。20世纪80年代中期开始，关系型数据库技术和新型技术的结合成为数据库研究和开发的重要内容。20世纪90年代，分布式数据库理论趋于成熟，其技术得到广泛应用。数据仓库作为一种新型的数据存储和处理手段，被数据库厂商普遍接受且相关辅助建模和管理工具快速推向市场，成为多数据源集成的有效的技术支撑。目前，各种新型技术与数据库技术的有机结合，使数据库领域中的新内容、新应用、新技术层出不穷，形成了庞大的数据库家族。但是，这些数据库的应用都是以实时查询处理技术为基础的，简单查询只是数据库内容的选择性输出，它和人们期望的分析预测、决策支持等高级应用仍有很大距离。

数据库管理系统的广泛应用和互联网技术的发展使得很多行业出现了业务系统，数据库中存储的业务数据量急剧增大，诞生了大批新数据分析需求。但传统的数据分析方法由于可扩展性太差，难以满足复杂海量业务数据的分析需求。

统计学和人工智能的发展催生了人工神经网络、遗传算法、树模型、贝叶斯方法等分析方法，它们赋予数据分析人员全新的能力。数据挖掘来源于统计分析，借鉴了统计领域抽样、估计和假设检验的思想，机器学习中的“学习”理论及模式识别中的“建模”技术。大多数的统计分析技术都基于完善的数学理论，侧重于推理，很多统计分析方法经过机器学习的进一步研究，变成有效的机器学习算法之后进入数据挖掘领域。机器学习是人工智能的核心研究领域之一，是研究利用经验来改善计算机系统自身性能的一门学科。由于“经验”在计算机系统中主要是以数据的形式存在的，因此机器学习需要设法对数据进行分析，这就使得它逐渐成为智能数据分析技术的创新源之一，绝大多数数据挖掘技术都来自机器学习领域。但传统的机器学习研究并不把海量数据作为处理对象，很多技术是为处理中小规模数据设计的，如果直接把这些技术用于海量数据，效果很差，甚至会不起作用。因此，数据挖掘要对机器算法进行改造，使得算法性能和空间占用达到实用的地步。此外，数据挖掘还利用了人工智能、模式识别中的搜索算法和建模技术，吸纳了最优化、信息论、信息处理、可视化和信息检索等领域的思想。同时，结合商业分析需求，数据挖掘还发展了自身独特的内容，即关联分析。

5.2 数据挖掘的定义

数据挖掘的定义有广义和狭义之分，广义的数据挖掘是指知识发现的全过程，狭义的数据挖掘是知识发现的一个重要环节，利用机器学习、统计分析等发现数据模式的智能方法，侧重于模型和算法。知识发现的流程如图 5-1 所示，主要包括以下重要环节。

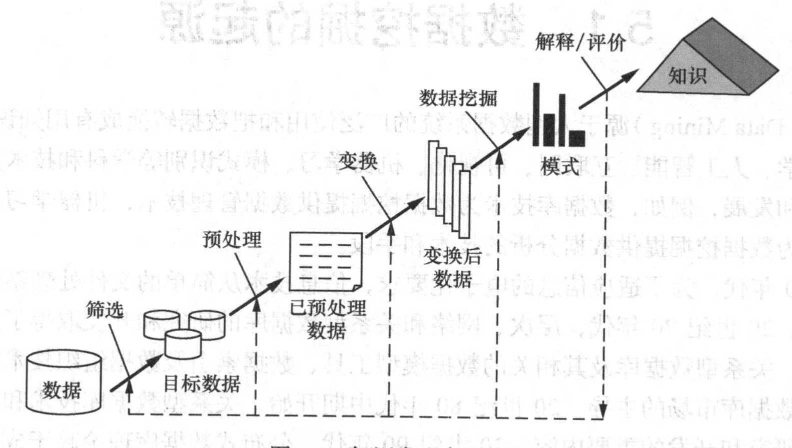

图 5-1 知识发现主要步骤

（1）数据准备：掌握知识发现应用领域的情况，熟悉相关的背景知识，理解用户需求。

（2）数据选取：数据选取的目的是确定目标数据，根据用户的需要从原始数据库中选取相关数据或样本。在此过程中，将利用一些数据库操作对数据进行相关处理。

（3）数据预处理：对数据选取步骤中选出的数据进行再处理，检查数据的完整性及数据一致性，消除噪声，滤除与数据挖掘无关的冗余数据，根据时间序列和已知的变化情况，利用统计等方法填充丢失的数据。

（4）数据变换：根据知识发现的任务对经过预处理的数据进行再处理，将数据变换或统一成适合挖掘的形式，包括投影、汇总、聚集等。

（5）数据挖掘：确定发现目标，根据用户的要求，确定要发现的知识类型。根据确定的任务，选择合适的分类、关联、聚类等算法，选取合适的模型和参数，从数据库中提取用户感兴趣的知识，并以一定的方式表示出来。

（6）模式解释：对在数据挖掘中发现的模式进行解释。经过用户或机器评估后，可能会发现这些模式中存在冗余或无关的模式，此时应该将其剔除。如果模式不能满足用户的要求，就返回前面的相应步骤中反复提取。

（7）知识评价：将发现的知识以用户能了解的方式呈现给用户，并结合需要解决的问题评价知识的有效性和新颖性。

在上述步骤中，数据挖掘占据非常重要的地位，是一种决策支持过程，它主要基于人工智能、机器学习、模式识别、统计学、数据库、可视化技术等，高度自动化地分析企业的数据，做出归纳性的推理，从中挖掘出潜在的模式，帮助决策者调整市场策略，减少风险，做出正确的决策，数据挖掘决定了整个过程的效果与效率。

从不同的角度对数据挖掘有不同的理解，从技术上定义，数据挖掘就是从大量的、不完全的、有噪声的、模糊的、随机的实际应用数据中，提取隐含在其中的、人们事先不知道的、但又是潜在有用的信息和知识的过程。从商业角度定义，数据挖掘是一种新的商业信息处理技术，其主要特点是对商业数据库中的大量业务数据进行抽取、转换、分析和其他模型化处理，从中提取辅助商业决策的关键性数据。

现在“数据挖掘”已被拓展到文本挖掘、图像挖掘等领域，成为一个标准术语，包括文本挖掘、图像挖掘、万维网挖掘、预测分析，以及海量数据处理技术（现在被广泛称为大数据）等众多内容。

5.3　数据挖掘的任务

数据挖掘的任务包括分类与回归分析、相关分析、聚类分析、关联规则挖掘和异常检测等，分为预测和描述两大类。预测任务的目标是根据其他属性的值，预测特定属性的值。被预测的属性一般称目标变量（target variable）或因变量（dependent variable），而用来做预测的属性称为说明变量（explanatory variable）或自变量（independent variable）。描述任务的目标是导出和概括数据中有潜在联系的模式（相关、趋势、聚类、轨迹和异常）。预测任务是在当前数据上进行归纳以做出预测，描述性挖掘主要是刻画目标数据中数据的一般性质。主要的数据挖掘任务包含以下几种。

5.3.1　分类

在机器学习中，分类（classification）属于有监督学习，即从给定的有标记训练数据集中学习一个函数，当未标记数据到来时，可以根据这个函数预测结果。在数据挖掘领域，分类可以看成是从一个数据集到一组预先定义的、非交叠的类别的映射过程。其中映射关系的生成以及映射关系的应用就是数据挖掘分类方法主要的研究内容。映射关系即分类函数或分类模型（分类器），映射关系的应用就是使用分类器将数据集中的数据项划分到给定类别中的某一个类别的过程。如构建病人的温度、脉搏，是否打喷嚏等体表特征和感冒之间的映射关系，根据病人的体表特征预测病人是否感冒。

分类找出描述和区分数据类或概念的模型（或函数），以便能够使用模型预测类标号未知的对象的类标号，导出的模型是基于对训练数据集（即类标号已知的数据对象）的分析。该模型用来预测类标号未知的对象的类标号。导出模型的表示形式有分类规则（如 IF-THEN 规则）、决策树（是一种类似于流程图的树结构，其中每个结点代表在一个属性值上的测试，每个分支代表测试的一个结果，而树叶代表类或类分布）、数学公式、神经网络（是一组类似于神经元的处理单元，单元之间加权连接）等。

分类示例：自行车广告投放（见表 5-1）。

表 5-1　　　　　　　　　　　　自行车购买数据集

事例列	会员编号	12496	14177	24381	25597	
输入列	婚姻状况	Married	Married	Single	Single	
	性别	Female	Male	Male	Male	
	收入	40 000	80 000	70 000	30 000	
	孩子数	1	5	0	0	
	教育背景	Bachelors	Partial College	Bachelors	Bachelors	
	职业	Skilled Manual	Professional	Professional	Clerical	……
	是否有房	Yes	No	Yes	No	
	汽车数	0	2	1	0	
	上班距离	0-1 Miles	2-5 Miles	5-10Miles	0-1Miles	
	区域	Europe	Europe	Pacific	Europe	
	年龄	42	60	41	36	
预测列	是否购买自行车	No	No	Yes	Yes	

一个自行车厂商想要通过广告宣传来吸引顾客。他们从各地的超市获得超市会员的信息，计划将广告册和礼品投递给这些会员。但是投递广告册是需要成本的，不可能投递给所有的超市会员。而这些会员中有的人会响应广告宣传，有的人就算得到广告册也不会购买。所以最好是将广告投递给那些对广告册感兴趣从而购买自行车的会员。分类模型的作用就是识别出什么样的会员可能购买自行车。自行车厂商首先从所有会员中抽取了 1 000 个会员，向这些会员投递广告册，然后记录这些收到广告册的会员是否购买了自行车，数据见表 5-1。在分类模型中，每个会员作为一个对象，目标变量或因变量属性包括其婚姻状况、性别、年龄等特征。所需预测的自变量是客户是否购买了自行车。使用 1 000 个会员训练模型后得到的决策树分类模型如图 5-2 所示。

该模型中的每个矩形表示一个拆分节点，矩形中文字是拆分条件，矩形颜色深浅代表此节点包含会员的数量，颜色越深包含的示例越多，但是矩形没有颜色，可用矩形的长短表示。每个节点中的条包含两种图形样式：网格和斜线，分别表示此节点中购买和不购买自行车的会员比例。如节点“年龄>=67”节点中，包含 36 个事例，其中 28 个没有购买自行车，8 个购买了自行车，所以斜线的条比网格的要长。表示年龄大于 67 的会员有 77.8%的概率不购买自行车，有 22.2%的概率购买自行车。

在得到了分类模型后，使用该模型可根据会员的婚姻状况、性别、年龄等特征预测会员购买自行车的类别和概率，随后自行车厂商就可以根据预测的类别和概率投递广告册。

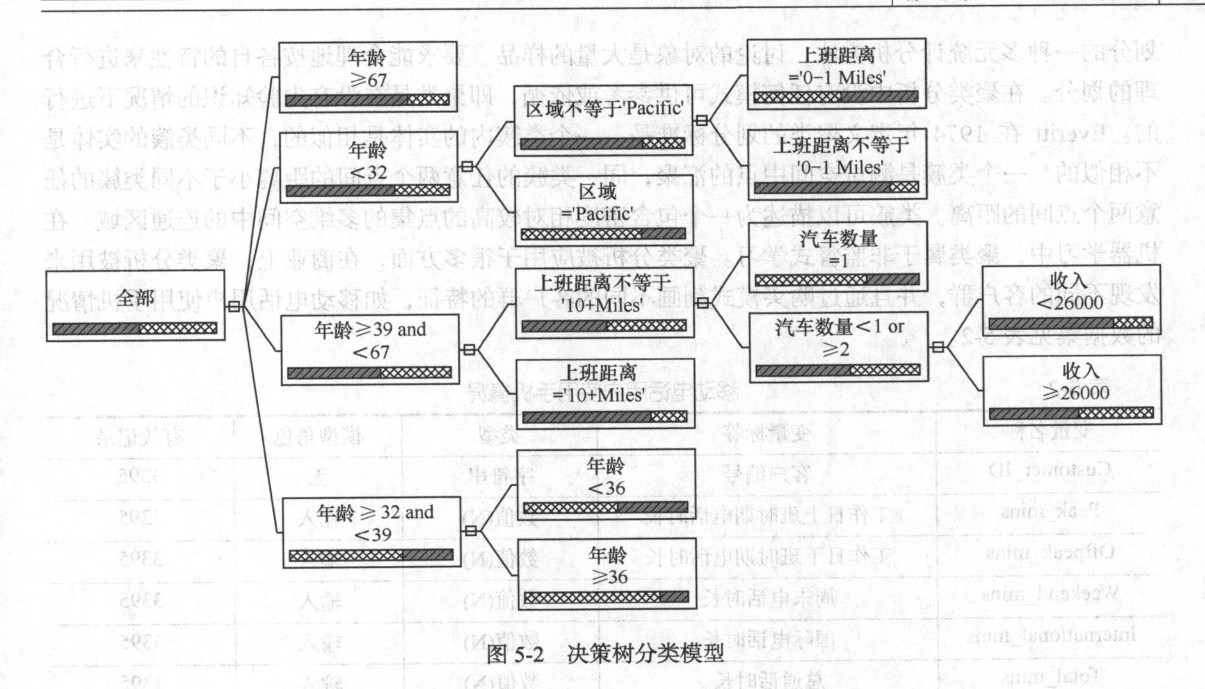

图 5-2 决策树分类模型

5.3.2 回归分析

回归分析（regression analysis）目的在于了解两个或多个变量间是否相关、相关方向与强度，并建立数学模型以便观察特定变量来预测研究者感兴趣的变量，主要包括线性回归分析和非线性回归分析。如手机的用户满意度与产品的质量、价格和形象有关，以“用户满意度”为因变量，“质量”、“形象”和“价格”为自变量，作线性回归分析。得到回归方程：用户满意度=0.008×形象+0.645×质量+0.221×价格，利用训练数据集建立该模型后就可以根据各品牌手机的质量、价钱和形象，预测用户对该手机的满意程度。

虽然分类与回归具有许多不同的研究内容，但它们之间却有许多相同之处，简单地说，它们都是研究输入输出变量之间的关系问题，不同之处在于分类的输出是离散的类别值，而回归的输出是连续的数值，即回归分析用来预测缺失的或难以获得的数值数据，而不是（离散的）类标号。例如，预测一个 Web 用户是否会在网上书店买书是分类任务，因为该目标变量是二值的（会购买和不会购买）；而预测某股票的未来价格则是回归任务，因为预测的价格是连续的数值性数据。有很多学习方法既可以用于分类又可以用于回归中，如贝叶斯方法、神经网络方法和支持向量机方法等。

5.3.3 相关分析

相关分析（relevance analysis）一般在分类和回归之前进行，识别分类和回归过程中显著相关的属性。如某公司员工的基本情况分别为性别、年龄、工资，现在希望了解员工年龄和工资水平之间的关系，可通过计算皮尔森相关系数和显著性水平得出年龄与工资水平的相关关系。

5.3.4 聚类分析

聚类分析（Cluster Analysis）又称群分析，是根据“物以类聚”的道理，对样品或指标进行划分的一种多元统计分析方法，讨论的对象是大量的样品，要求能合理地按各自的特性来进行合理的划分。在聚类分析中没有任何模式可供参考或依循，即聚类是在没有先验知识的情况下进行的。Everitt 在 1974 年定义聚类的划分标准是：一个类簇内的实体是相似的，不同类簇的实体是不相似的。一个类簇是测试空间中点的汇聚，同一类簇的任意两个点间的距离小于不同类簇的任意两个点间的距离。类簇可以描述为一个包含密度相对较高的点集的多维空间中的连通区域。在机器学习中，聚类属于非监督式学习。聚类分析被应用于很多方面，在商业上，聚类分析被用来发现不同的客户群，并且通过购买模式刻画不同的客户群的特征，如移动电话用户使用手机情况的数据集见表 5-2。

表 5-2　移动电话用户使用手机情况

变量名称	变量标签	类型	模型角色	有效记录
Customer_ID	客户编号	字符串	无	3395
Peak_mins	工作日上班时期电话时长	数值(N)	输入	3395
Offpeak_mins	工作日下班时期电话时长	数值(N)	输入	3395
Weekend_mins	周末电话时长	数值(N)	输入	3395
International_mins	国际电话时长	数值(N)	输入	3395
Total_mins	总通话时长	数值(N)	输入	3395
average_mins	平均每次通话时长	数值(N)	输入	3395

通过聚类分析，将客户聚集为 5 类，在聚类分析的基础上通过通话模式可以刻画各类客户特征，用户聚类的效果示意图如图 5-3 所示。

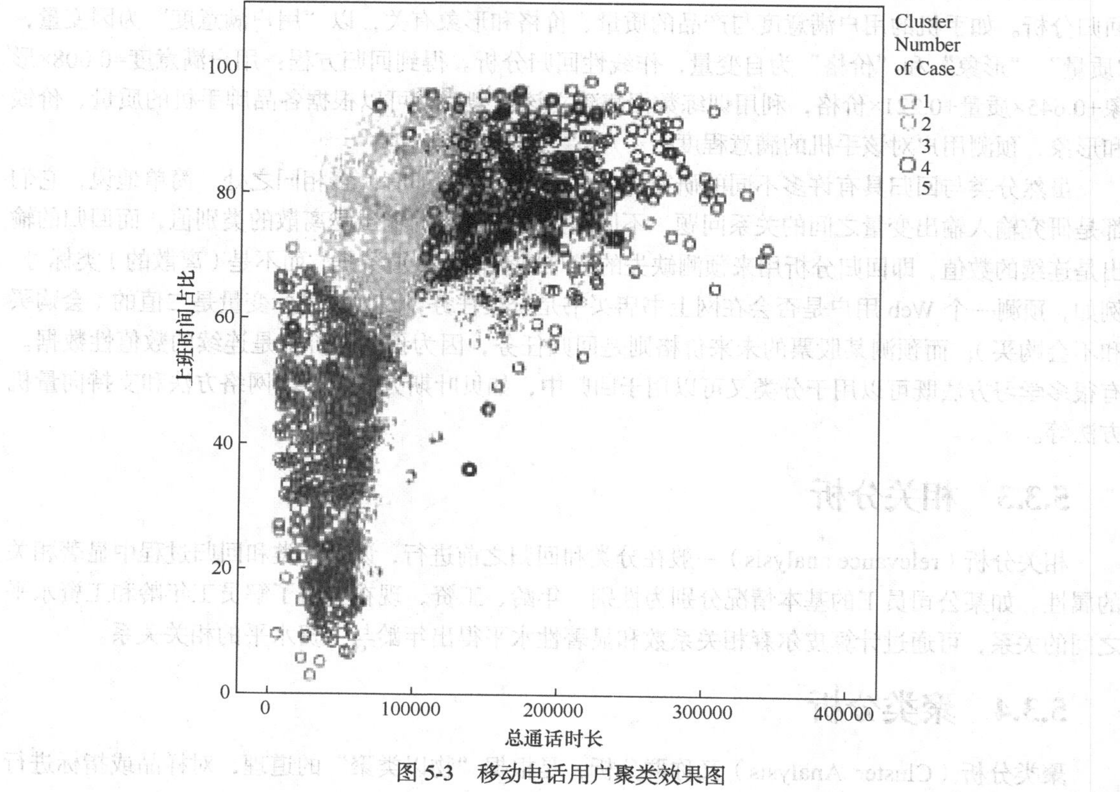

图 5-3　移动电话用户聚类效果图

1 类：平均每次通话时长最长，命名“长聊客户”。

2 类：在各项中均较低，命名“不常使用客户”。

3 类：总通话居中，上班通话占比最高，命名“中端商用客户”。

4 类：总通话时间长，上班通话占比高，国际通话最长，命名“高端商用客户”。

5 类：总通话居中，下班通话最长，周末通话最长，命名“中端日常客户”。

分类和聚类的区别在于，分类是事先定义好类别，类别数不变。分类器需要由人工标注的分类训练数据训练得到，属于有指导学习范畴。聚类则没有事先预定的类别，类别数不确定。聚类不需要人工标注和预先训练分类器，类别在聚类过程中自动生成。分类的目的是学会一个分类函数或分类模型（也常常称作分类器），该模型能把数据库中的数据项映射到给定类别中的某一个类中。分类需要构造分类器，需要有一个训练样本数据集作为输入。每个训练样本都有一个类别标记。聚类的目的是划分对象，使得属于同一个簇的样本之间彼此相似，而不同簇的样本足够不相似。

5.3.5　关联规则

关联规则（Association rules）挖掘发现大量数据中项集之间有趣的关联或相关联系。即在交易数据、关系数据或其他信息载体中，查找存在于项目集合或对象集合之间的频繁模式、关联、相关性或因果结构，是数据挖掘中一个重要的课题。关联规则挖掘的一个典型例子是购物篮分析，购物篮数据见表 5-3。

表 5-3　购物篮数据

事务 ID	商　品
1	{面包，黄油，尿布，牛奶}
2	{咖啡，糖，小甜饼，鲑鱼}
3	{面包，黄油，咖啡，尿布，牛奶，鸡蛋}
4	{面包，黄油，鲑鱼，鸡}
5	{鸡蛋，面包，黄油}
6	{鲑鱼，尿布，牛奶}
7	{面包，茶，糖，鸡蛋}
8	{咖啡，糖，鸡，鸡蛋}
9	{面包，尿布，牛奶，盐}
10	{茶，鸡蛋，小甜饼，尿布，牛奶}

表 5-3 显示，在商场中拥有大量的商品（项目），如牛奶、面包等，客户将所购买的商品放入自己的购物篮中。通过发现顾客放入购物篮中的不同商品之间的联系有助于分析顾客的购买习惯，如可能发现规则{尿布}→{牛奶}。该规则暗示购买尿布的顾客多半会购买牛奶。这种类型的规则可以用来发现各类商品中可能存在的交叉销售的商机。

关联规则研究有助于发现交易数据库中不同商品（项）之间的联系，找出顾客购买行为模式，如购买了某一商品对购买其他商品的影响。分析结果可以应用于商品货架布局、货存安排等。

5.3.6 异常检测

在数据库中包含着少数的数据对象，它们与数据的一般行为或特征不一致，这些数据对象叫做异常点（Outlier），也叫做孤立点。异常点的检测和分析，即异常检测（anomaly detection），是一种十分重要的数据挖掘类型，其任务是识别其特征显著不同于其他数据的观测值。异常检测算法的目标是发现真正的异常点，而避免错误地将正常的对象标注为异常点。因此一个好的异常检测器必须具有高检测率和低误报率。异常检测的应用包括检测欺诈、网络攻击、疾病的不寻常模式、生态系统扰动等。如信用卡欺诈检测信用卡公司记录每个持卡人所做的交易，同时也记录信用限度、年龄、年薪和地址等个人信息。由于与合法交易相比，欺诈行为的数目相对较少，因此异常检测技术可以用来构造用户的合法交易的轮廓。当一个新的交易到达时就与之比较，如果该交易的特性与先前所构造的轮廓很不相同，就把交易标记为可能是欺诈。

5.4 数据挖掘标准流程

1999 年，在欧盟（European Commission）的资助下，由 SPSS、DaimlerChrysler、NCR 和 OHRA 发起的 CRISP-DM Special Interest Group 组织开发并提炼出跨行业的标准数据挖掘流程 CRISP-DM（CRoss-Industry Standard Process for Data Mining），并进行了大规模数据挖掘项目的实际试用。CRISP-DM 从方法论的角度将整个数据挖掘过程分解成商业理解、数据理解、数据准备、建立模型、模型评估和结果部署 6 个阶段，图 5-4 描述了这 6 个阶段以及它们之间的相互关系，表 5-4 列出了各阶段的任务及相应的输出，在实际的数据挖掘过程中，不需要对每个任务和输出都做书面记录，但应该对这些内容予以充分的关注。

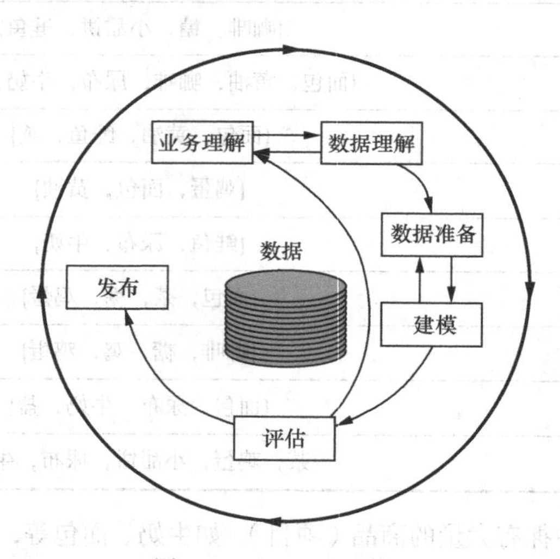

图 5-4 CRISP-DM 模型

CRISP-DM 认为数据挖掘过程是循环往复的探索过程，6 个步骤在实践中并不是按照直线顺序进行，而是在实际项目中经常会回到前面的步骤。例如在数据理解阶段发现现有的数据无法解决商业理解阶段提出的商业问题时，就需要回到商业理解阶段重新调整和界定商业问题；到了建立模型阶段发现数据无法满足建模的要求，则可能要重新回到数据准备过程；到了模型评估阶段，当发现建模效果不理想的时候，也可能需要重新回到商业理解阶段审视商业问题的界定是否合理，是否需要做些调整。目前大多数数据挖掘系统的研制和开发都遵循 CRISP-DM 标准。下面简要介绍 CRISP-DM 的各个阶段。

表 5-4　　CRISP-DM 过程各阶段的任务及相应的输出文档

业务理解	数据理解	数据准备	建　模	评　价	发　布
确定业务目标	收集初始数据	选择数据	选择建模技术	评价挖掘结果	计划实施
业务背景报告	原始数据收集报告	选择与排除数据的基本原则	建模技术	数据挖掘结果的评估	实施计划
业务目标报告	描述数据	数据清洗	建模假设	核准的模型	计划、监测和维护
业务成功准则	数据描述报告	数据清洗报告	产生测试设计	复审过程	检测和维护计划
进行环境评估	探测数据	数据构建	测试设计	过程复审报告	产生最终报告
资源清单	数据探测报告	导出的属性	建立模型	确定下一步	最终报告
需求、假设和限制	检验数据质量	生成的记录	参数设定	可能的行动列表	最终表述
风险和对策	数据质量报告	数据集成	模型	决策	回顾项目
术语表		合并的数据	模型描述		归纳文档
成本和效益		数据格式化	评估模型		
确定 DM 目标		格式化的数据	模型评价		
数据挖掘目标			修改的参数设定		
数据挖掘成功准则					
产生项目计划					
项目计划					
工具和技术初步评价					

5.4.1　业务理解

业务理解（Business Understanding）：本阶段的主要任务是把项目的目标和需求转化为一个数据挖掘问题的定义和一个实现这些目标的初步计划，并确定对数据挖掘结果进行评价的标准，该阶段的主要步骤包括以下几点。

（1）确定商业目标：数据挖掘分析人员从业务的角度全面理解用户的问题，发现其真实需求，清晰明确地定义用户的商业目标和商业成功的标准。

（2）形势评估：详细了解企业所具有的资源、需求、假定和限制、成本收益等因素，为下一步确定数据挖掘目标和制定项目实施计划做准备。

（3）确定数据挖掘目标：将商业目标转化为相应的数据挖掘目标并制定数据挖掘成功的标准。例如，一个商业目标是“增加对现有客户的销售”，其相应的数据挖掘目标是“给定客户过去五年的购买记录、商品的价格表，预测一个用户将会购买哪些首饰”。

（4）制订项目实施计划：制订完成数据挖掘任务的项目计划，包括项目执行的阶段，每阶段时间，所需的资源、工具等。

5.4.2 数据理解

数据理解（Data Understanding）：该阶段的主要任务是完成对企业数据资源的认识和清理。在此阶段的主要步骤包括以下几点。

（1）数据的初步收集：数据初步收集的内容包括数据源、拥有者、费用、存储方式、表的数目、记录的数目、字段的数目、物理存储方式、使用限制、隐私需求等多方面。

（2）数据描述：从总体上描述所获得数据的属性，包括数据格式、数据质量、数据出处、收集时间频度等多方面，并检查数据是否能够满足相关要求。

（3）数据的探索性分析：包括关键属性分布、属性之间的关系、数据简单的统计结果、重要子集的属性和简单统计分析等，这些分析可能直接达到了某些数据挖掘目标，也可能丰富或细化数据描述和质量报告，或者为将来的数据转换和其他数据处理工作做准备。

（4）数据质量检验：检验数据是否满足数据挖掘的要求，如数据是否完整；是否具有缺失值和缺失属性；如果有缺失值，缺失值出现的位置及是否普遍；数据是否包含错误；如果包含错误，错误是否普遍等。

5.4.3 数据准备

数据准备（Data Preparation）：此步骤和数据理解是数据处理的核心，是建立模型之前的最后一步，其任务是将原始数据转化为适合数据挖掘工具处理的目标数据，主要步骤包括以下几点。

（1）选择数据：制定数据进入、剔除的标准，决定分析所要用到的数据。

（2）数据清洗：保证数据值的准确性和一致性，解决数据缺失问题，将数据质量提高到能满足分析精度的要求。

（3）数据构建：通过一个或几个已有属性构建新的属性数据。

（4）数据整合：将来自不同表或记录的数据合并起来以产生新的记录或属性值，涉及对冲突和不一致的数据进行一致化。

（5）数据格式化：对数据进行语法上的修改，以便满足建模的需要。

5.4.4 建立模型

建立模型（Modeling）：选择和应用多种不同的数据挖掘技术，调整它们的参数使其达到最优值。面对同一种问题，会有多种可以使用的数据挖掘技术，但是每一种挖掘技术对数据有不同的限制及要求，因此经常需要回到数据准备阶段重新进行数据的选择、清洗、转换等活动，该阶段的主要步骤包括以下几点。

（1）选择建模技术：了解相应的建模技术的特点及该技术对数据的假定要求。

（2）生成检验设计：分析如何对模型的效果进行检验。

（3）建立模型：设定模型参数，在备好的数据集上建立模型，记录和描述构建的模型。

（4）评估模型：包括根据数据挖掘的成功标准评价模型的使用和模型参数的调整。

5.4.5 模型评估

模型评估（Evaluation）：由业务人员和领域专家从业务角度全面评价所得到的模型，确定模型是否达到业务目标，最终做出是否应用数据挖掘结果的决策，主要步骤包括以下几点。

（1）评估结果：评估产生的数据挖掘模型满足业务目标的程度，筛选出被认可的数据挖掘模型。

（2）数据挖掘过程回顾：查找数据挖掘过程是否存在疏忽和遗漏之处。

（3）确定下一步：列出所有可能的行动方案，根据评估结果和数据挖掘过程回顾，确定项目下一步如何进行。

5.4.6 发布

发布是运用数据挖掘结果解决现实业务问题，实现数据挖掘的商业价值，主要步骤包括以下几点。

（1）计划实施：根据评估结果，制定实施战略。

（2）计划监测和维护：随着商业环境的变化，数据挖掘模型的适用性和效果也可能发生改变，必须建立对模型进行监测和维护的机制。

（3）生成最终报告。

（4）项目回顾：总结经验教训，为以后的数据挖掘项目积累经验。

5.5 数据挖掘的十大挑战性问题

数据挖掘十大挑战性问题包括建立数据挖掘统一理论、高维数据和高速流数据的增长问题、序列和时序数据挖掘问题、从复杂数据中挖掘复杂知识的问题、网络环境中的数据挖掘问题、分布式挖掘和多代理挖掘问题、生物和环境方面数据挖掘问题、相关问题的数据挖掘处理、安全隐私以及数据完整性的问题、非静态与非平衡以及成本敏感数据的挖掘问题。随着数据挖掘方法与工具的不断更新，物联网、云计算、大数据等一系列新技术的出现，数据挖掘增加了新的研究内容，面临着新的挑战，结合新老问题，本节主要介绍数据挖掘面临的挑战（Yang，Wu，2006）。

5.5.1 数据挖掘统一理论的探索

数据挖掘中大部分方法都是被设计用来解决独立问题的，虽然有一些数据挖掘的方法论，但这些方法论主要是为企业或者解决实际问题而设计的。没有数据挖掘统一理论，难以用统一的语言描述数据挖掘问题，不同的问题采用不同的模型和技术，模型之间彼此独立，数据挖掘工具开发商们提供的工具之间难以交互，难以集成，研究单个问题常常花费大量人力物力。实践和经验表明，标准的数据挖掘语言或其他方面的标准化工作将有助于数据挖掘系统的开发工作，制定统一标准可以规范数据挖掘工具开发过程、方法、接口等，有利于这些工具的维护、升级、集成和数据交互。集合统计、机器学习、数据库系统，创建一个包括聚类、分类、关联规则等的不同数据挖掘任务的统一理论框架有利于数据挖掘的研究和发展。但至今为止，比较完整的数据挖掘的统一理论还在探索中。

按标准所解决问题方法和侧重点的不同，业界将数据挖掘标准划分为以下四类。

（1）过程标准：定义数据挖掘模型产生、使用和部署的过程标准。

（2）接口标准：针对具体编程语言和系统提供数据挖掘 API 接口，利于用户调用程序。

（3）语言标准：用统一的语言标准规范数据挖掘平台和应用程序开发。

（4）网络标准：解决网络分布式和远程数据挖掘问题的数据挖掘 Web 标准。

目前已经制定了一些数据挖掘标准，如 CRISP-DM 和 Fayyad 过程标准，数据挖掘 API 接口 JDM、SQL/MM，数据挖掘查询语言 DMQL、MSQLe，数据挖掘定义语言 PMML、CWM for DM，集查询、定义和操纵于一体的通用数据挖掘语言 OLE DB for DM 等。部分挖掘工具和应用程序也已开始遵从标准开发，如 SPSS Clementine （采用 CRISP-DM 标准和 PMML 标准），IBM Intelligent Miner （采用 PMML 标准），Oracle ODM（采用 JDM 标准），Microsoft SSAS （采用 OLE DB for DM 标准）。此外，数据网格、网络服务、语义网等也建立了与数据挖掘相关的框架和服务标准。

5.5.2 高维数据和高速数据流的研究与应用

随着技术的进步，数据收集变得越来越容易，导致数据规模越来越大，复杂性越来越高，如各种类型的贸易交易数据、Web 文档、基因表达数据的维度（属性）通常可以达到成百上千维，甚至更高。受“维度效应”的影响，许多在低维数据空间表现良好的聚类方法运用在高维空间上往往无法获得好的聚类效果，需要重新设计数据挖掘算法。

高速数据流使得数据挖掘在以下 3 个方面的问题需要慎重考虑：第一，流数据是不停产生的，而内存的大小是有限的，只能实时地进行处理，设计挖掘算法时需要注意如何充分利用有限内存；第二，储存在内存中的数据都是最新产生的数据，必须在这些数据被后来数据覆盖掉之前对它们进行处理和挖掘，算法的效率是需要考虑的；第三，没有任何可以阻塞数据流的操作，所有的数据只能扫描一次，所有用于高速数据流挖掘的算法都必须是一次性扫描算法。

5.5.3 时序数据的挖掘与降噪

时序数据包含随时间变化而发生的数值或者事件序列，具备高维性、复杂性、动态性、高噪声特性以及容易达到大规模的特性，其主要研究方向包括时间序列分类、海量时序数据的聚类、分类和预测、时序数据降噪等。

时间序列分类是要把整个时间序列当作输入，其目的是要赋予这个序列某个离散标记。它比一般分类问题困难的原因在于要分类的时间序列数据不等长，这使得一般的分类算法不能直接应用。即使是等长的时间序列，不同序列在相同位置的数值也一般不可直接比较。

5.5.4 从复杂数据中寻找复杂知识

该问题的主要研究内容包括从数据中发掘图和结构化模式，挖掘感兴趣对象间丰富的结构关系，从海量数据中挖掘非关系型数据（如文档摘要的自动生成，利用网络和无线数据日志识别出人和物体的移动等问题），数据挖掘和知识推理的集成（自动化实现整个数据挖掘循环，自动完成相关知识推理，实现不同领域知识推理的集成），挖掘有用知识（从终端用户的角度考虑研究什么样的模式发现才是最有用的）。

5.5.5 网络环境中的数据挖掘

网络数据挖掘利用数据挖掘技术从网络内容、结构和用法等角度发现知识和模式，主要研究内容包括：异构数据库环境和异构信息网络挖掘，从网络使用“痕迹”中高效准确找到有用的数据，根据这些找到的数据实现“个性化”服务和复杂应用，网络演化和社区演化，网络社区挖掘和社交网络的挖掘，高速网络数据流的高速挖掘，网络反恐等。

5.5.6　分布式数据挖掘

随着网络的广泛使用，各个领域数据交流更加频繁，在许多情况下，出于对安全性、容错性、商业竞争以及法律约束等多方面因素的考虑，将所有数据集中在一起进行分析往往是不可行的，分布式数据挖掘是解决这些问题的关键。分布式数据挖掘的研究难点包括在分布式环境中，即数据分布在网络不同的位置，如何将探针放置到网络中的关键位置；如何将各个探测点收集到的不同格式或组织形式的数据进行统一处理或者有效分散处理；如何通过这些数据之间的联系来建立一个全球范围的数据发现模型；如何有效减少不同站点间数据运输的数量，即减少通信开销；如何从多种异构数据资源中进行挖掘；如何提高各节点数据库之间的协调性和稳定性。

5.5.7　生物医学和环境科学数据挖掘

现在疾病病因学研究产生大量的数据。在处理这些海量生物医学数据时，基本的数据挖掘算法不能直接应用，需要在数据挖掘算法和模型上有新的突破。

生态环境的影响多数情况下是一个长期的过程，而现有的数据挖掘技术多数情况下处理的是转瞬即逝的数据源，如何能在若干年的区间内合理利用数据挖掘技术找到那些长期的影响，将会是未来环境数据挖掘研究者应该重点考虑的问题。

5.5.8　数据挖掘过程自动化与可视化

数据挖掘过程自动化和可视化的主要研究内容包括：

（1）数据“清洗”；

（2）如何执行数据清洗系统的程序；

（3）将数据处理的可视化与自动化数据挖掘本身相融合。

5.5.9　信息安全与隐私保护

保护信息安全与隐私的主要方法是将原始的隐私数据进行一定程度的“处理”后再利用。因为这些经过“处理”的数据是人为的从数据的原始版本经过一定修改得来的，虽然能够保护隐私和数据的安全，但是这也可能将原始数据扭曲到一个未知的程度，不能确保数据的完整性。既保证信息安全，保护个人隐私，同时又不破坏数据的一致性，为数据挖掘提供真实可靠的原材料并挖掘出有价值的结果是数据挖掘研究人员面临的重要问题。

5.5.10　动态、不平衡及成本敏感数据的挖掘

时间因素是数据挖掘过程中需要考虑的一个重要的因素，现实世界中事物是发展变化的，不可能得到“静态”的数据。例如从数据集 A 中抽样得到 n 个数据并建模，将模型应用到数据集 B 中，随后从 B 中抽样选取 m 个数据训练新模型，再将模型应用到数据集 C 中。如果这种处理流程继续下去，那么每一次的数据模型建立都是根据不同的数据集而产生，而每一个数据集的产生都带有自身的“偏好”。随着时间推移，数据增加，这些“偏好”导致的误差可能远远超出的预期。如何正确掌握“偏好”的影响，这将会是数据挖掘研究领域的一个重要研究内容。

“成本敏感”和“不平衡”是今后数据挖掘领域常见的问题。怎样利用这样的数据集挖掘分析出有价值的信息也是数据挖掘研究领域的重要内容。

思 考 题

1. 数据挖掘的任务是什么？

2. 在数据挖掘的支撑技术中选择你熟悉的一种，分析其在数据挖掘过程中的可能的用途，并给出一个具体的例子。

3. 为什么要制定数据挖掘标准流程？除了 JCRISP_DM 还有什么数据挖掘标准流程？

第6章 数据挖掘算法

数据挖掘国际权威会议 the IEEE International Conference on Data Mining（ICDM）在 2006 年评选出了数据挖掘领域的十大经典算法，即 C4.5、K-Means、SVM、Apriori、EM、PageRank、AdaBoost、kNN、Naive Bayes 和 CART。这 10 个算法涵盖了分类、聚类、统计学习、关联分析和链接分析等重要的数据挖掘研究和发展主题。本章围绕数据挖掘的主要任务，介绍数据挖掘经典算法（李德仁，王树良，李德毅，2013；Wu et al., 2008；Han., Kamber, Pei，2013；Wang, Shi, 2012；Wang et al.，2011）。

6.1 算法评估概述

6.1.1 分类算法及评估指标

对于分类算法，主要从以下几个方面进行评价。

（1）预测的准确率：模型正确地预测新的或先前没见过的数据类别的能力；

（2）速度：产生和使用模型的计算成本；

（3）强壮性：当存在噪声数据或具有空缺值的数据时，模型正确预测的能力；

（4）可伸缩性：当给定大量数据时，有效地构造模型的能力；

（5）可解释性：学习模型提供的理解和洞察的层次。

分类评价中的常用术语见表 6-1，包括以下几个。

（1）True positives（TP）：被正确地划分为正例的个数，即实际为正例且被分类器划分为正例的实例数（样本数）；

（2）False positives（FP）：被错误地划分为正例的个数，即实际为负例但被分类器划分为正例的实例数；

（3）False negatives（FN）：被错误地划分为负例的个数，即实际为正例但被分类器划分为负例的实例数；

（4）True negatives（TN）：被正确地划分为负例的个数，即实际为负例且被分类器划分为负例的实例数；

（5）混淆矩阵（confusion matrix）：是用来反映某一个分类模型的分类结果，其中行代表的是真实的类别，列代表的是模型预测的类别。

表 6-1　　　　分类评价常用术语

	预测类别		
实际类别	Yes	No	总计
Yes	TP	FN	P（实际为 Yes）
No	FP	TN	N（实际为 No）
总计	P′（被分为 Yes）	N′（被分为 No）	P+N

分类算法的评价指标包括以下几个。

（1）正确率（accuracy）：accuracy = (TP + TN) / (P + N)，即被分对的样本数除以所有的样本数，正确率越高，分类器越好；

（2）错误率（error rate）：错误率则与正确率相反，描述被分类器错分的比例，error rate = (FP + FN) / (P + N)，对某一个实例来说，分对与分错是互斥事件，所以 accuracy =1−error rate。

（3）灵敏度（sensitive）：sensitive = TP/P，表示的是所有正例中被分对的比例，衡量了分类器对正例的识别能力；

（4）特效度（specificity）：specificity = TN/N，表示的是所有负例中被分对的比例，衡量了分类器对负例的识别能力；

（5）精度（precision）：精度是精确性的度量，表示被分为正例的实例中实际为正例的比例，precision=TP/(TP+FP)；

（6）召回率（recall）：召回率是对覆盖面的度量，度量有多个正例被正确地分为正例，recall=TP/(TP+FN)=TP/P=sensitive，可以看到召回率与灵敏度是一样的。

（7）其他评价指标：ROC 曲线和 AUC（曲线包围面积）。ROC（Receiver Operating Characteristic，接收者操作特征）曲线，又被称为 ROC 曲线，来源于信号检测领域，可用于比较两个分类器的性能。ROC 曲线关注两个指标 TPR（true positive rate）和 FPR（false positive rate）。

$$TPR = TP / (TP + FN)$$

$$FPR = FP / (FP + TN)$$

直观上，TPR 代表能将正例分对的概率，FPR 代表将负例错分为正例的概率。在 ROC 空间中，每个点的横坐标是 FPR，纵坐标是 TPR，这也就描绘了分类混淆矩阵中 FP-TP 两个量之间的相对变化情况，反映了 FP 与 TP 之间权衡。

对于二值分类问题，二元分类器输出的是对正样本的一个分类概率值，通过设定一个阈值可以将实例分类到正类或者负类（例如大于阈值划分为正类）。如果阈值发生变化，就需要用不同的阈值进行分类，根据分类结果计算得到 ROC 空间中相应的点，连接这些点就形成 ROC 曲线。ROC 曲线经过（0，0）与（1，1），一般情况下，这个曲线都应该处于（0，0）和（1，1）连线的上方，如图 6-1 所示。

AUC（Area Under roc Curve）的值就是处于 ROC 曲线下方的那部分区域的面积，用来衡量分类器的好坏。通常，AUC 的值介于 0.5 ~ 1.0 之间，较大的 AUC 代表了较好的分类器性能。在 TPR 随着 FPR 递增的情况下，TPR 增长得越快，曲线越往上凸，AUC 就越大，模型的分类性能就越好。当正负样本不平衡时，这种模型评价方式比起一般的精确度评价方式的有明显的优势。

分类模型的误差包括训练误差和泛化误差两种。训练误差是在训练集中错误分类样本的比率，泛化误差是模型在未知记录上的期望误差，即训练数据中推导出的模型能够适用于新数据的能力。一个好的分类模型应该具有低的训练误差和泛化误差。分类模型只要足够复杂，是可以完美地适应训练数据的，但当运用于新数据时会导致较高的泛化误差即模型过度拟合问题。如对于决策树模型，随着树中节点的增加，起初模型的训练误差和泛化误差会不断降低，但是当树的节点增加到一定规模，树模型越来越复杂时，其训练误差不断降低，但泛化误差开始增大，出现过度拟合。

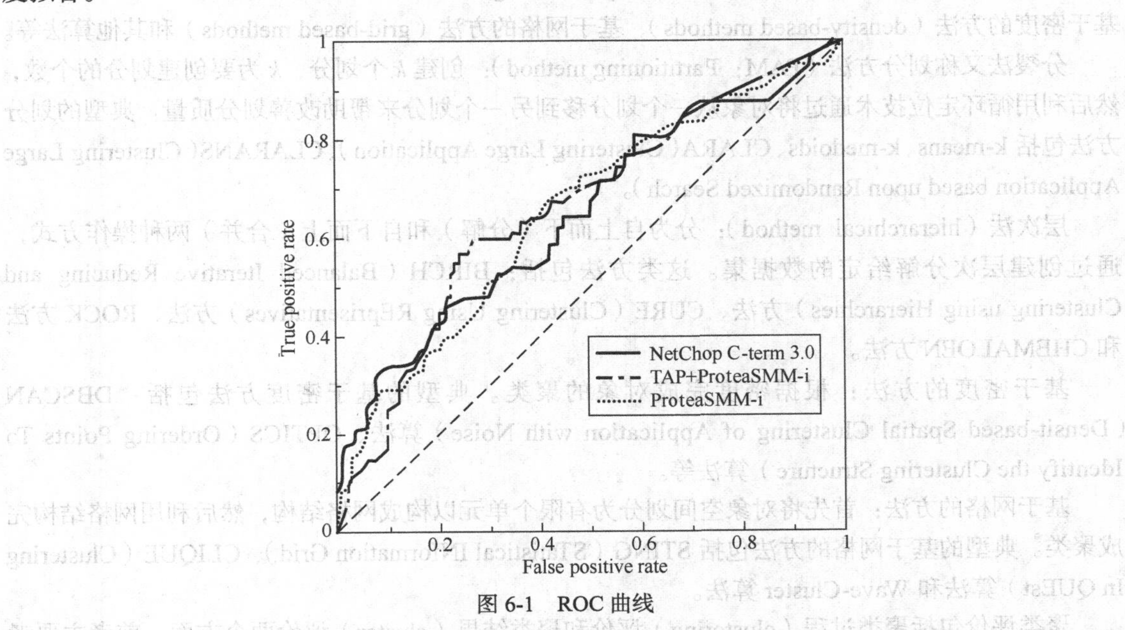

图 6-1 ROC 曲线

评估分类模型的性能主要是估计其泛化误差，由于数据的分布未知，泛化误差不能被直接计算。交叉验证被广泛应用于模型的泛化误差估计，常见的方法包括以下几个。

① Hold-Out Method：将原始数据随机分为两组，一组作为训练集，一组作为验证集，利用训练集训练分类器，然后利用验证集验证模型，记录最后的分类准确率。

② K-fold Cross Validation：将原始数据分成 K 组（一般是均分），将每个子集数据分别做一次验证集，其余的 K-1 组子集数据作为训练集，这样会得到 K 个模型，用这 K 个模型最终的验证集的分类准确率的平均数作为此分类器的性能指标。K 一般大于等于 2，实际操作时一般取 10。

③ Leave-One-Out Cross Validation：如果设原始数据有 N 个样本，每个样本单独作为验证集，其余的 N-1 个样本作为训练集，得到 N 个模型，用这 N 个模型最终的验证集的分类准确率的平均数作为分类器的性能指标。相比于 K-fold Cross Validation，Leave-One-Out Cross Validation 有两个明显的优点：a.每一回合中几乎所有的样本皆用于训练模型，因此最接近原始样本的分布，这样评估所得的结果比较可靠；b.实验过程中没有随机因素会影响实验数据，确保实验过程是可以被复制的，其缺点是计算成本高。

6.1.2 聚类算法及其评价指标

聚类过程包括以下步骤。

（1）数据准备：包括特征标准化和降维；

（2）特征选择：从最初的特征中选择最有效的特征，并将其存储于向量中；

（3）特征提取：通过对所选择的特征进行转换形成新的突出特征；

（4）聚类（或分组）：首先选择适合特征类型的某种距离函数（或构造新的距离函数）进行接近程度的度量；而后执行聚类或分组；

（5）聚类结果评估：是指对聚类结果进行评估，评估主要有3种，即外部有效性评估、内部有效性评估和相关性测试评估。

聚类分析计算方法主要包括：分裂法（partitioning methods）、层次法（hierarchical methods）、基于密度的方法（density-based methods）、基于网格的方法（grid-based methods）和其他算法等。

分裂法又称划分方法（PAM：Partitioning method）：创建 k 个划分，k 为要创建划分的个数，然后利用循环定位技术通过将对象从一个划分移到另一个划分来帮助改善划分质量。典型的划分方法包括 k-means、k-medoids、CLARA（Clustering Large Application）、CLARANS（Clustering Large Application based upon Randomized Search）。

层次法（hierarchical method）：分为自上而下（分解）和自下而上（合并）两种操作方式，通过创建层次分解给定的数据集。这类方法包括：BIRCH（Balanced Iterative Reducing and Clustering using Hierarchies）方法、CURE（Clustering Using REprisentatives）方法、ROCK 方法和 CHEMALOEN 方法。

基于密度的方法：根据密度完成对象的聚类。典型的基于密度方法包括：DBSCAN（Densit-based Spatial Clustering of Application with Noise）算法、OPTICS（Ordering Points To Identify the Clustering Structure）算法等。

基于网格的方法：首先将对象空间划分为有限个单元以构成网格结构，然后利用网格结构完成聚类。典型的基于网格的方法包括 STING（STatistical INformation Grid）、CLIQUE（Clustering In QUEst）算法和 Wave-Cluster 算法。

聚类评价包括聚类过程（clustering）评价和聚类结果（cluster）评价两个方面。前者主要考察聚类操作（或者说聚类算法）的属性，而后者只需要考虑给定的聚类结果是否合理与有效。一般常见的聚类结果评价（聚类评价指标）大致可分为外部度量、内部度量、相对度量三大类。许多聚类算法需要事先给出簇的数目，并且簇的数目会极大地影响其他分析性能的度量。目前普遍使用的规则是 $C_{max} \leqslant \sqrt{n}$，$C_{max}$ 为最大聚类数，n 为数据集的样本数。

外部度量假设聚类算法的结果是基于一种人工预先指定的结构。这种结构反映了人们对数据集聚类结构的直观认识。每个数据项进行了人工标注，聚类结果与人工判断越吻合越好。外部评判法的常用指标包括以下几个。

① F-measure。

采用信息检索的准确率和查全率思想。数据所属的类 t 看作是集合 N_t 中等待查询的项；由算法产生的簇 C_k 看作是集合 N_k 中检索到的项；N_{tk} 是簇 C_k 中类 t 的数量。对于类 t 和簇 C_k 的准确率和查全率分别用下式表示。

准确率：$\text{Prec}(t, C_k) = \dfrac{N_{tk}}{N_k}$

查全率：$\text{Rec}(t, C_k) = \dfrac{N_{tk}}{N_t}$

相应的 F-measure 是

$$F\text{meas}(t, C_k) = \frac{(b^2+1)\ \text{Prec}(t, C_k)\ \text{Rec}(t, C_k)}{b^2\text{Prec}(t, C_k) + \text{Rec}(t, C_k)}$$

如果 b=1，那么 Prec（t，C_k）和 Rec（t，C_k）的权重是一样的。对于整个划分的 F-值为

$$F(C)=\sum_{t\in T}\frac{N_t}{N}\max_{C_k\in C}(Fmeans(t, C_k))$$

其取值范围为[0，1]，其值越大越好。

② 划分之间的比较指标 Rand 指数和 Jaccard 系数（coefficient）。

假设 U 和 V 为划分，U 为人工判定的划分，V 为聚类得到的划分。a，b，c，d 用于计算数据点对（i，j）的相应簇分配 $C_u(i)$，$C_u(j)$ 和 $C_v(i)$，$C_v(j)$ 的关系数目。

$a=|\{i, j|C_u(i)=C_u(j)\wedge C_v(i)=C_v(j)\}|$

$b=|\{i, j|C_u(i)=C_u(j)\wedge C_v(i)\neq C_v(j)\}|$

$c=|\{i, j|C_u(i)\neq C_u(j)\wedge C_v(i)=C_v(j)\}|$

$d=|\{i, j|C_u(i)\neq C_u(j)\wedge C_v(i)\neq C_v(j)\}|$

a 和 d 计算两个划分的一致性，b 和 c 计算其偏差。最著名的指标是 Rand index，其定义为：

$$R(U, V)=\frac{a+b}{a+b+c+d}$$

显然，R 的范围为[0，1]。只有在划分 U 和 V 的簇分配完全一致的情况下，R 值为 1。Rand 统计的值越小，两个划分的差异越大，因此，划分结果期望该指标尽可能大，该指标大，表面 U 和 V 的吻合程度较高，聚类效果好。这个指标还有一些变种，例如，调整 Rand index，它引入统计上的归纳规格化，使随机划分产生接近于零的值。Jacard 系数定义为 $J=\frac{a}{a+b+c}$。

内部度量适用于数据集结构未知的情况。聚类结果的评价只能依赖数据集自身的特征和量值。在这种情况下聚类分析的度量追求两个目标即紧密度和分离度。簇内越紧密，簇间越分离越好。常用的聚类度量指标包括以下几个。

① 簇内方差。

k 均值算法采用该指标。$V(C)=\sum_{C_k\in C}\sum_{i\in C_k}\delta(i, \mu_k)^2$，其中 C 为所有的簇，μ_k 为簇 C_k 的质心，$\delta(i, \mu_k)$ 为距离函数，计算数据项 i 与其对应的簇中心的距离。簇内方差最小值取决于数据和簇的数目。最优划分的簇内方差尽可能接近 0。

② D_{unn} 指标。

用于度量簇距离和簇直径的比例。$\delta(\mu_1, \mu_k)$ 表示簇 1 和簇 k 间的距离。

$$D_{unn}=\min_{C_k\in C}\left(\min_{C_1\in C}\left(\frac{\delta(\mu_1, \mu_k)}{\max\mathrm{diam}(C)}\right)\right)$$

其中，簇 C_k 的直径为 diam（C_k），可用簇内两点距离的最大值表达。D_{unn} 指标越大，聚类的效果越好，但在数据集中存在噪音时该指标无法得到正确的评价结果。

6.2　C4.5

十大算法中的 C4.5 和 CART（分类和回归树）算法都是决策树算法。其他常用的决策树算法有 C5.0、Fuzzy C4.5、SLIQ（Mehta 1996）、SPRINT（Shafer 1996）等。决策树是一种由节点和有向边组成的层次结构，如图 6-2 所示，树中包含 3 种节点。

（1）根节点（root node），没有入边，但有零条或多条出边；

（2）内部节点（internal node），有一条入边和两条或多条出边；

（3）叶节点（leaf node），又叫终节点（terminal node），只有一条入边，没有出边。

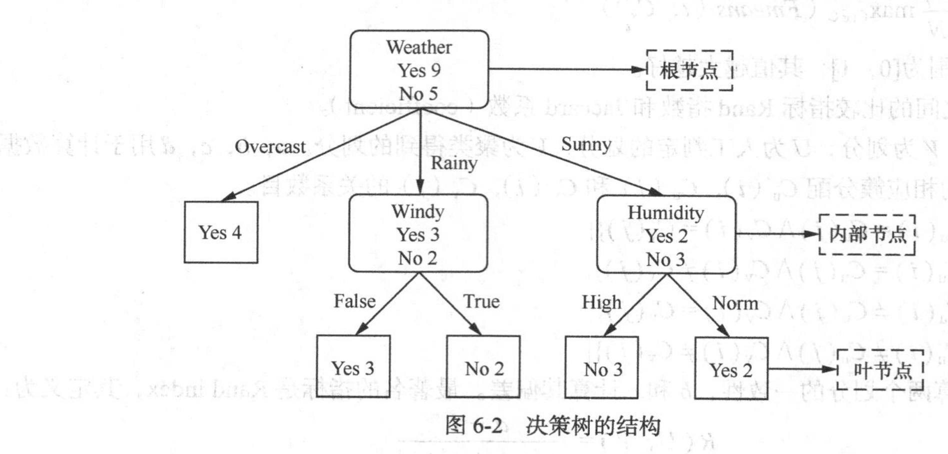

图 6-2　决策树的结构

在决策树中，每个叶子节点都有一个类标号，非叶子节点（包括根节点和内部节点）包含属性测试条件，用于分开具有不同特性的记录。

决策树算法的生成过程包括树构造（Tree Building）与树剪枝（Tree Pruning）。

（1）树构造阶段。决策树采用自顶向下的递归方式从根节点开始在每个节点上按照给定标准选择测试属性，然后按照相应属性的所有可能取值向下建立分枝，划分训练样本，直到一个节点上的所有样本都被划分到同一个类，或者某一节点中的样本数量低于给定值时为止。

（2）树剪枝阶段。构造过程得到的并不是最简单、紧凑的决策树，因为许多分枝反映的可能是训练数据中的噪声或孤立点。树剪枝过程主要检测和去掉这种分枝，以提高对未知数据集进行分类时的准确性。

决策树的应用是通过未分类实例的属性与决策树比较，实现对未分类实例的类别判定。

决策树算法应用广泛，其独特的优点包括：

（1）是一种非参数方法，不要求任何先验假设，不假定类和其他属性服从一定的概率分布；

（2）决策树的训练时间相对较少，即使训练集很大，也可以快速地构建分类模型；

（3）决策树的分类模型是树状结构，简单直观，符合人类的理解方式；

（4）可以将决策树中到达每个叶节点的路径转换为 IF—THEN 形式的分类规则，这种形式更有利于理解；

（5）对于噪声的干扰具有较好的健壮性。

决策树的缺点在于决策树属于贪心算法，只能局部最优，其次对于何时停止剪枝需要有较准的把握。

6.2.1　信息论基础知识

决策树是利用信息论原理对大量样本的属性进行分析和归纳而产生的，本节主要介绍决策树中用到的信息论基础知识。

1．信息量

若存在 n 个相同概率的消息，则每个消息的概率 p 是 $1/n$，一个消息传递的信息量为 $-\log_2(1/n)$（即基数为 2 的概率的对数）。例如，有 32 个相同概率的消息，则每个消息传递的信息量为 $-\log_2\frac{1}{32}=\log_2 32=5$，即每个消息传递的信息量是 5，需要 5 个比特来表示一个消息。

2. 熵

若有 n 个消息，其给定概率分布为 $P=(p_1, p_2, \ldots, p_n)$，则由该分布传递的信息量称为 P 的熵，记为 $I(P)$。

$$I(P) = -\sum_{i=1}^{n}(p_i \times \log_2(p_i)) = -(p_1 \times \log_2(p_1) + p_2 \times \log_2(p_2) + \cdots + p_n \times \log_2(p_n))$$

例如，表 6-2 中天气情况的分布为 P（Sunny，Overcast，Rain）=（5/14，4/14，5/14），则 $I(P)=-(\frac{5}{14} \times \log_2(\frac{5}{14})+\frac{4}{14} \times \log_2(\frac{4}{14})+\frac{5}{14} \times \log_2(\frac{5}{14}))$。若 P 是（0.5，0.5），则 $I(P)=1$，若 P 是（1，0），则 $I(P)=0$。一个随机变量的熵越大，其不确定性就越大。

表 6-2 天气数据库样本数据

Day	Outlook	Temperature	Humidity	Wind	Play ball
D1	Sunny	Hot	High	Weak	No
D2	Sunny	Hot	High	Strong	No
D3	Overcast	Hot	High	Weak	Yes
D4	Rain	Mild	High	Weak	Yes
D5	Rain	Cool	Normal	Weak	Yes
D6	Rain	Cool	Normal	Strong	No
D7	Overcast	Cool	Normal	Strong	Yes
D8	Sunny	Mild	High	Weak	No
D9	Sunny	Cool	Normal	Weak	Yes
D10	Rain	Mild	Normal	Weak	Yes
D11	Sunny	Mild	Normal	Strong	Yes
D12	Overcast	Mild	High	Strong	Yes
D13	Overcast	Hot	Normal	Weak	Yes
D14	Rain	Mild	High	Strong	No

3. 分类集合信息量

若一个记录集合 T 根据类别属性的值被分成互相独立的类 C_1，C_2，…，C_k，则识别 T 的一个元素属于哪个类所需要的信息量为 $\text{Info}(T)=I(p)$，其中 P 为 C_1，C_2，…，C_k 的概率分布，即

$$P=(\frac{|C_1|}{|T|}, \frac{|C_2|}{|T|}, \frac{|C_k|}{|T|})$$

例如按照表 6-2 数据显示，最终 Play ball 信息量为：

$$\text{Info}(T)=I(5/14, 9/14)=-\left(\frac{5}{14} \times \log_2\left(\frac{5}{14}\right) + \frac{9}{14} \times \log_2\left(\frac{9}{14}\right)\right)=0.94$$

若先根据非类别属性 X 的值将 T 分成集合 T_1，T_2，⋯，T_n，则在已得到的属性 X 的值后确定 T 中一个元素类的信息量为（也称期望熵）为：$\text{Info}(X,T) = \sum_{i=1}^{n}(\frac{|T_i|}{|T|} \times \text{info}(T_i))$

4. 信息增益度

信息增益度是两个信息量之间的差值，其中之一是确定 T 中元素类别的信息量，另一个信息量是在已得到的属性 X 的值后需确定的 T 中元素类别的信息量，信息增益度公式为：

$$\text{Gain}(X, T)=\text{Info}(T)-\text{Info}(X, T)$$

例如，针对表 6-2 中 Outlook 属性的信息增益度为 Gain(Outlook, T)= Info(T)− Info(Outlook,

T)=0.94−0.694=0.246，针对 Humidity 属性的信息增益度为 Gain（Humidity，T）= Info（T）− Info（Humidity，T）= 0.151，0.246>0.151 表明属性 Outlook 比 Humidity 对类别确定的贡献大。

6.2.2 ID3 算法

Iterative Dichotomic version 3 算法（即 ID3 算法）采用信息增益度作为属性划分的衡量标准，从而实现对数据的归纳分类。其中，训练集中的记录可表示为(v_1，v_2，…，v_n；c)，其中 v_i 表示属性值，c 表示类标签。

ID3 算法计算每个属性的信息增益度，并总是选取具有最高增益度的属性作为给定集合的测试属性。对被选取的测试属性创建一个节点，并以该节点的属性标记，对该属性的每个值创建一个分枝，并据此划分样本。ID3 算法过程如下。

输入：样本集合 S，属性集合 A。

输出：ID3 决策树。

（1）若所有种类的属性都处理完毕，返回；否则执行（2）。

（2）计算出信息增益最大属性 a，把该属性作为一个节点。

如果仅凭属性 a 就可以对样本分类，则返回；否则执行（3）。

（3）对属性 a 的每个可能的取值 v，执行以下操作：

① 将所有属性 a 的值是 v 的样本作为 S 的一个子集 S_v；

② 生成属性集合 $AT=A-\{a\}$；

③ 以样本集合 S_v 和属性集合 AT 为输入，递归执行 ID3 算法。

下面以表 6-2 为样本实例来说明上述算法过程。在给出的样本数据中“play ball”属性包含 9 个 Yes 和 5 个 No，对应于该属性期望信息（熵）：

$$\text{Info}(T)=I(5/14,\ 9/14)=-\left(\frac{5}{14}\times\log_2\left(\frac{5}{14}\right)+\frac{9}{14}\times\log_2\left(\frac{9}{14}\right)\right)=0.94$$

如图 6-3，根据 Outlook 的信息，分别计算

Sunny 时，$\text{Info(sunny)}=-\frac{2}{5}\log_2\frac{2}{5}-\frac{3}{5}\log_2\frac{3}{5}=0.97$

Rain 时，$\text{Info(rain)}=-\frac{3}{5}\log_2\frac{3}{5}-\frac{2}{5}\log_2\frac{2}{5}=0.97$

Overcast 时，Info(overcast)=0.00

$$\text{Info(outlook},\ T)=\frac{5}{14}\times0.97+\frac{5}{14}\times0.97+\frac{4}{14}\times0=0.69$$

因此，基于 Outlook（天气）决定是否 play ball 的信息增益度是 Gain（Outlook，T）=Info(T)−Info(Outlook，T)=0.25。用相同的方法计算得 Gain(Temperature，T)=0.03，Gain(Wind，T)=0.05，Gain(Humidity，T)=0.15，因此，此时具有最高信息增益度的属性为 Outlook 属性，以该属性为节点进行分枝。Outlook 属性有 3 种取值——sunny，overcast，rain，分别对应 3 个分支，将数据集划分为 3 个子集 S_{sunny}，$S_{overcast}$，S_{rain}。

然后，在 Sunny 分支下，递归调用 Decision_Tree(S_{sunny}，R-outlook，C)分别计算得 Temperature 属性的信息增益度为 0.57，Humidity 属性的信息增益度为 0.97，Wind 属性的信息增益度为 0.02。因此，在此分支下再以属性 Humidity 对子集 S_{sunny} 划分，得到子集 SS_{high} 和 SS_{normal}，这两个子集的

所有样本都属于同一类别，因此停止树的分裂，添加两个叶子节点，并写上子集的类别即可。最终的决策树如图 6-4 所示。

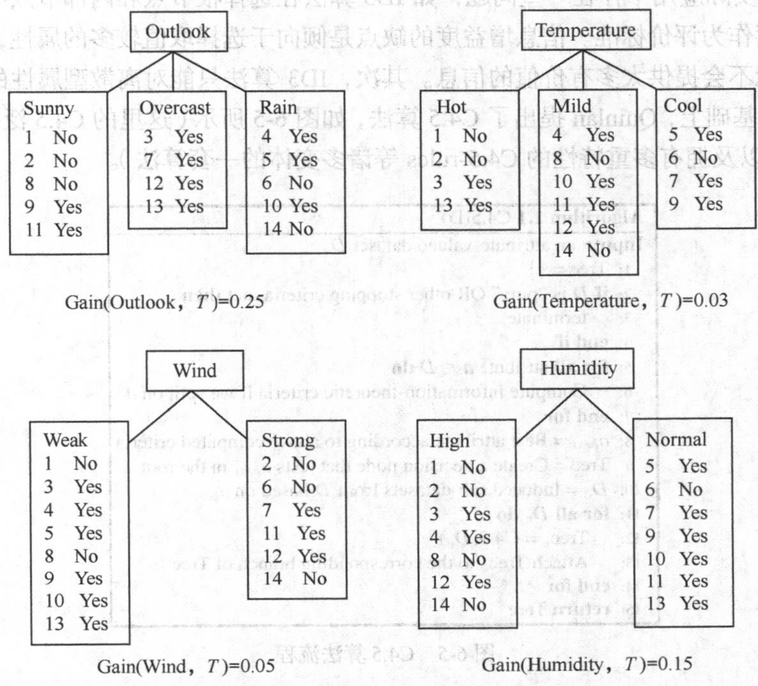

图 6-3 数据按照不同属性分类的增益

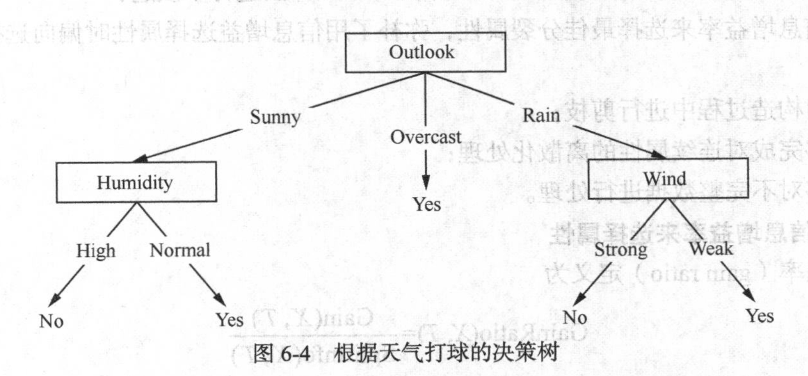

图 6-4 根据天气打球的决策树

在生成决策树以后，可以方便地提取决策树描述的知识，并表示成 if-then 形式的分类规则。沿着根节点到叶子节点每一条路径对应一条决策规则。如 If {Outlook=Sunny, Humidity=High} then { Play ball = No}。

在生成决策树的过程中，除了要选择测试属性，还要判断是否停止树的分裂，如在得到子集 SS_{high} 和 SS_{normal} 后停止了树的分支构造。停止树的分裂的条件如下所示，只要满足以下 3 个条件中的一条，即可停止树的分支构造：

（1）子集中的所有记录属于同一类时；

（2）所有的记录具有相同的属性值；

（3）提前终止树的分裂。

6.2.3　C4.5 算法

ID3 算法在实际应用中存在一些问题，如 ID3 算法在选择根节点和内部节点中的分支属性时采用信息增益度作为评价标准。信息增益度的缺点是倾向于选择取值较多的属性，但在有些情况下这类属性可能不会提供太多有价值的信息。其次，ID3 算法只能对离散型属性的数据集构造决策树。在 ID3 的基础上，Quinlan 提出了 C4.5 算法，如图 6-5 所示（这里的 C4.5 泛指基本的 C4.5、C4.5-nopruning 以及拥有多重特性的 C4.5-rules 等诸多变体的一套算法）。

Algorithm 1.1 C4.5(D)

Input: an attribute-valued dataset D

1: Tree = {}
2: **if** D is "pure" OR other stopping criteria met **then**
3:     terminate
4: **end if**
5: **for all** attribute $a \in D$ **do**
6:     Compute information-theoretic criteria if we split on a
7: **end for**
8: a_{best} = Best attribute according to above computed criteria
9: Tree = Create a decision node that tests a_{best} in the root
10: D_v = Induced sub-datasets from D based on a_{best}
11: **for all** D_v **do**
12:     Tree_v = C4.5(D_v)
13:     Attach Tree_v to the corresponding branch of Tree
14: **end for**
15: **return** Tree

图 6-5　C4.5 算法流程

C4.5 算法继承自 ID3 算法，并在以下几方面对 ID3 算法进行了改进：

（1）用信息增益率来选择最佳分裂属性，弥补了用信息增益选择属性时偏向选择取值多的属性的不足；

（2）在树构造过程中进行剪枝；

（3）能够完成对连续属性的离散化处理；

（4）能够对不完整数据进行处理。

1．根据信息增益率来选择属性

信息增益率（gain ratio）定义为

$$\text{GainRatio}(X,T)=\frac{\text{Gain}(X,T)}{\text{SplitInfo}(X,T)}$$

其中，Gain(X, T)与 ID3 中的信息增益度相同。SplitInfo(X, T)表示非类别属性 X 的值为基准进行分割的 T 的信息量，即 SplitInfo$(X, T)=I(|T_1|/|T|, |T_2|/|T|, \ldots, |T_n|/|T|)$，其中$\{T_1, T_2, \ldots, T_n\}$表示以 X 的取值分割 T 所产生的 T 的子集。例如表 6-2 所示的数据中，

SplitInfo(Outlook, T)$=-5/14\times\log_2(5/14)-4/14\times\log_2(4/14)-5/14\times\log_2(5/14)=1.577$

Outlook 的增益率是 0.25/1.577=0.16。

2．构造过程中进行剪枝

在实际构造决策树时，通常要进行剪枝，这时为了处理由于数据中的噪声和离群点导致的过分拟合问题，剪枝一般采用自下而上的方式，在生成决策树后进行。目前决策树的剪枝策略主要有三种：基于代价复杂度的剪枝（Cost-Complexity）、悲观剪枝（Pessimistic Pruning）和基于最小描述长度准则（MDL，Minimum Description Length）剪枝。

C4.5 使用悲观剪枝方法，采用训练样本本身来估计未知样本的错误率，通过递归计算目标节点的分支错误率来获得目标节点的错误率。如对有 N 个实例和 E 个错误（预测类别与真实类别不一致的实例数目）的叶节点，用比值（E+0.5）/N 确定叶节点的经验错误率。设一棵子树有 L 个节点，这些叶节点包含$\sum E$ 个错误和$\sum N$ 个实例，该子树的错误率可以估算为（$\sum E+0.5\times L$）/$\sum N$。假设该子树被它的最佳叶节点替代后，在训练集上得到的错误数量为 J，如果（J+0.5）在（$\sum E+0.5\times L$）的一个标准差范围内，即可用最佳叶节点替换这棵子树。该方法被扩展为基于理想置信区间的剪枝方法应用于 C4.5 中。

3. 处理连续属性值

ID3 算法把属性值假设为离散型，但是实际生活环境中很多属性是连续值。C4.5 算法对连续属性的处理有两种方法：一种是基于信息增益度的；另一种则是基于 Risannen 的最小描述长度原理。

基于信息增益的连续属性离散化处理过程如下：

（1）对属性的取值进行排序；

（2）两个属性取值之间的中点作为可能的分裂点，将数据集分成两部分，计算每个可能的分裂点的信息增益度（InforGain）；

（3）选择修正后信息增益度（InforGain）最大的分裂点作为该属性的最佳分裂点。

例如，实际生活中天气温度是一个连续变化的值，并且通过 14 天观察记录得到的结果是$\{A_1, A_2, \ldots, A_{14}\}$。首先将其进行升序排序，对于每一个值 A_i，i=1，2，…，14，将所有的记录划分为两部分，一部分小于等于 A_i，另一部分大于 A_i，并对该划分计算信息增益度，最后选择信息增益度最大的划分作为结果。

4. 处理缺省不完整数据

在某些情况下，可供使用的数据可能缺少某些属性的值。假如〈x，$c(x)$〉是样本集 T 中的一个训练实例，但是其属性 R 的值 $R(x)$未知。处理缺少属性值的策略包括：（1）忽略不完整的数据；（2）赋给它训练实例中该属性的最常见值；（3）一种更复杂的策略是为 R 的每个可能值赋予一个概率。例如，给定一个布尔属性 R，如果节点 N 包含 6 个已知 R=1 和 4 个 R=0 的实例，那么 $R(x)$=1 的概率是 0.6，而 $R(x)$=0 的概率是 0.4。于是，实例 x 的 60%被分配到 R=1 的分支，40%被分配到另一个分支。

6.2.4 C4.5 算法的实现

以图 6-6 中的数据为例，介绍用 C4.5 建立决策树的算法。

上面的训练集有 4 个属性，即属性集合 A={天气，温度，湿度，风速}；而类属性有 2 个，即类标签集合 C={进行，取消}，分别表示适合户外运动和不适合户外运动。

数据集 D 包含 14 个训练样本，其中属于类别“进行”的有 9 个，属于类别“取消”的有 5 个，则计算其信息熵：

$\text{Info}(T) = -\ 9/14 \times \log_2(9/14) - 5/14 \times \log_2(5/14) = 0.940$

对属性集中每个属性分别计算信息熵，如下所示：

$\text{Info}(天气，T) = 5/14 \times [-2/5 \times \log_2(2/5) - 3/5 \times \log_2(3/5)] + 4/14 \times [-4/4 \times \log_2(4/4) - 0/4 \times \log_2(0/4)] + 5/14 \times [-3/5 \times \log_2(3/5) - 2/5 \times \log_2(2/5)] = 0.694$

$\text{Info}(温度，T) = 4/14 \times [-2/4 \times \log_2(2/4) - 2/4 \times \log_2(2/4)] + 6/14 \times [-4/6 \times \log_2(4/6) - 2/6 \times \log_2(2/6)] + 4/14 \times [-3/4 \times \log_2(3/4) - 1/4 \times \log_2(1/4)] = 0.911$

Info(湿度，T) = 7/14 × [− 3/7 × $\log_2(3/7)$ − 4/7 × $\log_2(4/7)$] + 7/14 × [− 6/7 × $\log_2(6/7)$ − 1/7 × $\log_2(1/7)$] = 0.789

Info(风速，T) = 6/14 × [− 3/6 × $\log_2(3/6)$ − 3/6 × $\log_2(3/6)$] + 8/14 × [− 6/8 × $\log_2(6/8)$ - 2/8 × $\log_2(2/8)$] = 0.892

天气	温度	湿度	风速	活动
晴	炎热	高	弱	取消
晴	炎热	高	强	取消
阴	炎热	高	弱	进行
雨	适中	高	弱	进行
雨	寒冷	正常	弱	进行
雨	寒冷	正常	强	取消
阴	寒冷	正常	强	进行
晴	适中	高	弱	取消
晴	寒冷	正常	弱	进行
雨	适中	正常	弱	进行
晴	适中	正常	强	进行
阴	适中	高	强	进行
阴	炎热	正常	弱	进行
雨	适中	高	强	取消

图 6-6　建立决策树使用数据

信息增益率的计算：

属性天气有 3 个取值，其中晴有 5 个样本，雨有 5 个样本，阴有 4 个样本，则

splitinfo（天气，T）= − 5/14 × $\log_2(5/14)$ − 5/14 × $\log_2(5/14)$ − 4/14 × $\log_2(4/14)$ = 1.577

属性温度有 3 个取值，其中炎热有 4 个样本，适中有 6 个样本，寒冷有 4 个样本，则

splitinfo（温度，T） = − 4/14 × $\log_2(4/14)$ − 6/14 × $\log_2(6/14)$ − 4/14 × $\log_2(4/14)$ = 1.557

属性湿度有 2 个取值，其中正常有 7 个样本，高有 7 个样本，则

splitinfo（湿度，T） = − 7/14 × $\log_2(7/14)$ − 7/14 × $\log_2(7/14)$ = 1.0

属性风速有 2 个取值，其中强有 6 个样本，弱有 8 个样本，则

splitinfo（风速，T）= − 6/14 × $\log_2(6/14)$ − 8/14 × $\log_2(8/14)$ = 0.985

计算信息增益度，如下所示：

Gain（天气，T）=info(T) − info(天气，T)=0.94 − 0.694=0.246

Gain（温度，T）=info(T) − info(温度，T)=0.94 − 0.911=0.029

Gain（湿度，T）=info(T) − info(湿度，T)=0.94-0.789=0.151

Gain（风速，T）=info(T) − info(风速，T)=0.94-0.892=0.048

计算信息增益率，如下所示：

GR（天气，T）= Info（天气，T）/ splitinfo（天气，T）= 0.246/1.577= 0.156

GR（温度，T）= Info（温度，T）/ splitinfo（温度，T）= 0.029 / 1.557= 0.019

GR（湿度，T）= Info（湿度，T）/ splitinfo（湿度，T）= 0.151/1.0 = 0.151

GR（风速，T）= Info（风速，T）/ splitinfo（风速）= 0.048/0.985 = 0.049

根据计算得到的信息增益率进行选择属性集中的天气属性作为决策树节点，对该节点进行分裂，如图 6-7 所示。

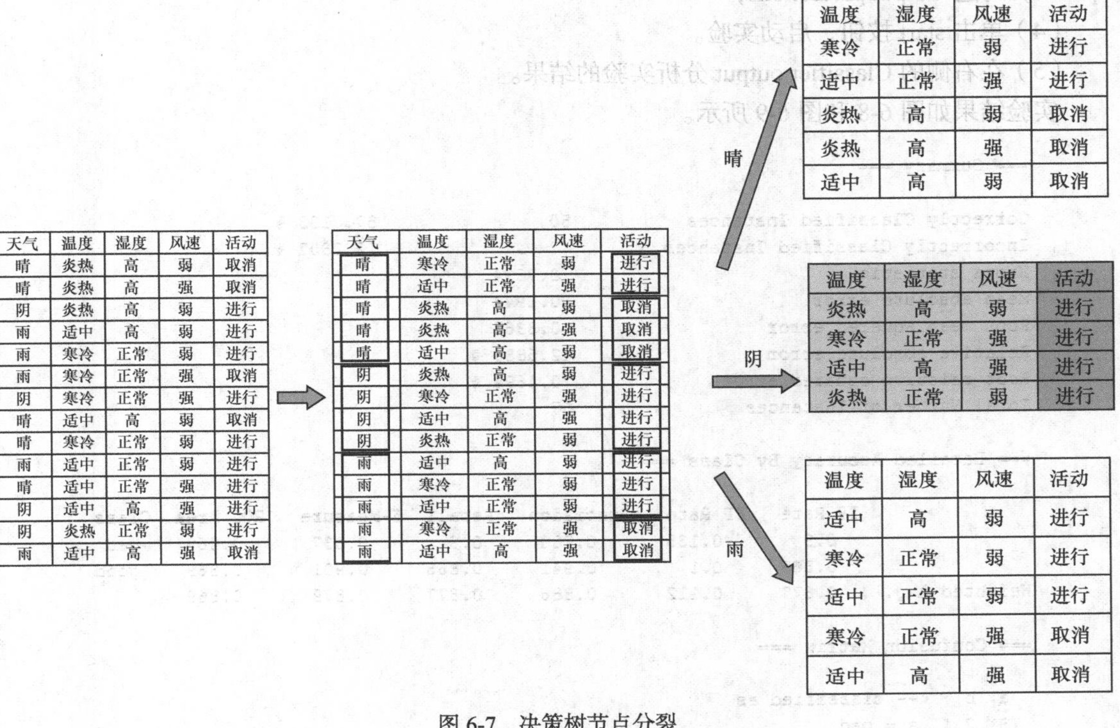

图 6-7　决策树节点分裂

6.2.5　C4.5 的软件实现

目前有很多可用的 C4.5 软件实现，WEKA（Waikato Environment for Knowledge Analysis）是一款免费的、非商业化的、基于 JAVA 环境下开源的机器学习（machine learning）以及数据挖掘（data minining）软件。其主要开发者是来自 New Zealand 的 the University of Waikato。Weka 中对 C4.5 的 JAVA 实现被命名为 J48。

本小节在 Labor 数据集上详细地描述 C4.5 算法的功能。weka 安装目录 data 文件下的 labor.arff 文件来源于加拿大劳资谈判的案例，它根据工人的个人信息来预测劳资谈判的最终结果。该数据集一共 57 个实例，每个实例有 17 个属性，最后一个属性标记为类别属性。labor 数据集存在残缺值，因此在进行相关数据挖掘方案前，需对该数据集进行预处理，以去除那些与相关挖掘无关的属性或是对挖掘无意义的属性。

在 Filter 中选择 supervise 中的 attribute 中的 AttributeSelection 采用属性子集评估器中的 CfsSubsetEval 方法选择重要属性，并采用 Discretize 离散化处理。经属性选择和处理后的数据可以用 J48 进行分类，实验步骤如下：

（1）打开 labor.arff 文件，切换到 classify 面板；

（2）选择 trees->J48 分类器。选择默认参数，J48 分类器的主要参数设置如下。

U：使用未剪枝的决策树模型，设置为 false 表示使用剪枝后的树模型；

C：C4.5 使用基于理想置信区间的剪枝方法，C 为置信区间阈值，默认值为 0.25；

M：每个叶节点的最小样本数，默认值为 2；

（3）Test options 选择十折交叉验证（*10*-fold cross-validation），测试算法准确性。点开 More options，勾选 Output predictions；

（4）单击 start 按钮，启动实验。

（5）在右侧的 Classifier output 分析实验的结果。

实验结果如图 6-8 和图 6-9 所示。

```
=== Summary ===

Correctly Classified Instances          50               87.7193 %
Incorrectly Classified Instances         7               12.2807 %
Kappa statistic                          0.7394
Mean absolute error                      0.1948
Root mean squared error                  0.3365
Relative absolute error                 42.5883 %
Root relative squared error             70.4694 %
Total Number of Instances               57

=== Detailed Accuracy By Class ===

               TP Rate   FP Rate   Precision   Recall   F-Measure   ROC Area   Class
                 0.9      0.135      0.783      0.9       0.837       0.869     bad
                 0.865    0.1        0.941      0.865     0.901       0.869     good
Weighted Avg.    0.877    0.112      0.886      0.877     0.879       0.869

=== Confusion Matrix ===

  a  b   <-- classified as
 18  2 |  a = bad
  5 32 |  b = good
```

图 6-8　C4.5 分类结果

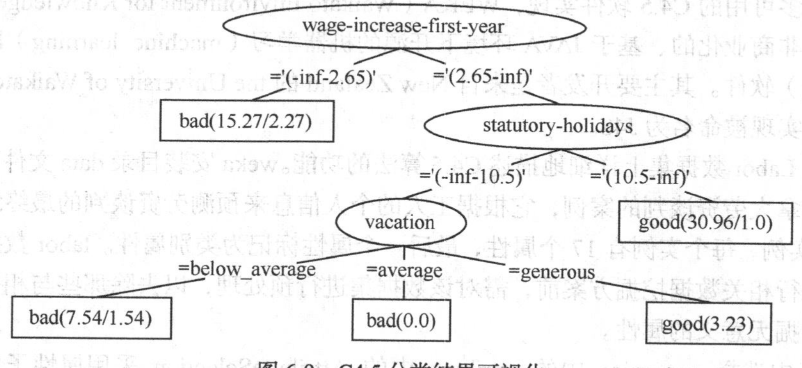

图 6-9　C4.5 分类结果可视化

在实验结果中，Correctly Classified Instances 说明训练好的模型的准确度，Confusion Matrix 说明类别是“bad”的实例，有 18 个被正确地预测为“bad”，有 2 个错误地预测成了“good”；类别是“good”的实例，有 5 个被错误地预测为“bad”，有 32 个正确地预测成了“good”。18+2+5+32 = 57 是实例总数，而(18+32)/57 =0.879 3 正好是正确分类的实例所占比例。这个矩阵对角线上的数字越大，说明模型的准确度越高。

6.3　CART 算法

分类与回归树（CART，Classification And Regression Trees）算法最早由 Breiman 等人提出，它采用与传统统计学完全不同的二叉树形式构建预测准则，易于理解、使用和解释。CART 模型构建的预测树在很多情况下比常用的统计方法构建的代数学预测准则更加准确，且数据越复杂，变量越多，算法的优越性就越显著。

6.3.1　算法介绍

分类回归树 CART 是一种典型的二叉决策树，主要用来进行分类研究，可以同时处理连续变量和离散变量。如果目标变量是离散变量，则 CART 生成分类决策树；如果目标变量是连续变量，则 CART 变量生成回归决策树。CART 算法流程与 C4.5 相似，采用分裂准则从众多的预测属性（模型的输入属性）中确定树节点的分裂条件，把记录分到各个分枝中，重复该过程建立一棵充分大的分类树，然后用剪枝算法对该充分大的树进行剪枝，得到一系列嵌套的分类树，最后用测试数据对该一系列分类树进行测试，从中选择最优的分类树。与 C4.5 算法不同，CART 为二叉分支，而 C4.5 是多叉分支；CART 的输入和输出变量可以是离散型和连续型，而 C4.5 的输出变量只能是离散型；CART 使用的分裂准则是 Gini 系数，而 C4.5 使用的是信息增益率。此外，两者对决策树的剪枝方法不同。CART 生成决策树的过程主要包括以下 3 个步骤。

1. 分裂

分裂过程是一个二叉递归划分过程。用 Y 表示因变量（分类变量），用 X_1，X_2，…，X_P 表示自变量，通过递归的方式把关于 X 的 P 维空间划分为不重叠的区域。首先确定分裂准则，分裂准则的形式为：

An instance goes left if condition, and goes right otherwise.

其中 condition 是分裂条件表达式，对于连续属性，表达式的形式是属性 $X_i \leqslant S$；对于离散属性，表达式是一种列表成员的判定运算。如选择一个自变量 X_i 和 X_i 的一个值 S_i 确定分裂条件，把 P 维空间分为两部分：一部分包含的点都满足 $X_i \leqslant S_i$；另一部分包含的点满足 $X_i > S_i$。其次把上步中得到的两部分中的一个部分通过确定分裂条件再以相似的方式划分。重复上述步骤，直至把整个 X 空间划分成的每个区域都尽可能的是同构的。和 C4.5 不同，CART 允许在一个属性上重复分裂。

CART 算法主要使用 Gini 分裂准则。如果集合 T 包含 C 个类，节点 A 的 Gini 系数为：

$$\text{Gini}(A) = 1 - \sum_{k=1}^{C} p_k^2$$

其中 P_k 表示样本属于 k 类的概率。当 Gini=0 时，节点中的所有样本属于同一类，当所有类在节点中以相同的概率出现时，Gini 值最大。

如果集合 T 在 X 的条件下划分为两个部分 T_1 和 T_2，那么这个划分的 Gini 指数为：

$$\text{Gini}_{\text{split}(x)} = \frac{T_1}{T}\text{Gini}(T_1) + \frac{T_2}{T}\text{Gini}(T_2)$$

当前属性的最优分裂点就是使 $Gini_{split(x)}$ 最小的值。

分裂的步骤如下。

（1）对于每个属性选择最优的分裂点；

（2）在这些最优分裂点中选择对这个节点最优的分裂点，成为这个节点的分裂条件；

（3）继续对此节点分裂出来的两个节点进行分裂。

分裂过程一直持续到叶节点数目很少或者样本基本属于同一类别。

由于 CART 建立二叉树，对于具有多个值的分类型属性变量，需要将多个类别合并为两个“超类”；对于数值型属性，需要确定分裂值将样本分为两组。

2. 剪枝

CART 用“成本复杂性”标准（cost-complexity pruning）来剪枝，该方法从最大树开始，每次选择训练数据上对整体性能贡献最小的那个（也可能是多个）分裂作为下一个剪枝的对象，如此直到只剩下根节点。这样 CART 就会产生一系列嵌套的剪枝树，需要从中选择一棵作为最优的决策树。

3. 树选择

因为在树生成过程中可能存在不能提高分类纯度的划分节点，且存在过拟合训练数据的情况，这时需要使用一份单独的测试数据来评估每棵剪枝树的预测性能，从而选取最优树。

为了便于理解比较复杂的 CART 算法，使用以下例子解释。

割草机制造商意欲把城市中的家庭分成愿意购买割草机和不愿意购买的两类。在这个城市中随机抽取 12 个拥有割草机的家庭和 12 个非拥有割草机的家庭作为样本。这些数据见表 6-3。这里的自变量是收入（x_1）和草地面积（x_2）。类别变量有两个类别：拥有和非拥有。

表 6-3　家庭与割草机样本

观察序号	收入（千美元）	草地面积（平方尺）	拥有者=1，非拥有者=2
1	60	18.4	1
2	85.5	16.8	1
3	64.8	21.6	1
4	61.5	20.8	1
5	87	23.6	1
6	110.1	19.2	1
7	108	17.6	1
8	82.8	22.4	1
9	69	20	1
10	93	20.8	1
11	51	22	1
12	81	20	1
13	75	19.6	2
14	52.8	20.8	2
15	64.8	17.4	2
16	43.2	20.2	2
17	84	17.6	2

续表

观察序号	收入（千美元）	草地面积（平方尺）	拥有者=1，非拥有者=2
18	49.2	17.6	2
19	59.4	16	2
20	66	18.4	2
21	47.4	16.4	2
22	33	18.8	2
23	51	14	2
24	63	14.8	2

将表 6-3 图例化，得到的结果如图 6-10 所示。

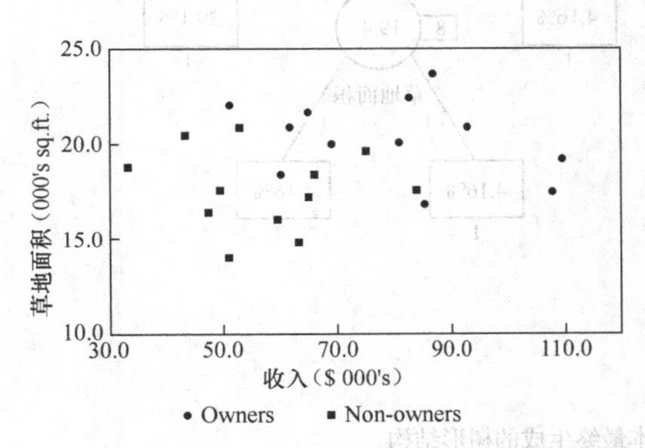

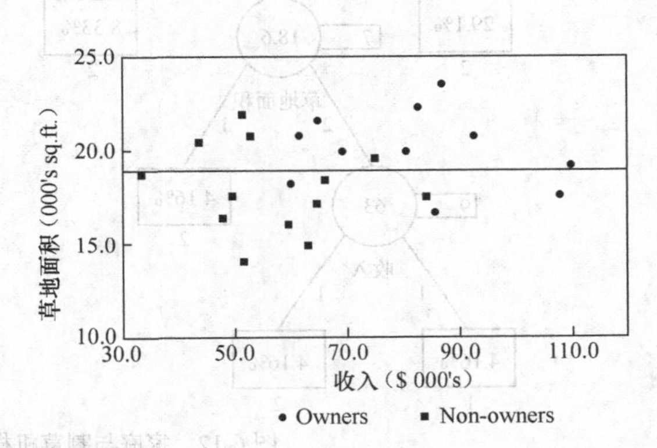

图 6-10 样本表格数据图例化

根据图 6-10 可知，在使用 CART 算法时，首先使用 x_2=19 进行分类。由图可以直观地发现两个矩形部分更加同质（即统一类别的点更多地聚集在一起）。

按照如上的规则对样本继续划分，经过若干次划分，可得到图 6-11。

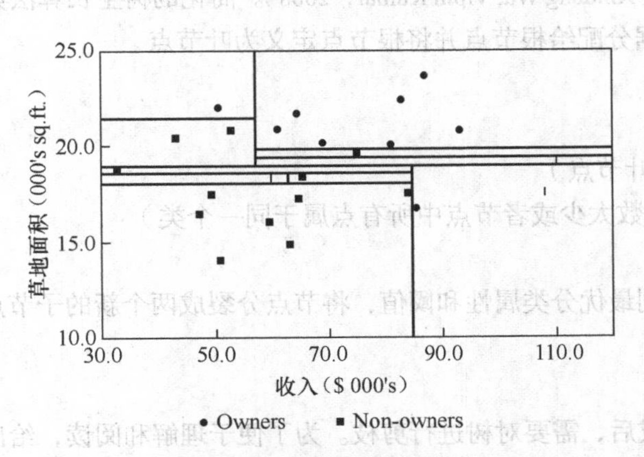

图 6-11 划分若干次后的样本

通过观察得知，每一个矩形都是同质的，即只包含一种类别的点。该算法每一次划分都将节点划分为两个子节点，最终形成如图 6-12 所示的树形结构。

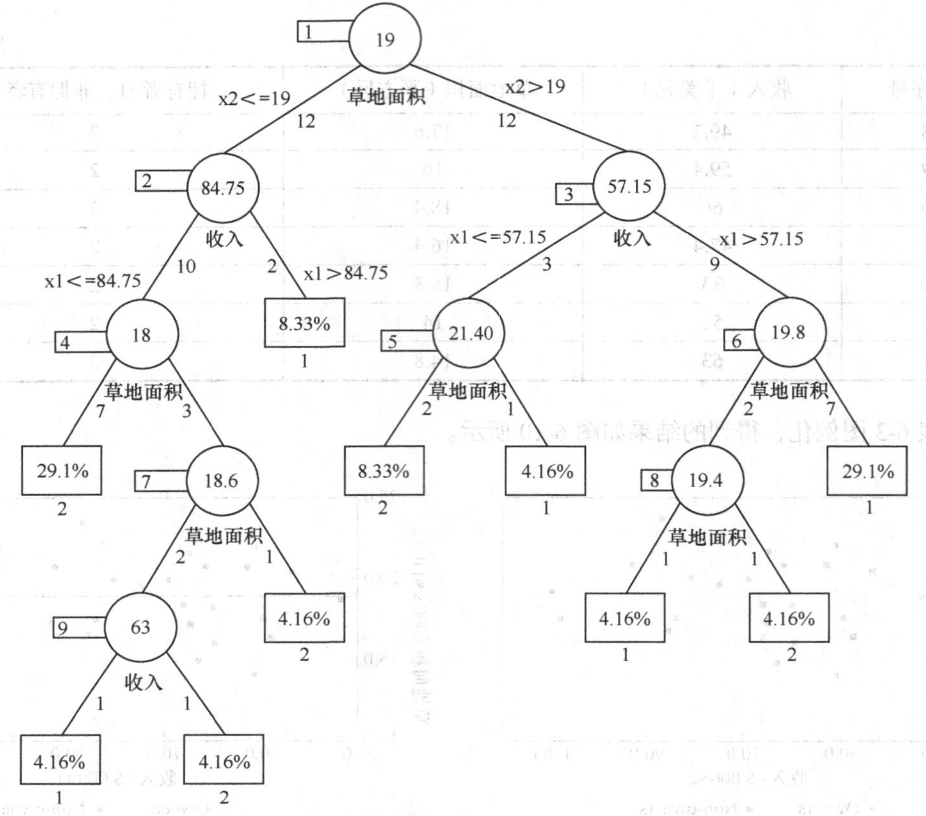

图 6-12　家庭与割草机样本最终生成的树形结构

6.3.2　算法描述

对 CART 算法的详细描述需要大量篇幅，为了便于理解复杂的 CART 算法，引用了简化的树生长算法和剪枝算法（Xindong Wu, Vipin Kumar，2008）。简化的树生长算法如下。

开始：将所有数据分配给根节点并将根节点定义为叶节点

分裂：

New_split=0

For（树中的每个叶节点）

If（叶节点的样本数太少或者节点中所有点属于同一个类）

goto CETNEXT

根据分裂准则找到最优分类属性和阈值，将节点分裂成两个新的子节点

New_split++;

GETNEXT:

在树生长过程完成后，需要对树进行剪枝。为了便于理解和阅读，给出简化的剪枝算法如下所示。

定义：r(t)=节点 t 中训练数据被误分的比例

p(t)=节点 t 中包含的训练实例数目

R(t)=r(t)*p(t)

```
t_left=节点 t 的左子树
t_right=节点 t 的右子树
|T|=树 T 中叶节点的总数
开始：Tmax=最大生长树
  Current_tree=Tmax
      For（所有叶节点的父节点 t）
  将所有的 R(t)=R(t_left)+R(t_right)的分裂点移除
  Current_tree=剪枝后的 Tmax
  剪枝：If |Current_tree|=1 then goto DONE
      For(所有节点的父节点 t)
  将 R(t)−R(t_left)−R(t_right)最小的那个点移除
  Current_tree=剪枝后的 Current_Tree
```

因为树不需要调整参数，CART 要求开发者付出相对小的努力。不需要对变量进行转换。该算法可以生成简单易懂的规则，可以处理连续和多种类字段并且可以清楚地显示哪些字段比较重要。但是该算法也有相应的缺点，CART 是一种大样本的统计分析方法，样本量小时构建的模型不稳定。选择划分时依靠观测点的值的顺序而不是按照这些值的绝对大小；对连续性的字段比较难预测。对有时间顺序的数据，需要很多预处理的工作。当类别太多时，错误可能就会增加得比较快。

在 weka 中提供了 CART 算法的基本实现：weka.classifiers.trees.SimpleCart。

6.4　K-Means 算法

K-means 算法也称作 K-平均或者 K 均值，是一种得到广泛使用的聚类分析方法，它是在 1967 年由 MacQueen 首次提出的，在许多实践应用中取得了很好的效果。聚类是在给定的数据集合中寻找同类的数据子集合，每一个子集合形成一个类簇，以使簇内具有较高的相似度，而且簇间的相似度较低，在机器学习中，聚类算法属于无监督学习算法，即样本数据类别未知，根据样本间的相似性对样本分类。

6.4.1　基础知识

1. 样本间距离

假设有 n 个样本对象，每个样本描述的属性最多有 p 个变量，则每个样本对象 x_i 可以用一个 p 维向量 $x_i=[x_{i1}, x_{i2}, \ldots, x_{ip}]$描述，则含有 n 个对象的样本可以表示为如下矩阵：

$$X=\begin{bmatrix} x_{11}, x_{12}, \cdots, x_{1p} \\ x_{21}, x_{22}, \cdots, x_{2p} \\ \vdots \\ x_{n1}, x_{n2}, \cdots, x_{np} \end{bmatrix}$$

通常使用距离来度量类簇之间的相异程度。对于 n 个样品 p 个属性变量，将其视为 p 维空间 n 个点，两个对象的靠近程度就是所说的距离。假设给定的数据集 X 中的样本 p 个描述属性都是连续型属性。数据样本 $x_i=(x_{i1}, x_{i2}, \ldots, x_{id})$，$x_j=(x_{j1}, x_{j2}, \ldots, x_{jd})$其中，$x_{i1}, x_{i2}, \ldots, x_{id}$和 $x_{j1}, x_{j2}, \ldots, x_{jd}$分别是样本 x_i 和 x_j 对应描述属性的具体取值。样本 x_i 和 x_j 之间的相异度通常用它们之间的距离 $d(x_i, x_j)$来度量，距离越小，样本 x_i 和 x_j 越相似，相异度越小；距离越大，样本 x_i 和 x_j 越不相似，相异度越大。常用的距离包括 Manhattan 距离、Euclidean 距离和 Chebyshev 距离。每种距离的计算公式如下。

Manhattan 距离：

$$d_1(x_i, x_j) = \sum_{k=1}^{p} \left| x_{ik} - x_{jk} \right|$$

Euclidean 距离：

$$d_2(x_i, x_j) = \left(\sum_{k=1}^{p} \left| x_{ik} - x_{jk} \right|^2 \right)^{\frac{1}{2}}$$

Chebyshev 距离：

$$d_\infty(x_i, x_j) = \max_{k \in \{1, 2, \cdots, p\}} \left| x_{ik} - x_{jk} \right|$$

还有一种称为 Minkowski 距离的测量方式，这种方式可以说是以上 3 种距离的综合表现形式，随着距离计算参数的改变而呈现出 3 种距离的状态，具体来说，Minkowski 距离的计算公式如下：

$$d_q(x_i, x_j) = \left(\sum_{k=1}^{p} \left| x_{ik} - x_{jk} \right|^q \right)^{\frac{1}{q}}$$

其中，$q \in [1, +\infty]$，当 $q=1$ 时，Minkowski 距离称为 Manhattan 距离；当 $q=2$ 时，称为 Euclidean 距离；当 $q \to +\infty$ 时，称为 Chebyshev 距离。

在计算数据样本之间的距离时，可以根据实际需要选择 Euclidean 距离、Manhattan 距离或者 Chebyshev 距离中的一种来作为相似性度量，其中最常用的是 Euclidean 距离。

2. 类簇质心

每一个类簇由若干个点组成，类簇与类簇之间的间隔也称类簇之间的距离，一般用类簇质心（类中所有数据的几何中心点）之间的距离来表示。

6.4.2 算法描述

k-means 算法首先随机选择 k 个对象，每个对象代表一个聚类的质心。对于其余的每一个对象，根据该对象与各聚类质心之间的距离，把它分配到与之最相似的聚类中。然后计算每个聚类的新质心。重复上述过程，直到准则函数收敛。

准则函数一般都采用均方差作为标准测度函数，用它来评价聚类性能。

$$E = \sum_{i=1}^{k} \sum_{p \in C_i} \left| p - m_i \right|^2$$

其中 E 为数据库中所有对象均方差之和，p 代表空间对象的一个点，m_i 为类簇 C_i 的类簇均值点。该准则函数旨在使各聚类本身尽可能地紧凑，而各聚类之间尽可能地分开。

k-means 算法描述如下所示（Xindong Wu, Vipin Kumar，2008）。

输入：数据集 D，聚簇数 k

输出：聚簇代表集合 C，聚簇成员向量 m

/ * 初始化聚簇代表 C */
从数据集 D 中随机挑选 k 个数据点
使用这 k 个数据点构成初始聚簇代表集合 C
repeat
/ * 再分数据 */
将 D 中的每个数据点重新分配至与之最近的聚簇均值
更新 m（m_i 表示 D 中第 i 个点的聚簇标识）
/ * 重定均值 */
更新 C（C_j 表示第 j 个的聚簇均值）
until 目标函数收敛

K-mean 算法是解决聚类问题的一种经典算法，简单而且快速。对处理大数据集，该算法具有可伸缩和高效率的特点。因为它的复杂度是 $O(n \cdot k \cdot t)$，其中，n 是所有对象的数目，k 是簇的数目，t 是迭代的次数。通常 $k<<n$ 且 $t<<n$。当结果簇是密集的，而簇与簇之间区别明显时，它的效果较好。K-mean 算法的主要缺点在于：

（1）合理的确定 K 值和 K 个初始类簇中心点对于聚类效果的好坏有很大的影响。必须事先给出 k（要生成的簇的数目），对于不同的初始值，可能会导致不同结果；

（2）对于“噪声”和孤立点数据是敏感的，少量的该类数据能够对平均值产生极大的影响；

（3）因为涉及质心的计算，只能实现聚类结果是球形的聚类分析。

6.4.3 算法的软件实现

K-mean 算法简单有效，weka 提供采用 K-mean 算法聚类的 SimpleKMeans，簇的数目由参数指定，用户可以选择使用欧式距离或曼哈顿距离作为距离度量。本节对 iris 数据集建立起聚类模型，实验数据为 iris。该数据以鸢尾花的特征作为数据来源，数据集包含 150 个数据集，分为 3 类，每类 50 个数据，每个数据包含 4 个属性，是在数据挖掘常用的测试集和训练集。三类分别为 setosa、versicolor、virginica。数据包含 4 个独立的属性，这些属性变量测量植物的花朵，例如萼片和花瓣的长度等。实验步骤如下。

（1）在 weka-Explorer 中打开 iris.arff 文件；

（2）选中 class 属性，单击 remove；

（3）切换到 Cluster。单击“Choose”按钮选择“SimpleKMeans”，这是 weka 中实现 K 均值的算法。单击旁边的文本框，修改“numClusters”即算法中的 k 值。下面的“seed”参数是要设置一个随机种子，依此产生一个随机数，用来得到 K 均值算法中第一次给出的 K 个簇中心的位置。

（4）选中“Cluster Mode”的“Use training set”，单击“Start”按钮。

实验结果分析如图 6-13 所示。（numClusters=5，seed=10）

图 6-13 中各个结果意义如下。

Within cluster sum of squared errors：是评价聚类好坏的标准，数值越小说明同一簇实例之间的距离越小。seed 参数设置不同会导致该数值不同；

Cluster centroids：其后列出了各个簇中心的位置。对于数值型的属性，簇中心就是它的均值（Mean）；

Clustered Instances：是各个簇中实例的数目及百分比。

```
Number of iterations: 9
Within cluster sum of squared errors: 5.130784647061167
Missing values globally replaced with mean/mode

Cluster centroids:
                           Cluster#
Attribute      Full Data          0          1          2          3          4
                   (150)       (27)       (26)       (27)       (50)       (20)
================================================================================
sepallength       5.8433     6.0296       5.55     6.9667      5.006       6.55
sepalwidth         3.054     2.7556     2.5808      3.137      3.418       3.05
petallength       3.7587     4.9444     3.9269     5.8852      1.464      4.805
petalwidth        1.1987     1.7037        1.2        2.2      0.244       1.55


Time taken to build model (full training data) : 0.03 seconds

=== Model and evaluation on training set ===

Clustered Instances

0       27 ( 18%)
1       26 ( 17%)
2       27 ( 18%)
3       50 ( 33%)
4       20 ( 13%)
```

图 6-13　iris 数据集实验结果

6.5　SVM 算法

支持向量机（SVM，Support Vector Machine）是 Cortes 和 Vapnik 于 1995 年首先提出的，它在解决小样本、非线性及高维模式识别中表现出许多特有的优势，并能够推广应用到函数拟合等其他机器学习过程中。目前，该思想已成为最主要的模式识别方法之一，使用支持向量机可以在高维空间构造良好的预测模型。

目前，SVM 算法在模式识别、回归估计、概率密度函数估计等方面都有应用。例如，在模式识别方面，对于手写数字识别、语音识别、人脸图像识别、文章分类等问题，SVM 算法在精度上已经超过传统的学习算法或与之不相上下。

6.5.1　线性可分 SVM

支持向量机（Support Vector Machine，SVM）来源于最为基本的线性分类器。线性分类器通过一个超平面将数据分成两个类别，该超平面上的点满足：

$$\omega^T x+b=0$$

SVM 采用了这种方式，将分类问题简化为确定 $\omega^T x+b$ 的符号，大于 0 为一类，小于 0 为另一类，如何寻找这样的一个最优的超平面是 SVM 要解决的基本问题。下面通过一个例子来解释 SVM 中超平面的概念。

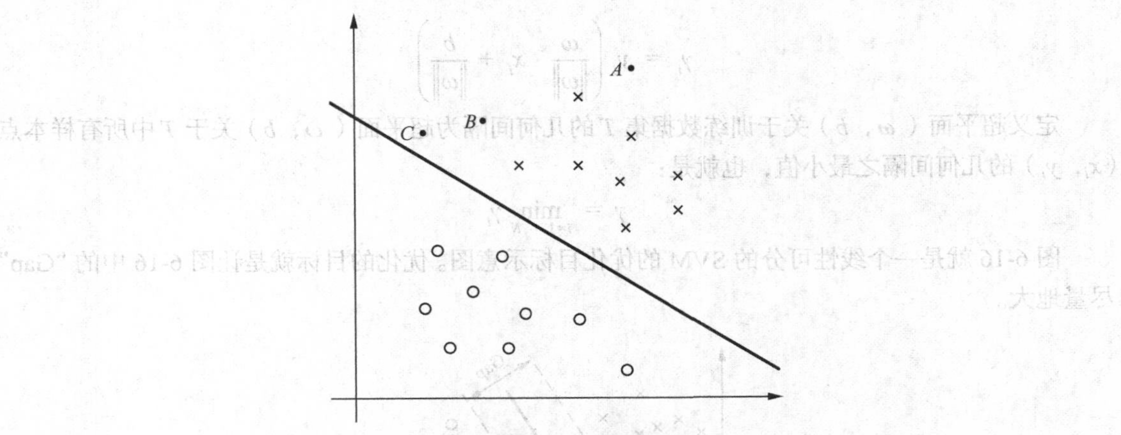

图 6-14　SVM 中的超平面与点

如图 6-14 所示，对于点 A、B、C 来讲，可以认为将 A 并入“×”这一类的置信度是很高的，对于 B 来说，置信度就没有 A 高，但是总体来说还是可信的，但是对于 C 来讲，就很难说是否应该并入“×”这一类。因此，找到一个能够让两类数据都离超平面很远的超平面，就是支持向量最基本的任务。在 SVM 中使用几何间隔来确定距离。

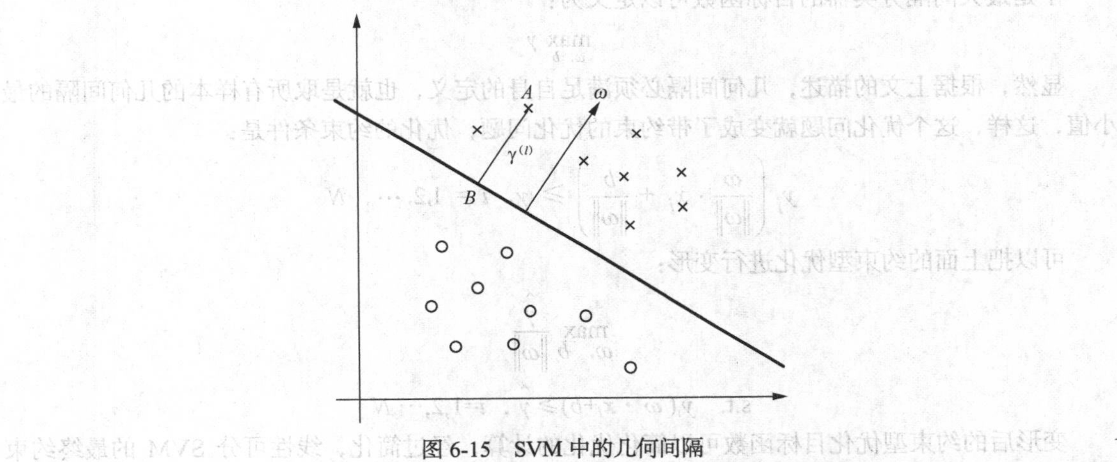

图 6-15　SVM 中的几何间隔

图 6-15 给出了超平面（ω，b）和其法向量 ω。点 A 表示某一实例 x_i，其类标记为 $y_i=\pm1$。点 A 与超平面（ω，b）的距离由线段 AB 给出，记做 γ_i。

$$\gamma_i=\frac{\omega}{\|\omega\|}\cdot x_i+\frac{b}{\|\omega\|}$$

其中，$\|\omega\|$ 为 ω 的 L_2 范数。这是点 A 在相对于超平面类别为“+1”一侧的计算公式。如果点 A 在相对于超平面类别为“−1”的一侧，那么点与超平面的距离为：

$$\gamma_i=-\left(\frac{\omega}{\|\omega\|}\cdot x_i+\frac{b}{\|\omega\|}\right)$$

那么根据上面得出的两个公式，可计算出当一个点被正确地分到一侧时，该点与超平面的距离是：

$$\gamma_i = y_i\left(\frac{\omega}{\|\omega\|}\cdot x_i + \frac{b}{\|\omega\|}\right)$$

定义超平面（ω，b）关于训练数据集 T 的几何间隔为超平面（ω，b）关于 T 中所有样本点（x_i，y_i）的几何间隔之最小值，也就是：

$$\gamma = \min_{i=1,\cdots,N} \gamma_i$$

图 6-16 就是一个线性可分的 SVM 的优化目标示意图。优化的目标就是让图 6-16 中的“Gap”尽量地大。

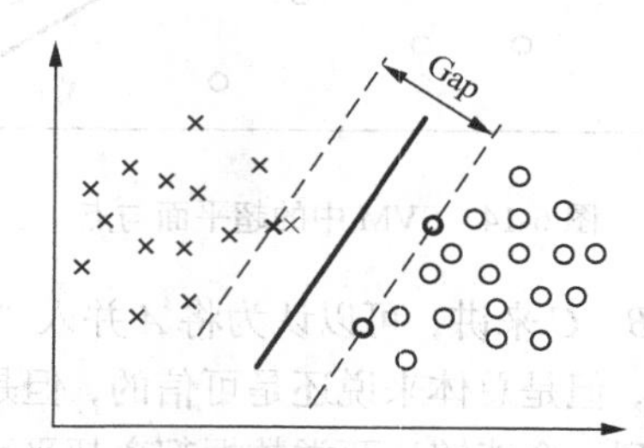

图 6-16　SVM 中的最大间隔

于是最大间隔分类器的目标函数可以定义为：

$$\max_{\omega,\ b} \gamma$$

显然，根据上文的描述，几何间隔必须满足自身的定义，也就是取所有样本的几何间隔的最小值，这样，这个优化问题就变成了带约束的优化问题，优化的约束条件是：

$$y_i\left(\frac{\omega}{\|\omega\|}\cdot x_i + \frac{b}{\|\omega\|}\right) \geqslant \gamma,\ i = 1,2,\cdots,\ N$$

可以把上面的约束型优化进行变形：

$$\max_{\omega,\ b} \frac{\hat{\gamma}}{\|\omega\|}$$

$$\text{s.t.}\quad y_i(\omega \cdot x_i+b) \geqslant \hat{\gamma},\ i=1,2,\cdots,N$$

变形后的约束型优化目标函数可以简化优化的计算，经过简化，线性可分 SVM 的最终约束型优化问题就可以写为：

$$\max_{\omega,\ b} \frac{1}{2}\|\omega\|^2$$

$$\text{s.t.}\quad y_i(\omega \cdot x_i+b)-1 \geqslant 0,\ i=1,2,\cdots,N$$

当求解出了 ω^*，b^*后，就可以得到超平面 $\omega^* \cdot x + b^* = 0$，那么怎么进行分类呢？在线性可分 SVM 中，分类决策的依据就是 $f(x) = \omega \cdot x + b$ 的正负性，写成函数的形式就是 $f(x) = \text{sign}(\omega \cdot x + b)$。

6.5.2　线性不可分 SVM

1．对偶算法

SVM 使用对偶算法求解最优化的问题。通过给每一个约束条件加上一个拉格朗日乘子 $\alpha_i \geqslant 0$，$i=1$，2，…，N，定义拉格朗日函数，然后使用拉格朗日函数进一步简化目标函数，从而只用一个函数表达式便能清楚地表达出问题。

$$L(\omega,b,\alpha)=\frac{1}{2}\|\omega\|^2-\sum_{i=1}^{N}\alpha_i y_i(\omega\cdot x_i+b)+\sum_{i=1}^{N}\alpha_i$$

其中，$\alpha=(\alpha_1,\alpha_2,\cdots,\alpha_N)^T$为拉格朗日乘子向量。

那么，根据拉格朗日对偶性，原始问题的对偶问题是极大极小问题：

$$\max_{\alpha}\min_{\omega,b}L(\omega,b,\alpha)$$

也就是说，通过引入拉格朗日乘子，原始问题变成了一个先求 $L(\omega,b,\alpha)$ 对 ω，b 的极小，再求对 α 的极大的问题。

那么第一步就是求极小，使用数学中求极小的方法，需要先对拉格朗日函数 $L(\omega,b,\alpha)$分别对 ω，b 求偏导数并令其等于 0，这样可以得到：

$$\omega=\sum_{i=1}^{N}\alpha_i y_i x_i$$

$$\sum_{i=1}^{N}\alpha_i y_i=0$$

将上述结果代入拉格朗日函数，就可以得到极小值，即：

$$\min_{\omega,b}L(\omega,b,\alpha)=-\frac{1}{2}\sum_{i=1}^{N}\sum_{j=1}^{N}\alpha_i\alpha_j y_i y_j(x_i\cdot x_j)+\sum_{i=1}^{N}\alpha_i$$

接下来，就可以对上式进行极大值的求解，如果把上式的符号进行改变，也就是取$-(\min_{\omega,b}L(\omega,b,\alpha))$，那么极大问题就转换成求变换符号后的极小问题，这样做的目的是为了与上文中线性可分 SVM 的目标函数一致，也就是：

$$\min_{\alpha}\frac{1}{2}\sum_{i=1}^{N}\sum_{j=1}^{N}\alpha_i\alpha_j y_i y_j(x_i\cdot x_j)-\sum_{i=1}^{N}\alpha_i$$

$$\text{s.t.}\quad\sum_{i=1}^{N}\alpha_i y_i=0$$

$$\alpha_i\geqslant 0,\ i=1,2,\cdots,N$$

利用拉格朗日对偶性的另一个目的是引入非线性分类的方式，也就是非线性 SVM 的核心问题“核函数”。

2. 核函数

图 6-17 就是一个典型的非线性的例子。从图中可以看到，对于三角形和方形两种不同的类别，任何一个超平面都不能将其完整地分开，必然存在大量错误分类的情况。针对于这样的一种情况，SVM 引入了核函数，解决了非线性的问题。

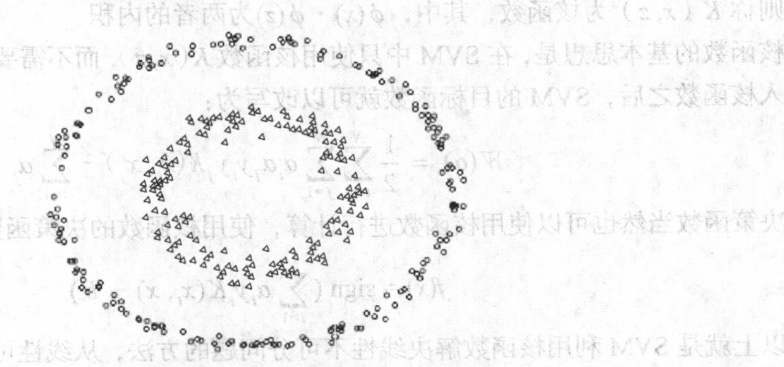

图 6-17 线性不可分问题

SVM 的判别函数是 $f(x)=\omega \cdot x+b$，将对偶问题中求得的 $\omega=\sum_{i=1}^{N}\alpha_i y_i x_i$ 代入 SVM 的判别函数中，可以得到对偶问题中的判别函数的表达形式为：

$$f(x)=\sum_{i=1}^{N}\alpha_i y_i\langle x_i, x\rangle+b$$

这种形式的有趣之处在于，对于新点 x 的预测，只需要计算它与训练数据点的内积即可，这一点至关重要，这是核函数使用的基础。

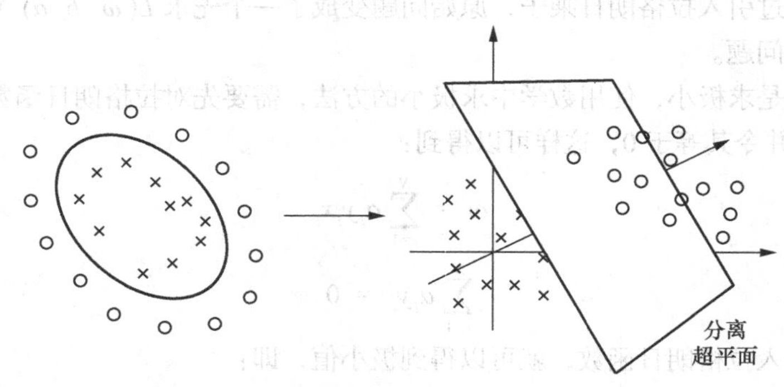

图 6-18　低维空间到高维空间的映射

图 6-18 是处理线性不可分的一种常用的方式。也就是将处在低维的线性不可分的数据通过映射的方式投影到高维的空间中，使这些数据变成线性可分的数据，这样就可以使用线性可分 SVM 进行分类。不妨假设这种映射关系为：

$$\phi(x):X\rightarrow\Psi$$

那么根据上文中提到的内积计算方式，可以很容易得到映射之后的最优化目标函数为：

$$\min_{\alpha}\frac{1}{2}\sum_{i=1}^{N}\sum_{j=1}^{N}\alpha_i\alpha_j y_i y_j\langle\phi(x_i),\phi(x_j)\rangle-\sum_{i=1}^{N}\alpha_i$$

如此看来，通过一个低维到高维的映射，就可以把线性不可分的问题解决了。但事实上，这种方式有很大的运算负担。因此，需要一种能够不进行低维到高维的映射，直接可以在现有维度进行计算的方式来解决线性不可分的问题。这样的一种方法就是所谓的“核函数”。

设 X 是输入空间，又设 Ψ 为特征空间，如果存在一个从 X 到 Ψ 的映射：

$$\phi(x):X\rightarrow\Psi$$

使得所有的 $x,z\in X$，函数 $K(x,z)$ 满足条件

$$K(x,z)=\phi(x)\cdot\phi(z)$$

则称 $K(x,z)$ 为核函数，其中，$\phi(x)\cdot\phi(z)$ 为两者的内积。

核函数的基本思想是，在 SVM 中只使用核函数 $K(x,z)$，而不需要关心映射函数和映射空间。在引入核函数之后，SVM 的目标函数就可以改写为：

$$W(\alpha)=\frac{1}{2}\sum_{i=1}^{N}\sum_{j=1}^{N}\alpha_i\alpha_j y_i y_j K(x_i,x_j)-\sum_{i=1}^{N}\alpha_i$$

决策函数当然也可以使用核函数进行计算，使用核函数的决策函数为：

$$f(x)=\text{sign}\left(\sum_{i=1}^{N}\alpha_i y_i K(x_i,x)+b\right)$$

以上就是 SVM 利用核函数解决线性不可分问题的方法，从线性可分到线性不可分，SVM 的基本思想依然没有变，还是寻找最优的超平面，只是在非线性的时候，需要通过核函数来求解。

3. 松弛变量

松弛变量的引入是为了解决噪音点的问题。对于这种偏离正常位置很远的数据点，称之为outlier。在SVM中，如果数据存在噪声点，并且这些噪声点离超平面很近，会对SVM的分类结果造成非常大的影响。

在图6-19中，用黑圈圈起来的那个点是一个outlier，由于这个outlier的出现，导致分隔超平面不得不被挤歪了，变成图中黑色虚线所示。

为了处理这种情况，SVM允许数据点在一定程度上偏离超平面。例如图6-19中，黑色实线所对应的距离就是该outlier偏离的距离，如果把它移动回来，就刚好落在原来的超平面上，而不会使得超平面发生变形了。这个偏移的距离就是松弛变量。

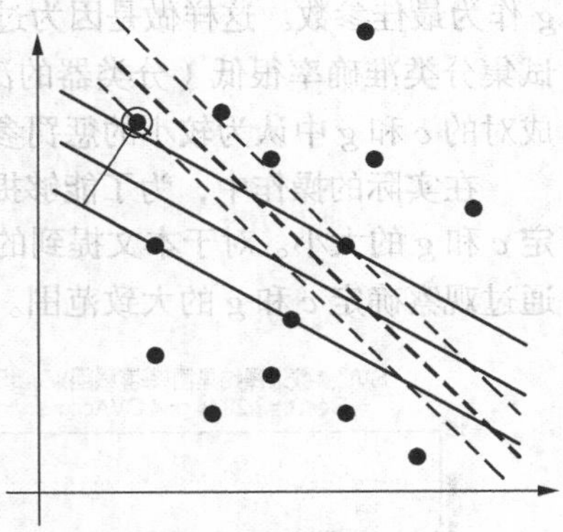

图6-19 SVM中的噪声点

不妨设松弛变量为$\xi_i, i=1,2,\cdots,N$，那么约束优化的条件就变成了：

$$y_i(\omega \cdot x_i + b) \geqslant 1 - \xi_i, i = 1,2,\cdots,N$$

当然了，如果不对松弛变量ξ_i进行限制，而是让其任意大的话，那么这个约束条件就失去了意义。这样显然是不行的，因此，对于松弛变量要让其总和最小，也就是：

$$\min(\frac{1}{2}\|\omega\|^2 + C\sum_{i=1}^{N}\xi_i)$$

其中C是一个参数，用于控制目标函数中两项"寻找几何间隔最大的超平面"和"保证数据点偏差量最小"之间的权重，这个参数也被称作是"惩罚参数"。那么，对于上面得到的加入松弛变量的目标函数进行拉格朗日对偶变型，可以得到加入松弛变量之后的约束型优化问题的公式：

$$\min_{\alpha} \frac{1}{2}\sum_{i=1}^{N}\sum_{j=1}^{N}\alpha_i\alpha_j y_i y_j K(x_i, x_j) - \sum_{i=1}^{N}\alpha_i$$

$$\text{s.t.} \sum_{i=1}^{N}\alpha_i y_i = 0$$

$$0 \leqslant \alpha_i < C,\ i=1,\ 2,\ \cdots,\ N$$

可以发现，引入了松弛变量之后的SVM仅仅是让拉格朗日乘子多了一个限制条件C。而这样的一个SVM就可以有效地对抗噪声点的干扰。

6.5.3 参数设置

1. 优化方法

通过上文已经了解了SVM的基本概念，在实际操作中，需要针对不同的数据集进行相关参数的优化。在SVM中，需要调节的参数包括"惩罚参数"C和"核函数参数"g。通常采用"交叉验证"（Cross-validation，CV）优化参数。采用CV的思想可以在一定程度上得到最优的参数，可以有效避免过学习和欠学习状态的发生，最终对于测试集合的预测得到较理想的准确率。

在本章一开始对于CV方法已经作出了详细的介绍，在SVM的参数优化中，经常使用的是K—CV的方法，下面就通过一个实例进行讲解。

2. 参数优化实例

使用的数据集是wine数据集，记录的是意大利同一区域里3种不同品种的葡萄酒的化学成分分析，数据里含有 178 个样本，每个样本含有 13 个特征分量，每个样本的类别标签已给。实验中将这些样本进行分组，进行交叉验证。

这里有一个问题需要注意，就是当有多组 c 和 g 都对应最高的分类准确率的时候，应当选择 c 最小的那组的 c 和 g 作为最佳的参数。如果对应最小的 c 有多组 g，则选择搜索到的第一组 c 和 g 作为最佳参数。这样做是因为过高的 c 会导致过学习状态发生，即训练集分类准确率很高而测试集分类准确率很低（分类器的泛化能力降低），所以在能够达到最高验证分类准确率中的所有成对的 c 和 g 中认为较小的惩罚参数 c 是更佳的选择。

在实际的操作中，为了能够提高效率，往往先确定一个大致的范围，再在这个范围中精确确定 c 和 g 的大小。对于本文提到的数据集，首先让 c 和 g 的变化范围都是在 2^{-10}，2^{-9}，…，2^{10} 内，通过观察确定 c 和 g 的大致范围。交叉验证的结果如图 6-20 所示。

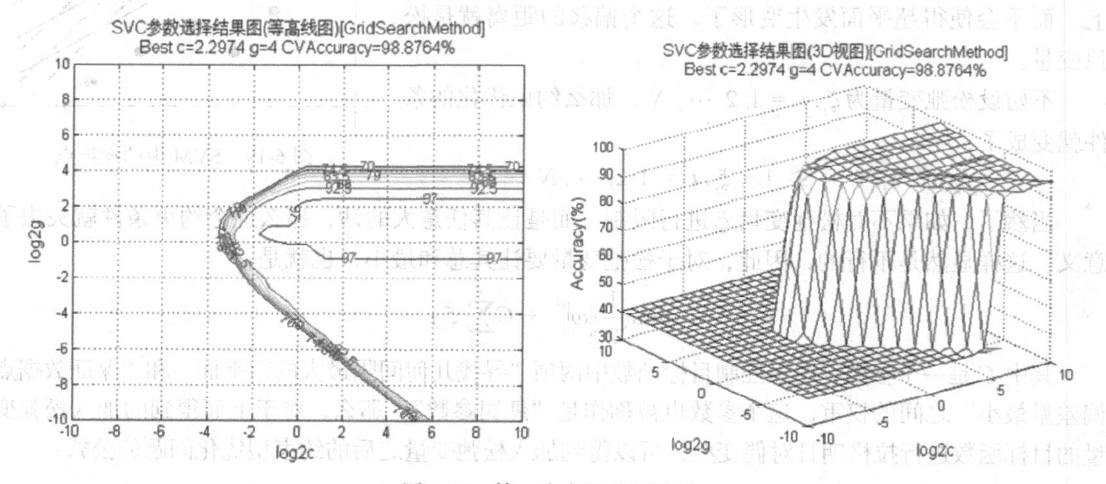

图 6-20　第一次交叉验证结果

图 6-20 中，x 轴表示 c 取以 2 为底的对数后的值，y 轴表示 g 取以 2 为底的对数后的值，等高线表示取相应的 c 和 g 对应的 K—CV 方法的准确率。通过图 6-20 可以看到，c 的范围可缩小到 $2^{-2}\sim 2^{-4}$，g 的范围可以缩小到 $2^{-4}\sim 2^{4}$，下面就在此基础上再进行精确的选择。这样可以很好地提高算法的效率。精确选择的结果如图 6-21 所示。

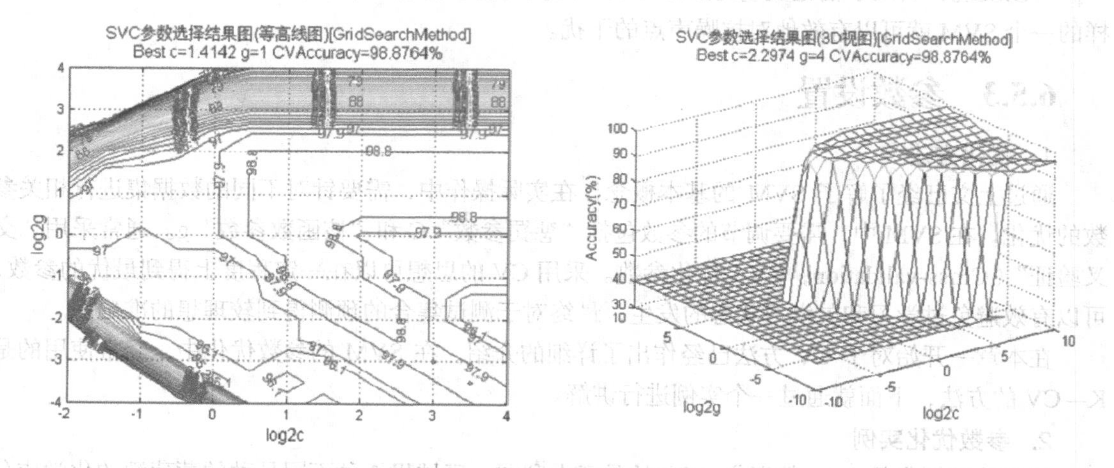

图 6-21　第二次交叉验证结果

从图 6-21 中就可以发现最佳的参数选择是 c=1.414 21，g=1。

6.5.4 SVM 算法的软件实现

实验数据：iris。

实验软件：weka 这个软件本身没有提供 SVM 的程序包，实验中使用的 LIBSVM 软件包是台湾大学林智仁（Lin Chih-Jen）等开发设计的一个简单、易于使用和快速有效的 SVM 模式识别与回归的软件包。需要自己先把 SVM 下载下来，然后再指定好 libsvm.jar 的路径，weka 才可以正常地使用 libSVM。

实验步骤如下。

（1）下载 LibSVM。利用 http://www.csie.ntu.edu.tw/~cjlin/libsvm/. 下载页面上提供的.zip 压缩包，解压缩到指定目录；

（2）设定 libsvm.jar 到 CLASSPATH。即在 CLASSPATH 中添加 libsvm.jar 所在的路径。把 libsvm.jar 文件放到 weka 的安装目录下。然后打开 runweka.ini 这个文件，把 cmd_default=javaw -Xmx#maxheap# -classpath "%#此前在首页部分显示#CLASSPATH%;#wekajar#" #mainclass# 修改为 cmd_default=javaw -Xmx#maxheap# -classpath "%CLASSPATH%;#wekajar#; libsvm.jar" #mainclass#，然后直接运行 runweka.bat，打开 Explorer，可以在 Classify 的 Classifier-function 中找到 LibSVM，像使用其他 Classifier 一样使用它就可以了；

（3）打开 breast-cancer.arff 文件，切换到 classify 面板；

（4）选择 functions->libSVM 分类器；

（5）Test options 选择默认的十折交叉验证；

（6）单击“start”按钮，启动实验；

（7）在右侧的 Classifier output 分析实验的结果。

实验结果如图 6-22 所示。

```
=== Classifier model (full training set) ===

LibSVM wrapper, original code by Yasser EL-Manzalawy (= WLSVM)

Time taken to build model: 0.27 seconds

=== Stratified cross-validation ===
=== Summary ===

Correctly Classified Instances         145               96.6667 %
Incorrectly Classified Instances         5                3.3333 %
Kappa statistic                          0.95
Mean absolute error                      0.0222
Root mean squared error                  0.1491
Relative absolute error                  5      %
Root relative squared error             31.6228 %
Total Number of Instances              150

=== Detailed Accuracy By Class ===

               TP Rate   FP Rate   Precision   Recall  F-Measure   ROC Area  Class
                 1         0         1          1         1          1        Iris-setosa
                 0.92      0.01      0.979      0.92      0.948      0.955    Iris-versicolor
                 0.98      0.04      0.925      0.98      0.951      0.97     Iris-virginica
Weighted Avg.    0.967     0.017     0.968      0.967     0.967      0.975

=== Confusion Matrix ===

  a  b  c   <-- classified as
 50  0  0 |  a = Iris-setosa
  0 46  4 |  b = Iris-versicolor
  0  1 49 |  c = Iris-virginica
```

图 6-22 iris 数据集 SVM 分类结果

本实验使用 wine 数据集对核函数的使用效果进行测试。图 6-23 给出 wine 数据集的分维可视图。

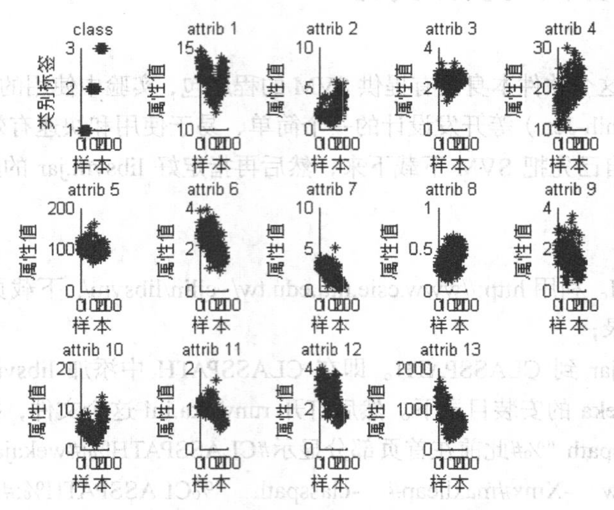

图 6-23　wine 数据集的分维可视图

在这 178 个样本中，第 1～59 个样本属于第一类（类别标签为 1），第 60～130 个属于第二类（类别标签为 2），第 131～178 个属于第三类（类别标签为 3）。实例中将每个类别分成两组，重新组合数据，一部分作为训练集，一部分作为测试集。

图 6-24 就是使用 SVM 进行分类后的结果图。可以发现，SVM 将 3 种葡萄酒进行了分类，分类的准确率很高，只有第二个类别中有一个被错误地分到第 3 个类别中。因此，可以说明 SVM 在实际应用中可以很好地完成分类任务。

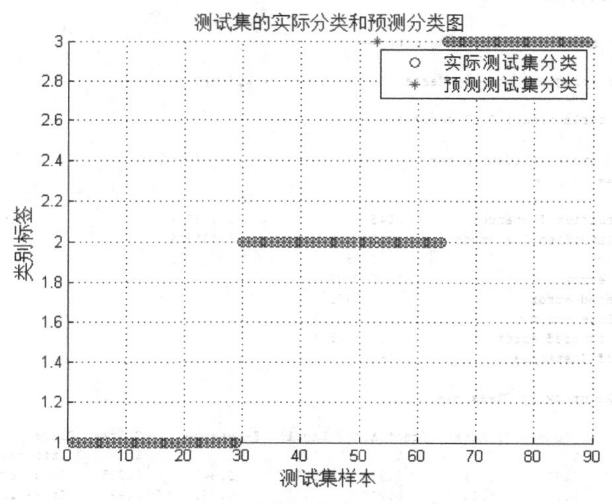

图 6-24　wine 数据集 SVM 分类结果图

对于这个实例可以进行一下扩展。核函数的种类有很多，最为常用的是高斯核函数。高斯核函数可以应用的范围很广，一般都采用高斯核进行运算。不过，有时候其他种类的核函数也能够达到高斯核的效果，那么不妨在这个实例中测试一下几个最常用的核函数的分类效果。

除了上文中提到的高斯核，再使用线性核函数、多项式核函数，以及 sigmoid 核函数进行分类测试。在使用不同的核函数的时候，测试集和训练集都是一样的，参数也是一样的，这样保证最终的分类准确率只是受核函数的影响。那么最终的分类结果见表 6-4。

表 6-4　　wine 数据集不同核函数下 SVM 分类准确率

核函数	准确率
线性核	97.752 8%
多项式核	98.876 4%
高斯核	98.876 4%
sigmoid	52.809 0%

从表 6-4 中可以发现，采用多项式核与采用高斯核得到的结果是一样的，也就是对于 wine 数据集，这两种核函数都是可行的。而 sigmoid 核函数的准确率很低，很明显不适合这个数据集。因此，在 SVM 的实际应用中核函数的选择非常重要，错误的核函数会让分类的效果非常不好。

6.6 Apriori 算法

关联规则挖掘是数据挖掘领域的热点，关联规则反映一个对象与其他对象之间的相互依赖关系，如果多个对象之间存在一定的关联关系，那么一个对象可以通过其他对象进行预测。关联规则挖掘一般可分成两个步骤：①找出所有支持度大于等于最小支持度阈值的频繁项集；②由频繁模式生成满足可信度阈值的关联规则。

最著名的关联规则挖掘的方法是 Apriori 算法，该算法的命名源于算法使用了频繁项集性质的先验（Prior）知识。自从 Rakesh Agrawal 等在 1993 年首次提出顾客交易数据库中项集间关联规则挖掘问题后，很多研究人员对此问题进行了大量研究。1994 年，Rakesh Agrawal 和 Ramakrishnan Srikant 在 *Fast algorithms for mining association rules in large databases* 一文中正式提出 Apriori 算法用于挖掘数据库中频繁项集。

6.6.1 基本概念

1. 事务和项

数据挖掘用到的基本数据集记为 D，它是由事务构成的，一般多存储于事务数据库中，表示为 $D=\{t_1, t_2, \ldots, t_m, \ldots, t_q\}$，$t_k(k=1, 2, \ldots, n)$称为事务（transaction）。每一个事务可再细分，表示为 $t_k=\{i_1, i_2, \ldots, i_n, \ldots, i_p\}$，$i_m(m=1, 2, \ldots, p)$称为项（item），即事务是由若干个项组成的集合。每个事务可以用唯一的标识符事务编号 TID 来标识。设 $I=\{i_1, i_2, \ldots, i_p\}$是 D 中全体数据项组成的集合，I 的任意子集 X 称为 D 中的项集（itemset）。若项集中项的个数为 k，称为 k 项集（k-itemset）。**频繁项集**是指出现次数较多的项集。

2. 关联规则

若 X、Y 均为项集，且 $X \subset I$，$Y \subset I$，并且 $X \cap Y=\varnothing$，用蕴含式 $X \Rightarrow Y$ 表示一个关联规则。它表示某些项（X 项集）在一个事务中的出现可推导出另一些项（Y 项集）在同一事务中也出现 。这里，"⇒" 称为 "关联" 操作，X 称为关联规则的前提，Y 称为关联规则的结果。

3. 支持度

支持度表示该数据项在事务中出现的频度。数据项集 X 的支持度 support(X)是 D 中包含 X 的

事务数量与 D 的总事务数量之比，如下公式所示。

$$\text{Support}(x)=\frac{\text{count}(x)}{\text{count}(D)}$$

关联规则 $X\Rightarrow Y$ 的支持度等于项集 $X\cup Y$ 的支持度，如下公式所示。

$$\text{Support}(X\Rightarrow Y)=\text{Support}(X\cup Y)=\frac{\text{count}(X\cup Y)}{\text{count}(D)}$$

如果 support(X)大于等于用户指定的**最小支持度** minsup，则称 X 为**频繁项目集**，否则称 X 为**非频繁项目集**。

4. 置信度

置信度也称为可信度，规则 $X\Rightarrow Y$ 的置信度表示 D 中包含 X 的事务中有多大可能性也包含 Y。表示的是这个规则确定性的强度，记作 confidence($X\Rightarrow Y$)。通常，用户会根据自己的挖掘需要来指定**最小置信度**阈值，记为 minconf。

$$\text{confidence}(X\cup Y)=\frac{\text{support}(X\cup Y)}{\text{support}(X)}\tag{6-1}$$

如果数据项集 X 满足 support(X) ≥ minsup，则 X 是频繁数据项集。若规则 $X\Rightarrow Y$ 同时满足 confidence($X\Rightarrow Y$) ≥ minconf，则称该规则为强关联规则，否则称为弱关联规则。一般由用户给定最小置信度阈值和最小支持度阈值。发现关联规则的任务就是从数据库中发现那些置信度、支持度大于等于给定最小阈值的强关联规则。

5. 关联规则性质

从基本概念的定义中得到关联规则具有如下性质：

性质 1 非频繁项集的超集一定是非频繁的。即如果 X 是非频繁项集，且 $X\subseteq Y$，则 Y 也是非频繁项集；

性质 2 频繁项集的所有非空子集都必须也是频繁的。即如果 Y 是频繁的，且 $X\subseteq Y$，$X\neq\varnothing$ 成立，则 X 也一定频繁项集。

性质 3 任意一个项集的支持度不小于其超集的支持度。即如果 $X\subseteq Y$，则 support(X)≥ support(Y)。

这是因为根据定义，假设项集 I 的支持度小于最小支持度阈值（minsup），则 I 不是频繁的，如果把项 A 添加到 I，则结果项集（$A\cup I$）不可能比 I 出现更频繁，因此，结果项集也不是频繁的。假设事务 T 是频繁项集，则一定得到 support($I-A$)≥support(I)，即频繁项集的非空项集一定是频繁的。反之却不可能成立。

6.6.2 Apriori 算法

Apriori 算法的核心是基于两阶段频繁项集的递推算法。挖掘出来的关联规则属于单维、单层、布尔关联规则。在具体实现时，Apriori 算法将发现关联规则挖掘过程分解为两个步骤：

（1）通过迭代，检索出事务数据库中所有频繁项集。即找出事务数据库 D 中所有大于等于用户指定最小支持度阈值的项目集（itemset）。

（2）利用频繁项目集挖掘出满足用户需要的强关联规则。即找出那些支持度和置信度大于等于用户给定的支持度和置信度阈值的关联规则。

在挖掘关联规则的整个执行过程中第一步，即寻找频繁项集是关联挖掘的核心，也占据了整个计算量的大部分，决定了挖掘关联规则的总体性能。这是因为有 m 个项形成的不同项集的数目

可达到 2^m-1 个，尤其在海量数据库中，是一个 NP 难度问题。第二步则相对容易，因为它只需要在第一步找到的频繁项集的基础上列出所有可能的关联规则，同时，找出满足支持度和置信度要求的强关联规则即可。由于频繁项集已经满足了支持度的要求，因此只需要判断置信度是否满足要求就可以得出结果。

为了便于理解，表 6-5 列出了在伪代码中用到的符号解释。

表 6-5 伪代码符号定义

k 项集	含有 *k* 个项的项集
C_k	潜在的频繁项集集合，即候选 k-项集，该集合中每个成员 c 有两个域：项集和支持度计数 count
L_k	表示频繁 k-项集的集合，该集合每个成员有两个域：项集和支持度计数 count，L_k 是满足支持度大于最小支持度的 C_k
Apriori_gen(L_{k-1})	该函数利用 L_{k-1} 为参数，得到 C_k 作为潜在频繁项集集合
Subset(C_k，t)	该函数从 C_k 中筛选出包含在事务 t 中的项集集合
minsup	用户指定的最小支持度

第一步，获取频繁项目集。Apriori 算法运用性质 5.2，通过已知频繁项集构成长度更大的频繁项集，并将其称作"潜在"或者"候选"频繁项集。潜在频繁 k 项集的集合 C_k 是指有可能成为频繁 k 项集的项集组成的集合。以后只需要计算潜在的频繁项集的支持度，而不必计算所有不同项集的支持度，因此在一定程度上减少了计算量。

该算法具体实现过程如下。

（1）首先，获取所有构成的候选 1 项频繁项集集合。通过一次扫描事务数据库 D，得到各个 1 项集的支持度，取支持度不小于最小支持度阈值的项集，得 1 项频繁项集集合 L_1。

（2）由 Apriori_gen(L_1)函数，获得频繁 2 项集 L_2。该过程也经过两个步骤：第一，L_1 通过自连接得到潜在频繁项集集合 C_2；第二，进行第二次数据库 D 扫描，计算 C_2 中候选项集的支持数，把不满足最小支持度的 2 项集删除，得到频繁 2 项集集合，即 L_2。

（3）然后由 Apriori_gen(L_2)获得频繁 3 项集集合 L_3。当集合包含 3 项的时候，需要使用性质 2，对于子集不是频繁项目集的集合进行清理。因为在 K−1 层的时候已经进行过频繁项目集的筛选，所以这一过程耗时很少，这也是 Apriori 使用逐层迭代的原因。如此迭代循环搜索进行下去，直到产生的候选 k 项集集合为空，算法停止。

（4）Apriori 算法得到了所有满足最小支持度的频繁项集 $L=L_1\cup L_2\cup L_3\cup\ldots\cup L_k$。

识别频繁项集算法伪代码描述如下所示（Xindong Wu, Vipin Kumar,2008）。

算法：Apriori 识别频繁项集。

输入：事务数据库 D；最小支持度 min_support

输出：D 中的频繁项集 L

```
L1={频繁 1 项集};              //构建频繁项集 1 项集
FOR(k=2; L(k-1) ≠ Φ; k++) do begin//直到不能再生成最大项目集为止
    Ck=Apriori_gen(Lk-1);      //生成含有 k 个元素的候选项目集
    FOR each transactiont ∈ D do begin
        Ct=Subset(Ck, t);//包含在事务 t 中的候选项目集
        FOR each candidatec ∈ Ct do
            c.count ++;        //包含在事务 t 中 k 项集，支持度计数加 1
```

```
    end;
    Lk = { c ∈ Ct| c. count ≥ minsup }
  end ;
  result  L∪=Lk;
```

其中，候选集产生函数 Apriori_gen(L_k)函数是该算法的核心，其参数 L_{k-1} 代表所有频繁(k−1)项集的集合，它返回值是所有频繁 k 项集的候选集。为了生成频繁 k 项集构成的集合 L_k，首先，生成一个候选频繁 k 项集集合 C_k。C_k 由函数参数 L_{k-1} 子连接运算得到。子连接运算就是合并不同的项目集，与集合运算中的"并集"运算是一样的。具体来说，若 p，$q \in L_{k-1}$，$p=\{p_1, p_2, \ldots, p_{k-2}, p_{k-1}\}$，$q=\{q_1, q_2, \ldots, q_{-2}, q_{k-1}\}$，并且当 $1 \leqslant i<k-1$ 时，$p_i=q_i$，当 $i=k-1$ 时，$p_{k-1} \neq q_{k-1}$，则 $p \cup q=\{p_1, p_2, \ldots, p_{k-2}, p_{k-1}, q_{k-1}\}$。然后，将 C_k 中不是频繁项集的项删除，得到频繁 k-项集。C_k 很庞大时会带来巨大的计算量，为了减少 C_k 的规模，利用 Apriori 性质 2，候选 k-项集的某个(k-1)-项子集不是频繁项集时，则该候选 k-项集不可能是频繁项集，直接从 C_k 中删除。最后，扫描数据库 D，计算 C_k 中各个项集的支持度，剔除不满足最小支持度的项集，即形成频繁 k-项集构成的集合 L_k。

产生候选频繁 k-项集的算法描述如下所示（Xindong Wu, Vipin Kumar,2008）。

算法：apriori_gen(L_{k-1})，以频繁（k-1）项集合 L_{k-1} 作为参数，产生候选频繁 k-项集合。

输入：L_{k-1}，事务数据库 D；最小支持度 minsup

输出：候选频繁 k-项集集合 C_k

```
apriori_gen(Lk-1)
FOR each itemset p ∈  Lk-1 do begin
     FOR each itemset q ∈ Lk-1 do begin//进行子连接
          IF( (p[1]=q[1]) ∧ (p[2]=q[2]) ∧…∧ (p[k-2]=q[k-2]) ∧ (p[k-1]< q[k-1]) )
               c = p join q ;
               IF has_infrequent_subset(c, Lk-1)//删除子集不是频繁项目集的项目
     Then delete c;
               ELSE add c to Ck;
     end;
end;
return Ck ;
```

算法：has_infrequent_subset(c，L_{k-1})，判断 c 的 k-1 项子集是否全部属于 L_{k-1}。

```
has_infrequent_subset(c,  L_(k-1))
FOR each(k-1)-subset s of c   do begin
     IF ( s  ∉  Lk-1 )                    //这里利用上一层循环的结果
          THEN Return TRUE ;
     ELSE Return FALSE;
end;
```

第二步，从频繁项目集中构造置信度不低于最低置信度的关联规则。对于一个频繁项目集 L 和它的子集 S(S⊂L)，如果 support(L)/support(S)大于等于最小置信度度，则关联规则 S⇒(L−S) 就是有效规则，也称作强关联规则。用户根据自己实际需求选择适合的置信度阈值。该步骤相对于第一步较简单，不做过多解释，下面给出过程简单描述和伪代码（Xindong Wu, Vipin Kumar,2008）。

（1）对于每个频繁项集 L，产生其所有非空真子集；

（2）对于每个非空真子集 S，如果 support(L)/support(S)≥minconf，则关联规则 S⇒(L−S) 是有效的。

算法：利用频繁项集生成规则的算法
输入：频繁项集 L_k，最小支持度 minsupp，最小置信度 minconf
输出：关联规则

```
For each 频繁 k-项集 l_k，k>1 do begin
   H_1={l_k 中规则的结果}
   call ap_genrules(l_k，H_1);
end;
```

算法：ap_genrules(l_k，H_1)
输入：频繁 k-项集 l_k，H_m：m 个项目的结果的集合
输出：需要的关联规则以及它们对应的支持度和信任度

```
if (k>m+1) then begin
      H_{m+1}= apriori_gen(H_m);
      for all h_{m+1} ∈ H_{m+1} do begin
            confidence = support(l_k)/support(h_{m+1});   //计算置信度
            if(confidence≥minconf) then   //判断置信度是否大于等于阈值
                  output 规则 h_{m+1} ⇒ (l_k−h_{m+1})
                        with confidence = confidence and support=support(l_k)
            else
                  delete h_{m+1} from H_{m+1}//去掉置信度小于阈值的项目集
            end;
   call ap_genrules(l_k，H_{m+1});
end;
```

6.6.3　Apriori 算法示例

啤酒与尿布的故事是数据挖掘的经典例子，即数据挖掘发现大部分购买尿布的超市购物者还会买啤酒。在此，用一个虚拟交易数据来说明 Apriori 算法的具体过程。设事务有一数据库 D，其中有 4 个事务记录见表 6-6。

表 6-6　购物交易记录

TID	Items
T1	I_1，I_3，I_4
T2	I_2，I_3，I_5
T3	I_1，I_2，I_3，I_5
T4	I_2，I_5

首先统计出一维项目集 C_1。这里预定义最小支持度 minsupp=2，侯选项目集中满足最小支持度要求的项目集组合成最大的 L_1。为生成频繁 2-项集集合侯选集，使用了 apriori_gen() 函数，即 L_1 join L_1，并删除那些 C_2 的子集不在 L_1 中的项目集，生成了侯选项目集 C_2。搜索 D 中 4 个事务，统计 C_2 中每个侯选项目集的支持度，然后和最小支持度比较，生成 L_2。侯选项目集 C_3 是由 L_2 自连接生成。注意，由于 Apriori 算法使用逐层搜索技术，给定侯选 k-项集后，只需检查它们的(k−1)-项子集是否频繁。此时，从 L_3 中不能再生成频繁 4-项集侯选

集集合，Apriori 算法结束。

图 6-25 就是整个算法的计算过程的图示。

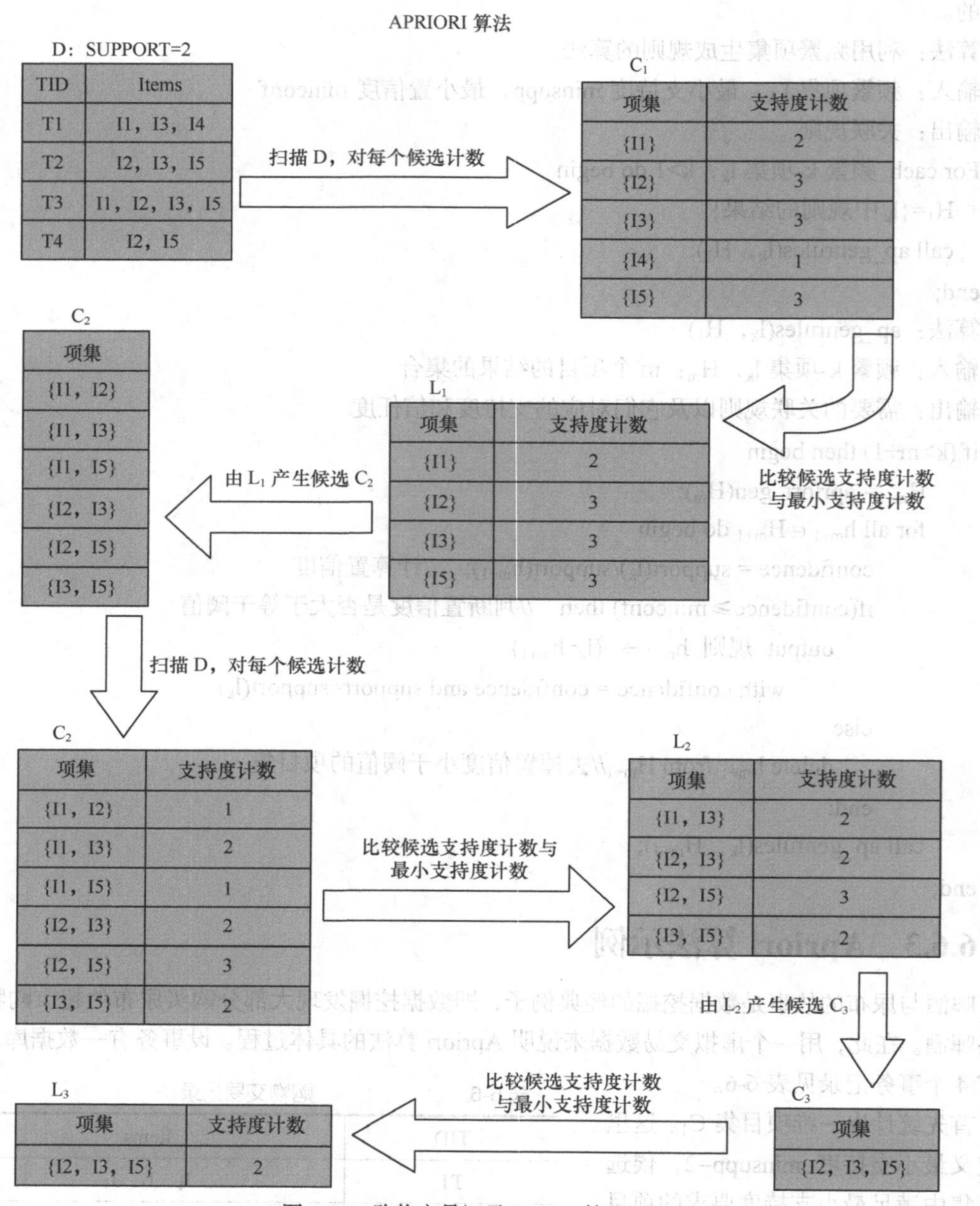

图 6-25　购物交易记录 Apriori 算法过程

从以上的算法执行过程可以看到 Apriori 算法的缺点如下。

第一：在每一步产生侯选项目集时循环产生的组合过多，没有排除不应该参与组合的元素；

第二：每次计算项集的支持度时，都对数据库 D 中的全部记录进行了一遍扫描比较，如果是一个大型的数据库，这种扫描比较会大大增加计算机系统的 I/O 开销。而这种代价是随着数据库的记录的增加呈现出几何级数的增加。

6.6.4 Apriori 算法的软件实现

本节利用 breast-cancer 数据挖掘频繁项集介绍 weka 软件中的 Apriori 算法的软件实现。实验数据来源于南斯拉夫卢布尔雅那肿瘤协会的大学医学中心提供的 breast-cancer，共有 286 个实例和 10 个属性，其中 201 个实例类别为 no-recurrence-events，85 个实例类别为 recurrence-events。

实验步骤如下。

（1）打开 breast-cancer.arff 文件，切换到 associate 面板；

（2）选择 associations->apriori；

（3）单击“start”按钮，启动实验。

实验结果如图 6-26 所示。

```
Apriori
=======

Minimum support: 0.5 (143 instances)
Minimum metric <confidence>: 0.9
Number of cycles performed: 10

Generated sets of large itemsets:

Size of set of large itemsets L(1): 6

Size of set of large itemsets L(2): 6

Size of set of large itemsets L(3): 4

Size of set of large itemsets L(4): 1

Best rules found:

 1. inv-nodes=0-2 irradiat=no Class=no-recurrence-events 147 ==> node-caps=no 145    conf:(0.99)
 2. inv-nodes=0-2 irradiat=no 183 ==> node-caps=no 177    conf:(0.97)
 3. node-caps=no irradiat=no Class=no-recurrence-events 151 ==> inv-nodes=0-2 145    conf:(0.96)
 4. inv-nodes=0-2 Class=no-recurrence-events 167 ==> node-caps=no 160    conf:(0.96)
 5. inv-nodes=0-2 213 ==> node-caps=no 201    conf:(0.94)
 6. node-caps=no irradiat=no 188 ==> inv-nodes=0-2 177    conf:(0.94)
 7. node-caps=no Class=no-recurrence-events 171 ==> inv-nodes=0-2 160    conf:(0.94)
 8. irradiat=no Class=no-recurrence-events 164 ==> node-caps=no 151    conf:(0.92)
 9. inv-nodes=0-2 node-caps=no Class=no-recurrence-events 160 ==> irradiat=no 145    conf:(0.91)
10. node-caps=no 222 ==> inv-nodes=0-2 201    conf:(0.91)
```

图 6-26 breast-cancer 数据集 Apriori 算法实验结果

规则采用“条件 num1=>结论 num2”的形式表示，num1 表示满足条件的实例个数，num2 表示满足整个规则的实例个数，num2 除以 num1 得到 conf，即该规则的置信度。

6.7 EM 算法

期望最大化（Expectation Maximization，EM）是 Dempster、Laind、Rubin 于 1977 年提出的求参数极大似然估计的一种算法，它可以从非完整数据集中对参数进行最大似然估计（Maximum

Likelihood Estimation，MLE），对处理大量的数据不完整问题非常有效。

6.7.1 算法描述

EM 算法在概率模型中寻找参数最大似然估计或最大后验估计，其中概率模型依赖于无法观测的隐藏变量。极大似然估计是概率论在统计学中的一种应用，它是参数估计的方法之一。给定一个概率分布 D，假定其概率密度函数为 f_D，分布参数为θ，可以从这个分布中抽出一个具有 n 个值的采样 $X_1, X_2, \ldots, X_n$，通过f_D，就能计算出其概率：

$$P(x_1, x_2, \ldots, x_n)=f_D(x_1, \ldots, x_n|\theta)$$

当不知道θ值时，可以从这个分布中抽出一个具有 n 个值的采样 $X_1, X_2, \ldots, X_n$，然后用这些采样数据来估计θ。

最大似然估计在所有可能的θ取值中寻找一个值，使这个采样的“可能性”最大化。采样可能性最大的$\hat{\theta}$值，被称为θ的最大似然估计。

EM 的基本思想是：随机选取初始化待估计的参数值$\theta^{(0)}$，然后不断迭代寻找更优的$\theta^{(n+1)}$使得其似然函数 likelihood 或 log-likelihood（用 $L(\theta^{(n+1)})$来表示），比原来的 $L(\theta^{(n)})$更大。即现在已经得到了$\theta^{(n)}$，想求$\theta^{(n+1)}$使得：

$$\theta^{(n+1)}=\max L(\theta)-L(\theta^{(n)})$$

式中，$L(\theta)=\log p(x,H|\theta)$，其中 x 表示已观察到的随机变量。现在转向完整数据的似然函数。完整数据（Complete Data）是包含隐变量（Latent Variable）的数据。与 $L(\theta)$不同的是：

$$L_c(\theta)=\log p(X,H|\theta)$$

注意上式多了一个隐变量 H 在其中。$L_c(\theta)$与 $L(\theta)$的关系为：

$$L_c(\theta)=\log p(X,H|\theta)= \log p(X|\theta)+\log p(H,X|\theta)= L(\theta)+\log p(H,X|\theta)$$

引入上述概念后，则有：

$$L_c(\theta)-L_c(\theta^{(n)})= L_c(\theta)-L_c(\theta^{(n)})+\log p(X|H,\theta^{(n)})/\log p(H|X,\theta)$$

对上式两边同时求关于 $p(X|H,\theta^{(n)})$的期望，得：

$$L(\theta)-L(\theta^{(n)})=\sum\nolimits_H L_c(\theta)p(X\mid H,\theta^{(n)})-\sum\nolimits_H L_c(\theta^{(n)})p(X\mid H,\theta^{(n)})$$
$$+\sum_H \frac{\log p(X\mid H,\theta^{(n)})}{\log p(X\mid H,\theta)}p(X\mid H,\theta^{(n)})$$

注意上式左边项跟原来是一样的，这是因为 H 没有出现在似然 里面。上式右边最后一项可以看作是关于 $p(X|H,\theta^{(n)})$和 $p(X|H,\theta)$的 KL-divergence，它的值总是非负的。则有：

$$L(\theta)-L(\theta^{(n)})\geqslant\sum\nolimits_H L(\theta)p(X\mid H,\theta^{(n)})-\sum\nolimits_H L_c(\theta^{(n)})p(X\mid H,\theta^{(n)})$$
$$L(\theta)\geqslant\sum\nolimits_H L_c(\theta)p(X\mid H,\theta^{(n)})+L(\theta^{(n)})-\sum\nolimits_H L_c(\theta^{(n)})p(X\mid H,\theta^{(n)})$$

于是，得到 $L(\theta)$的一个下界。EM 算法的思想是不断最大化这个下界，从而不断最大化 。注意到上式中的最后两项跟θ无关，它们被认为是常数，因此，最终任务是最大化：

$$\sum\nolimits_H L_c(\theta)p(X\mid H,\theta^{(n)})=E_{p(X|H,\theta^{(n)})}[L_c(\theta)]$$

上式在 EM 中也被称为“Q-function”，记作 $Q(\theta;\theta^{(n)})$。

综上所述，EM 算法的一般步骤为：

（1）随机选取或者根据某种先验知识来初始化θ^0。

（2）迭代地执行以下两步：

① E-step(expectation)：计算 $Q(\theta;\theta^{(n)})$；

② M-step(maximizationLikelihood)：重新估计参数θ，即求$\theta^{(n+1)}$使得

$$\theta^{(n+1)}=\arg_{\theta}\max Q(\theta;\theta^{(n)})$$

（3）直至$L(\theta)$收敛（即$Q(\theta;\theta^{n})$收敛)的时候才停止，否则继续执行第（2）步。

注意 EM 并不保证收敛到最优解，而是收敛到局部极值点。可以尝试取多次初始值，或者将初始值取到跟最优解较近的位置（先用其他算法估计一个近似值）。

EM 算法是一种迭代型算法，每次迭代包含期望步骤 E（Expectation Step）和最大化步骤 M（Maximum Likelihood Step）。期望步骤 E 是计算期望，利用对隐变量的现有估计值，计算其最大似然估计值；步骤 M 最大化在 E 步上求得的最大似然值来计算参数的值。然后将 M 步上找的参数估计值用于下一个 E 步计算中，不断交替迭代直至收敛。通过交替使用这两个步骤，EM 算法逐步改进模型的参数，使参数和训练样本的似然概率逐渐增大，最后终止于一个局部极大点。

6.7.2 基于 EM 的混合高斯聚类

EM 算法可用于聚类。这里主要介绍基于 EM 的混合高斯模型的聚类算法。假设有一系列观测样本 $X=\{x_1, x_2, \ldots, x_n\}$每个向量$x_i$都是$p$维的矢量,这些观测样本来自一个含有$G$个分量的混合分布，每一个分布都代表一个不同的类别。$f_k(x_i|\theta_k)$表示x_i是第k类的密度函数，θ_k是相应的参数，观测样本X的混合密度可以表示为：

$$\sum\nolimits_{K}^{G}\pi_k f_k(x_i\mid\theta_k)$$

式中，π_k是某一观察值属于第K类的概率。（$\pi_k\geqslant 0;\sum\nolimits_{K}^{G}={}_1\pi_k=1$）

如果分布函数$f_k(x_i|\theta_k)$是多元正态分布，即高斯分布，则此混合聚类的模型即为高斯混合模型（GMM），G个成分即为G个独立同方差的高斯分布。参数θ_k由均值μ_k和协方差矩阵$\sum_k$组成。

设X是一个实例集合，它的分布由k个不同高斯分布的混合所得，x_i是X观测到的一个样本实例,不知道每一个实例属于哪一个高斯分布,因此可以把每一个实例描述成$x_i=\{x_i, z_{i1}, z_{i2}, z_{i3}, \ldots, z_{ik}\}$，其中$x_i$是第$i$个实例的观测值，$z_{i1}$，$z_{i2}$，…，$z_{ik}$表示$k$个正态分布中的哪一个用于生成$x_i$，属于隐藏变量，当$x_i$是由第$j$个正态分布产生时，$z_{ij}=1$，否则$z_{ij}=0$。基于高斯混合模型的 EM 算法流程如图 6-27 所示：

初始化 z_{ik}(可以用一个离散的分类来表示(0-1))
Repeat
　　M-step:由 z_{ik} 计算最大似然参数估计值
　　$n_k\leftarrow\sum\nolimits_{i}^{n}={}_1 z_{ik}$
　　$\pi_k\leftarrow n_k/n$
　　$\mu_k\leftarrow\sum\nolimits_{i}^{n}={}_1 z_{ik}x_i/n_k$
　　$\sum k\leftarrow(\sum\nolimits_{i}^{n}={}_1 z_{ik}(x_i-\mu_k)(X_i-\mu_k)')/n_k$ （取决于模型）
　　（再计算似然函数式）
　　E-step:由 M-step 的参数计算 z_{ik}
　　$z_{ik}\leftarrow(\pi_k f_k(x_i\mid\mu_k,\sum k))/\sum\nolimits_{J}^{G}={}_1 jf_j(x_i\mid\mu_j,\sum j)$
until 满意的收敛标准

图 6-27 高斯混合模型的 EM 算法流程

算法的优势在于，它在一定意义下能可靠地收敛到局部极大，也就是说在一般条件下每次迭代都增加似然函数值。当似然函数值有界时，迭代序列收敛到一个稳定值的上确界。EM 算法的缺点是当缺失数据比例较大时，它的收敛比率较缓慢。

6.7.3 算法的软件实现

本节以 Weka 软件为例对 weather.n 建立起聚类模型。

实验步骤如下：

（1）在 weka-Explorer 中打开 weather.numeric.arff 文件。

（2）选中 play 属性，单击 remove。

（3）切换到 Cluster。单击“Choose”按钮选择“EM”，这是 Weka 中实现 EM 聚类的算法。单击旁边的文本框，修改“numClusters”即算法中的 k 值为 2。下面的“seed”参数是要设置一个随机种子，依此产生一个随机数，选中“Cluster Mode”的“Use training set”，单击“Start”按钮，实验结果如图 6-28 所示。

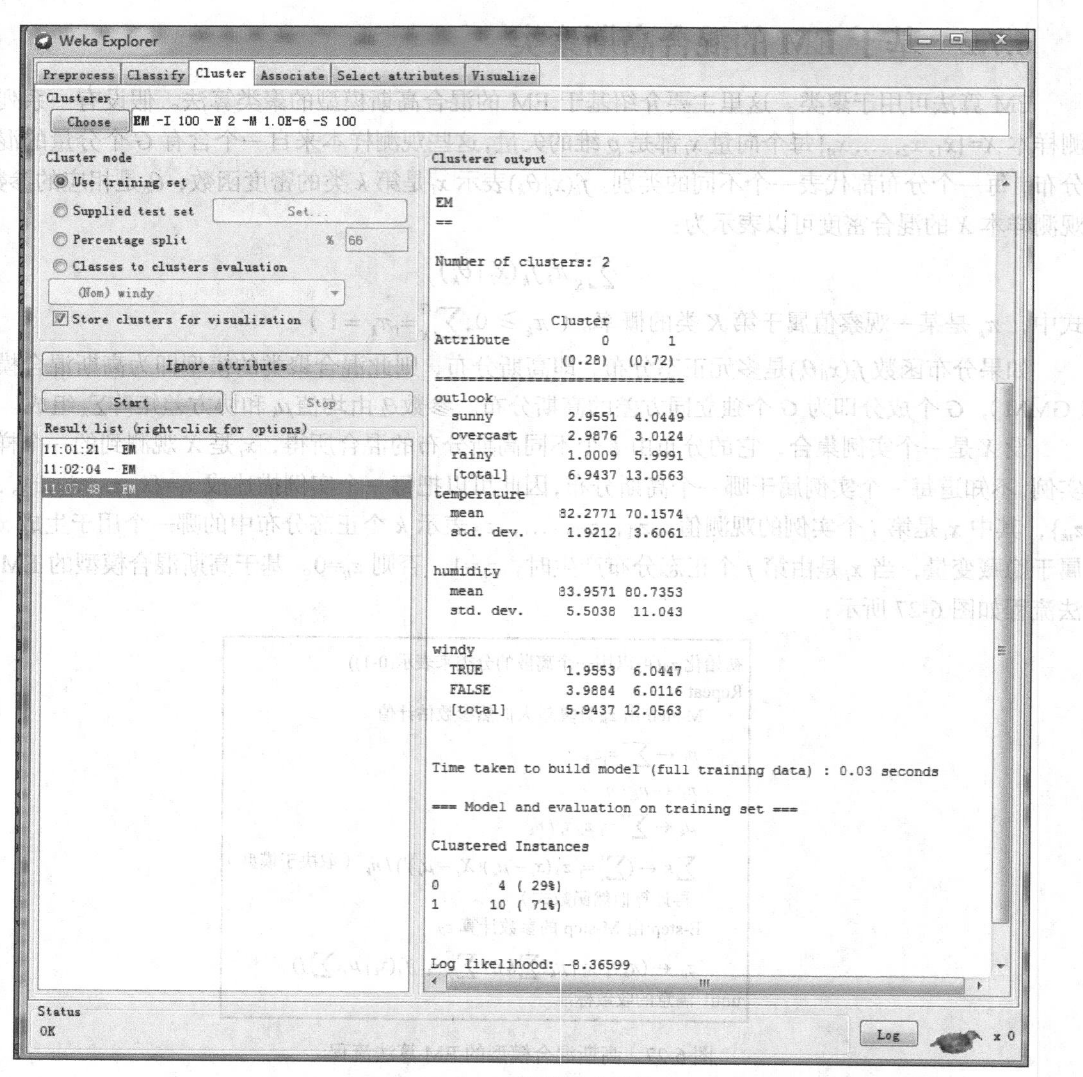

图 6-28 EM 聚类算法结果

在 EM 的处理结果中，每个簇的下方显示其先验概率。表中单元格显示数值属性的正态分布参数或离散属性值的频率计数。输出最后还显示了模型的对数似然值。

6.8 PageRank

PageRank 即网页排名算法，又称网页级别或佩奇排名算法。由 Google 的创始人拉里·佩奇和谢尔盖·布林于 1998 年在斯坦福大学发明并于 1998 年在第七届国际 www 大会上第一次提出，用于体现网页的相关性和重要性。

6.8.1 PageRank 算法发展背景

Web 页面数量巨大，检索结果条目数量众多，用户不可能从众多的结果中一一查找对自己有用的信息，所以，一个好的搜索引擎必须想办法将“质量”较高的页面排在前面。在使用搜索引擎时，用户并不太关心页面是否够全，但是很关心前一两页是否都是质量较高的页面，是否能满足用户的实际需求。因此，对搜索结果按重要性合理地排序就成为搜索引擎的核心问题。

早期很多搜索引擎根本不评价结果重要性，直接按照某自然顺序（例如时间顺序或编号顺序）返回结果。在结果集比较少的情况下用户尚可接受。但是一旦结果集变大，从几万条质量参差不齐的结果中寻找需要的内容非常困难。

随着算法科学的深入研究，一些搜索引擎引入了基于检索关键词方法评价搜索结果的重要性。实际上，这类方法如 TF-IDF 算法在现代搜索引擎中仍在使用，但其已经不是评价质量的唯一指标。在基于检索词的评价方法中，和检索词匹配度越高的页面重要性越高，关键词出现次数越多的页面匹配度越高。以搜索“北京美食”为例：假设 A 页面出现“北京”5 次，“美食”10 次；B 页面出现“北京”2 次，“美食”8 次。于是 A 页面的匹配度为 5 + 10 = 15，B 页面为 2 + 8 = 10，认为 A 页面的重要性高于 B 页面。这种算法作为评价搜索结果的方法存在着严重的不合理性，如内容较长的网页往往更可能比内容较短的网页关键词出现的次数多。因此，后来通过关键词占比，即用关键词出现次数除以页面总词数作为匹配度。

早期一些搜索引擎的确都是基于类似的算法评价网页重要性的。这种评价算法非常容易受到一种叫“词项作弊（term Spam）”技术的攻击。该技术试图通过搜索引擎算法的漏洞来提高目标页面（通常是一些广告页面或垃圾页面）的重要性，使目标页面在搜索结果中排名靠前。如在页面中加入一个隐藏的 html 元素（例如一个 div），其内容是“美食”重复万次。这样，搜索引擎在计算“北京美食”的搜索结果时，“美食”关键词占比就会非常大，从而做到排名靠前的效果。

早期搜索引擎深受这种作弊方法的困扰，加之基于关键词的评价算法本身也不甚合理，因此经常是搜出一堆质量低下的结果，用户体验大大打了折扣。而 Google 在这种背景下，提出了 PageRank 算法。

6.8.2 PageRank 算法描述

PageRank 是一个函数，它对 Web 中的每个网页赋予一个实数值，网页的 Pagerank 值越高，该网页就越重要，其核心思想就是“被越多优质的网页所指的网页，它是优质的概率就越大”。在描述 PageRank 算法前，先介绍相关主要概念。

（1）网页的入链（in-links）：指的是指向该网页的来自于其他网页的超链接，通常不包括来自同一站点内网页的超链接。

（2）网页的出链（out-links）：指的是从该网页指向其他网页的超链接，通常不包括链到同一站点内网页的超链接。

（3）Web 转移矩阵（transition matrix）：用来描述随机冲浪者（上网用户）下一步的访问行为。设网页的数目为 n，则该矩阵是一个 n 行 n 列的方阵。其中 i 行 j 列的值表示冲浪者从页面 j 转到页面 i 的概率。

（4）采集器陷阱：采集器陷阱是指一系列结点，这些结点没有出链指向集合之外，会导致在计算时将所有的 PageRank 都分配到采集器陷阱中。如图 6-29 所示，深色网页的 PageRank 给了浅色网页后，浅色网页就将这些 PageRank 吞掉了。

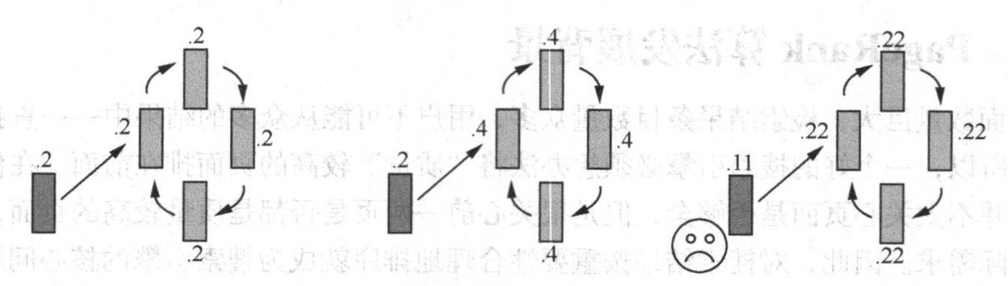

图 6-29　采集器陷阱

当 Web 转移矩阵满足随机、不可约、非周期的条件时，可以将 Web 冲浪表示为一种随机过程——马尔科夫链。每一个网页被看作是马尔科夫链的一个状态，超链接表示状态的转移，即马尔科夫链会以一定的概率从一个状态转到另一个状态。随机冲浪者位置的概率分布恰好就是上文中介绍的 Web 转移矩阵。假定随机冲浪者处于第 N 个网页的初始概率相同，则初始的概率分布向量是一个每维均为 $\frac{1}{N}$ 的 N 维向量 $V_0=\left[\frac{1}{N},\frac{1}{N},\cdots,\frac{1}{N}\right]^T$。假设 Web 转移矩阵为 M，随机冲浪者经过 i 步后位置分布概率为 $(M)^iV_0$，或者表述为每一步都在上一步的基础上左乘 M。这样经过多次迭代，最终会得到一个收敛的结果，那么这个结果就是最终每一个页面的 PageRank。

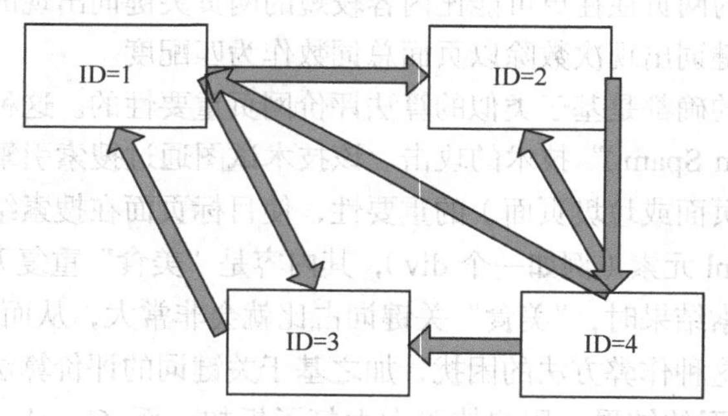

图 6-30　Pagerank 计算演示系统

如图 6-30 所示，如果一个冲浪者进入这个系统中，那么其 Web 转移矩阵 M 为：

$$M=\begin{bmatrix} 0 & 0 & 1 & 1/3 \\ 1/2 & 0 & 0 & 1/3 \\ 1/2 & 0 & 0 & 1/3 \\ 0 & 1 & 0 & 0 \end{bmatrix}$$

由于该网络中总共有 4 个结点，因此初始向量 V_0 中的每个分量都是 1/4，通过不断地左乘 M，依次得到下列的向量序列。

$$\begin{bmatrix}1/4\\1/4\\1/4\\1/4\end{bmatrix}\begin{bmatrix}8/24\\5/24\\5/24\\1/4\end{bmatrix}\begin{bmatrix}7/24\\6/24\\6/24\\5/24\end{bmatrix}\begin{bmatrix}26/72\\31/144\\31/144\\6/24\end{bmatrix}\cdots\cdots$$

等到这些向量序列都收敛的时候，计算就停止，得到的结果就是最终每个页面的 PageRank。

在上文中提到了采集器陷阱的问题，这个在计算 PageRank 时是一个必须要解决的问题，来看下面这个系统，如图 6-31 所示。

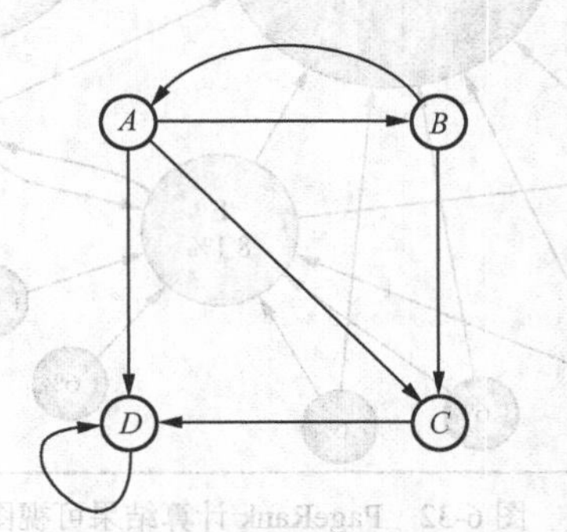

图 6-31　采集器陷阱简图

图 6-31 中，*D* 就是一个典型的采集器陷阱，它只链向自己（注意链向自己也算外链，当然同时也是个内链）。如果对这个图进行计算，会发现 *D* 的 rank 越来越大趋近于 1，而其他节点 rank 值几乎归零。

为了避免采集器陷阱问题，PageRank 采用了“心灵转移”（teleport）的方法。即允许冲浪者能够以一个较小的概率随机跳转（teleport）到一个随机网页，而不一定要沿着当前网页的出链前进。根据前面的 PageRank 估计值 v 和转移矩阵 M 估计新的 PageRank 估计值 v' 的迭代公式为：

$$v' = \beta M v + (1-\beta) e/n$$

其中β是个选定常数，通常取值在 0.8 到 0.9 之间。e 是一个所有分量都为 1、维数为 n 的向量，n 是图中结点的数目。βMv 表示随机冲浪者以概率β从当前网页选择一个出链前进的情况，$(1-\beta)e/n$ 是一个所有分量为$(1-\beta)e/n$ 的向量，代表一个新的随机冲浪者以$(1-\beta)$的概率随机选择一个网页进行访问。由于$(1-\beta)e/n$ 不依赖向量 v 的分量之和，因此，冲浪者总有部分概率处于 Web 访问过程中。即使存在采集器陷阱，v 的分量之和可能会小于 1，但永远不会为 0。

取 β=0.8，对于图 6-31 所示的系统，采用心灵转移方法，则可以得到新的 PageRank 迭代公式为：

$$v' = \begin{bmatrix}0 & 2/5 & 0 & 0\\4/15 & 0 & 0 & 0\\4/15 & 2/5 & 0 & 0\\4/15 & 0 & 4/5 & 4/5\end{bmatrix} v + \begin{bmatrix}1/20\\1/20\\1/20\\1/20\end{bmatrix}$$

以上就是 PageRank 的基本概念及计算过程，下面通过一个实际的例子让大家加深对于 PageRank 的理解。图 6-32 是一个来自 WikiPedia 的图，每个球代表一个网页，球的大小反映了网页的 PagRrank 值的大小。在图中，可以发现有很多的链接都指向了网页 B 和 E，因此，B 和 E 的 PageRank 值都较高。但是需要注意，网页 C 虽然并没有很多链接，但是最为重要的网页 B 指向了网页 C，所以网页 C 的 PageRank 值比网页 E 还要高。这就说明 PageRank 真正描述的不只是一个网页链接的数量，更重要的是描述一个网页是否被重要的网页指向。只有那些被重要的网页指向的网页，才有较高的 PageRank 值，最终在搜索结果中排名靠前。

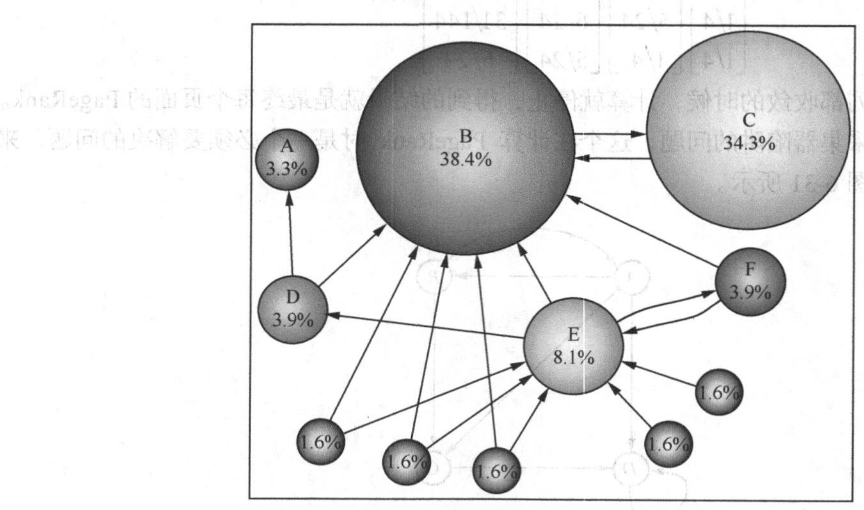

图 6-32　PageRank 计算结果可视图

6.8.3 PageRank 算法发展

PageRank 在实际应用中遇到了一些问题，随着这些问题的解决，PageRank 也在不断地向前发展。这里主要介绍一下 Topic-Sensitive PageRank 和 Timed-PageRank。

在上文中所说的"网页重要性"其实没一个标准答案，对于不同的用户，甚至有很大的差别。例如，当搜索"苹果"时，一个数码爱好者可能是想要看 iPhone 的信息，一个果农可能是想看苹果的价格走势和种植技巧，而一个小朋友可能在找苹果的简笔画。理想情况下，应该为每个用户维护一套专用向量，但面对海量用户这种方法显然不可行。所以搜索引擎一般会选择一种称为 Topic-Sensitive 的折中方案。Topic-Sensitive PageRank 的做法是预定义几个话题类别，例如体育、娱乐、科技等，为每个话题单独赋予一个向量，然后想办法关联用户的话题倾向，根据用户的话题倾向排序结果。

Topic-Sensitive PageRank 分为以下几步。

（1）确定话题分类。一般来说，可以参考 Open Directory（DMOZ）的一级话题类别作为 topic。目前 DMOZ 的一级 topic 有：Arts（艺术）、Business（商务）、Computers（计算机）、Games（游戏）、Health（医疗健康）、Home（居家）、Kids and Teens（儿童）、News（新闻）、Recreation（娱乐修养）、Reference（参考）、Regional（地域）、Science（科技）、Shopping（购物）、Society（人文社会）、Sports（体育）。

（2）网页 topic 归属。这一步需要将每个页面归入最合适的分类，具体归类有很多算法，例如可以使用 TF-IDF 基于词素归类，也可以聚类后人工归类，这一步最终的结果是每个网页被归到其中一个 topic。

（3）对于每个 topic 进行向量计算。

（4）确定用户 topic 倾向。最后一步就是在用户提交搜索时，确定用户的 topic 倾向，以选择合适的 rank 向量。主要方法有两种：一种是列出所有 topic，让用户自己选择感兴趣的项目，这种方法在一些社交问答网站注册时经常使用；另外一种方法就是通过某种手段（如 cookie 跟踪）

跟踪用户的行为，进行数据分析判断用户的倾向。

基本的 PageRank 算法是静态的，其评分只考虑网页的链接。但 Web 环境是动态变化的，过去被认为是高质量的网页在未来未必是高质量的。Timed-PageRank 算法是对 PageRank 算法的改进，在 PageRank 算法的基础上增加了一个时间维度。该算法的关键在于控制因子，该算法引入一个时间函数 $f(t)$（$0<=f(t)<=1$）来“惩罚”陈旧的网页和链接，其他和基本的 PageRank 算法是一样的。

6.9 Adaboost 算法

Adaboost 算法是机器学习中一种比较重要的迭代算法，其核心思想是针对同一个训练集训练不同的分类器（弱分类器），然后把这些弱分类器集成起来，构成一个更强的最终分类器（强分类器）。其算法本身是通过改变数据分布来实现的，它根据每次训练集中每个样本的分类是否正确，以及上次的总体分类的准确率，来确定每个样本的权值。将修改过权值的新数据集送给下层分类器进行训练，最后将每次训练得到的分类器集成起来，作为最后的决策分类器。使用 Adaboost 分类器可以排除一些不必要的训练数据，侧重于比较关键的训练数据。就目前而言，对 Adaboost 算法的研究以及应用大多集中于分类问题，在一些回归问题上也有所应用。该算法已被广泛应用于人脸表情识别、图像检索等领域中。

6.9.1 集成学习

在机器学习领域，集成学习（ensemble learning，又称组合学习）是一种通用的学习方法，通过聚集多个分类器的预测来提高分类准确率。集成学习由训练数据构建一组基分类器（base classifier），然后通过每个基分类器预测的投票来进行分类。由于训练样本的可变性是分类器误差的主要来源，通过聚集在不同的训练集上构建的基分类器有助于减少这种类型的误差。集成方法对于不稳定的分类器的提升效果较好，不稳定的分类器是指对训练集微小变化敏感的分类器，包括决策树、基于规则的分类器和人工神经网络等。

集成算法的一般过程如图 6-33 所示。

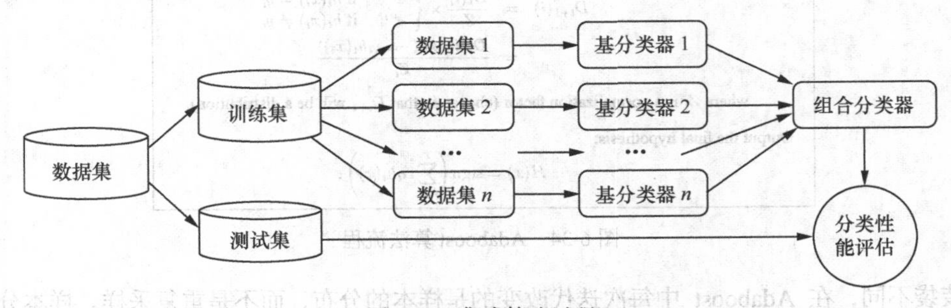

图 6-33 集成算法过程

有多种构建集成分类器的方法，装袋（bagging）和提升（boosting）是两种处理训练数据集的集成方法。这两种方法根据某种决定某个样本抽取得到的可能性大小的抽样分布，通过对原始数据进行抽样来得到多个训练集，然后使用特定的学习算法为每个训练集构建一个分类器。

袋装是一种根据均匀概率分布从数据集中重复抽样（有放回）的技术。每个样本集和原始数据集一样大。由于抽样过程是有放回的，因此一些样本可能在同一个训练数据集中出现多次，而其他一些可能被忽略。该方法的主要过程如下：

（1）重复地从一个样本集合 D 中进行 n 次有放回的随机抽样，得到一个子样本集；

（2）对每个子样本集，进行统计学习，获得假设 Hi；

（3）将若干个假设进行组合，形成最终的假设 Hfinal；

（4）将最终的假设用于具体的分类任务。

提升是一个迭代过程，用来自适应地改变训练样本的分布，使基分类器聚焦在那些被错分的样本上。提升给每一个训练样本赋一个权值，在每一轮提升过程结束时自动地调整权值。训练样本的权值主要作用于以下两个方面：

（1）用作抽样分布，从原始数据集中抽取样本集；

（2）基分类器使用权值，学习偏向于高权值样本的模型。

现在已有多种提升算法的实现，这些算法的主要差别在于更新样本权重的算法和如何汇集各个分类器的预测。

6.9.2 Adaboost 算法描述

Adaboost 是使用最为广泛的提升方法，Adaboost 算法的主要框架可以描述为：

（1）循环迭代多次，更新样本分布，寻找当前样本下的最优弱分类器，计算弱分类器的误差率；

（2）聚合多次训练的弱分类器。

图 6-34 中展示了完整的 Adaboost 算法。

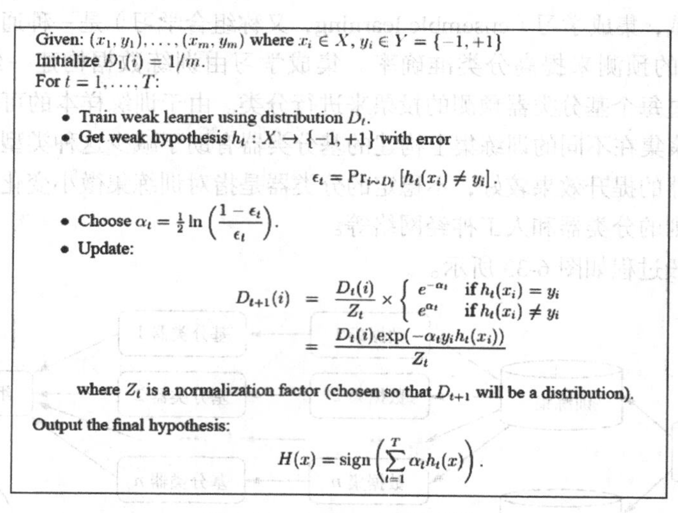

Given: $(x_1, y_1), \ldots, (x_m, y_m)$ where $x_i \in X$, $y_i \in Y = \{-1, +1\}$
Initialize $D_1(i) = 1/m$.
For $t = 1, \ldots, T$:

- Train weak learner using distribution D_t.
- Get weak hypothesis $h_t : X \to \{-1, +1\}$ with error

$$\epsilon_t = \Pr_{i \sim D_t}[h_t(x_i) \neq y_i].$$

- Choose $\alpha_t = \frac{1}{2}\ln\left(\frac{1-\epsilon_t}{\epsilon_t}\right)$.
- Update:

$$D_{t+1}(i) = \frac{D_t(i)}{Z_t} \times \begin{cases} e^{-\alpha_t} & \text{if } h_t(x_i) = y_i \\ e^{\alpha_t} & \text{if } h_t(x_i) \neq y_i \end{cases} = \frac{D_t(i)\exp(-\alpha_t y_i h_t(x_i))}{Z_t}$$

where Z_t is a normalization factor (chosen so that D_{t+1} will be a distribution).

Output the final hypothesis:

$$H(x) = \operatorname{sign}\left(\sum_{t=1}^{T} \alpha_t h_t(x)\right).$$

图 6-34 Adaboost 算法流程

和装袋不同，在 Adaboost 中每次迭代改变的是样本的分布，而不是重复采样。样本分布的改变取决于样本是否被正确分类。分类正确的样本权值低，分类错误的样本权值高。汇集各个分类器的预测没有采用多数表决的方案，最终的结果是弱分类器的加权组合。权值表示该弱分类器的性能。

Bagging 和 Adaboost 的区别在于 Bagging 中的各个训练集是独立的，而 Adaboost 中的训练集依赖于上一个训练集，Bagging 的每个弱分类器的组合权重是相等的，而 Adaboost 中每个弱分类器组合起来的权重不一样。

Adaboost 算法提供的是框架，可以使用各种方法构建子分类器。当使用简单分类器时，计算出的结果是可以理解的，Adaboost 算法还能有效解决过度拟合的问题。

6.9.3 Adaboost 算法实验

（1）对 labor 数据采用 J48 分类，结果如图 6-35 所示。

```
=== Stratified cross-validation ===
=== Summary ===

Correctly Classified Instances          42               73.6842 %
Incorrectly Classified Instances        15               26.3158 %
Kappa statistic                          0.4415
Mean absolute error                      0.3192
Root mean squared error                  0.4669
Relative absolute error                 69.7715 %
Root relative squared error             97.7888 %
Total Number of Instances               57

=== Detailed Accuracy By Class ===

               TP Rate   FP Rate   Precision   Recall  F-Measure   ROC Area  Class
                 0.7       0.243     0.609      0.7       0.651      0.695    bad
                 0.757     0.3       0.824      0.757     0.789      0.695    good
Weighted Avg.    0.737     0.28      0.748      0.737     0.74       0.695

=== Confusion Matrix ===

  a  b   <-- classified as
 14  6 |  a = bad
  9 28 |  b = good
```

图 6-35 labor 数据集 J48 算法分类结果

（2）采用 adaboost，步骤如下。

① 打开 labor.arff 文件，切换到 classify 面板；

② 选择 meta->adaboostM1 分类器，单击，设置 classifier 值为 J48；

③ 单击“start”按钮，启动实验。

实验结果如图 6-36 所示。

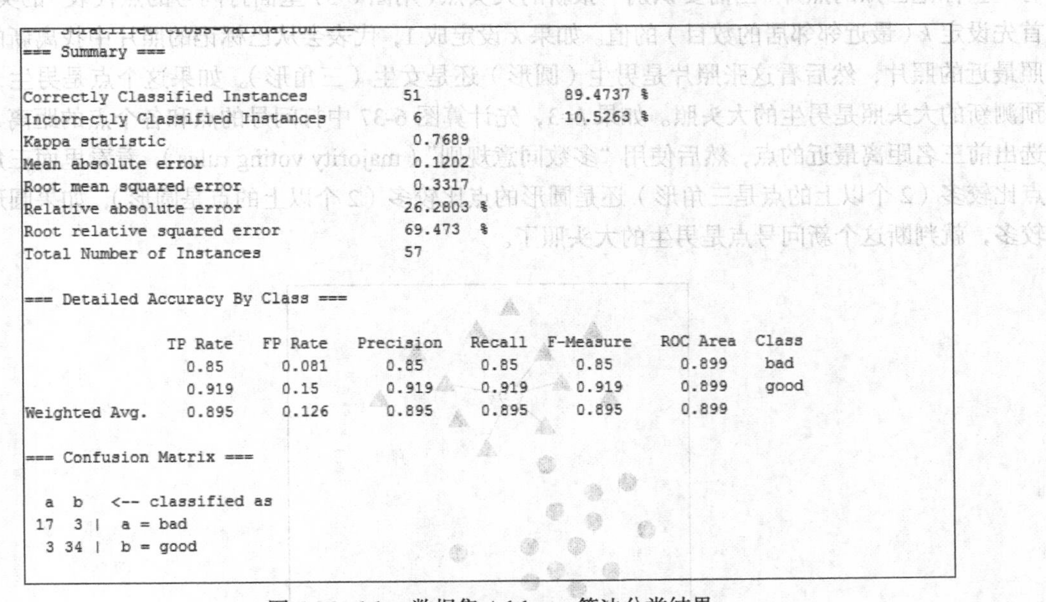

```
=== Stratified cross-validation ===
=== Summary ===

Correctly Classified Instances          51               89.4737 %
Incorrectly Classified Instances         6               10.5263 %
Kappa statistic                          0.7689
Mean absolute error                      0.1202
Root mean squared error                  0.3317
Relative absolute error                 26.2803 %
Root relative squared error             69.473  %
Total Number of Instances               57

=== Detailed Accuracy By Class ===

               TP Rate   FP Rate   Precision   Recall  F-Measure   ROC Area  Class
                 0.85      0.081     0.85       0.85      0.85       0.899    bad
                 0.919     0.15      0.919      0.919     0.919      0.899    good
Weighted Avg.    0.895     0.126     0.895      0.895     0.895      0.899

=== Confusion Matrix ===

  a  b   <-- classified as
 17  3 |  a = bad
  3 34 |  b = good
```

图 6-36 labor 数据集 Adaboost 算法分类结果

通过两个实验结果对比，发现 adaboost 算法将 J48 分类器的分类结果提高了 16%左右。

6.10 KNN 算法

决策树分类框架包含两个部分：第一步是归纳，由训练数据构建分类模型；第二步是演绎，将构建的分类模型应用于测试样本。决策树的学习方法属于积极的学习方法（eager learnner），即先对训练数据学习，得到分类模型，然后对未知数据分类。与之相反的学习策略为消极的学习方法（lazy learnner），即推迟对训练数据的建模，直到需要对未知样本进行分类时才进行建模。kNN 算法——k 最近邻（k-Nearest Neighbor）算法一种典型的消极学习器，其基本思想是：如果一个样本在特征空间中的 k 个最相似（即特征空间中最邻近）的样本中的大多数属于某一个类别，则该样本也属于这个类别，其中所选择的邻居样本是类别已知的训练样本。

该方法在分类决策上只依据最邻近的一个或者几个样本的类别来决定待分样本所属的类别。由于 KNN 方法主要靠周围有限的邻近的样本，对于类域的交叉或重叠较多的待分样本集来说，KNN 方法较其他方法更为适合。

KNN 算法不仅可以用于分类，还可以用于回归。通过找出一个样本的 k 个最近邻居，将这些邻居的属性的平均值赋给该样本，就可以得到该样本的属性。更准确的方法是将不同距离的邻居对该样本产生的影响给予不同的权值（weight）。

6.10.1 KNN 算法描述

本节通过照片识别来描述 KNN 算法原理。该案例的学习目的是识别一张照片是女生照还是男生照。如图 6-37 所示，每张照片在平面上的位置用（x，y）来代表，x 轴代表照片中头发的长度，y 轴代表照片中脸面积的大小，用三角形代表女生的大头照，圆形代表男生的大头照。现在有一些标记已知的照片，当需要识别一张新的大头照（用图 6-37 里面打问号的点代表）的类别时，首先设定 k（最近邻邻居的数目）的值。如果 k 设定成 1，代表会从已标记的照片中找离新的大头照最近的照片，然后看这张照片是男生（圆形）还是女生（三角形）。如果这个点是男生，那么预测新的大头照是男生的大头照。如果 k=3，先计算图 6-37 中打问号的点和各个点的距离，接着选出前三名距离最近的点，然后使用“多数同意规则”（majority voting rules），看看里面三角形的点比较多（2 个以上的点是三角形）还是圆形的点比较多（2 个以上的点是圆形），如果圆形点比较多，就判断这个新问号点是男生的大头照了。

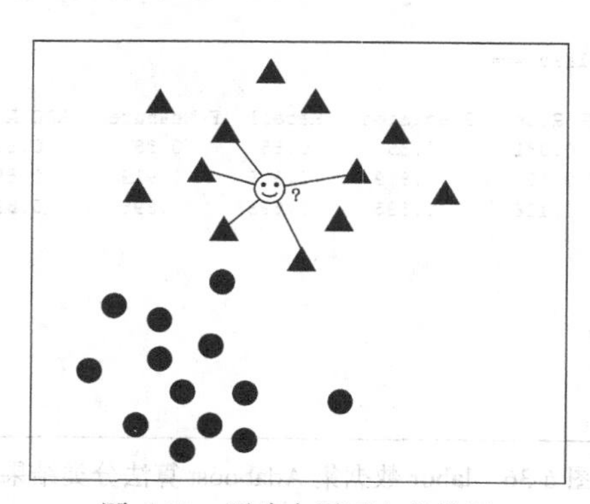

图 6-37　照片在平面上的位置

基本的 KNN 算法如下（Xindong Wu, Vipin Kumar,2008）。

输入：D，训练集；z，测试对象；L，对象的类别标签集合；K，最近邻邻居数目。

输出：c_z，即 z 的类别。

For each y 属于 D do

计算 d（y，z），即 y 和 z 的距离；

end

从数据集 D 中选出子集 N，N 包括 k 个距 z 最近的训练对象

$$c_z = \underset{v \in L}{\text{argmax}} \sum_{y \in N} I\left(v = \text{class}(c_y)\right)$$

$I()$是一个指标函数，当其值为 true 时，返回值为 1，否则返回 0。

算法步骤如下：

step.1—初始化距离为最大值；

step.2—计算未知样本和每个训练样本的距离 dist；

step.3—得到目前 k 个最临近样本中的最大距离 maxdist；

step.4—如果 dist 小于 maxdist，则将该训练样本作为 K-最近邻样本；

step.5—重复步骤 2、3、4，直到未知样本和所有训练样本的距离都算完；

step.6—统计 k 个最近邻样本中每个类别出现的次数；

step.7—选择出现频率最大的类别作为未知样本的类别。

KNN 算法中 k 值选择对算法的性能影响很大，如果 k 太小，则最近邻分类器容易受到由于训练数据中的噪声而产生的过分拟合的影响；如果 k 太大，最近邻分类器可能会误分类测试样例，因为最近邻可能包含远离其近邻的数据点。一般采用先定一个初始值，然后根据实验测试的结果调整 k 值。

当样本不平衡时，即一个类的样本容量很大，而其他类样本容量很小时，有可能导致当输入一个新样本时，该样本的 k 个邻居中大容量类的样本占多数。样本不平衡的问题可以采用权值的方法来改进，和该样本距离小的邻居权值大，和该样本距离大的邻居权值则相对较小，将距离远近的因素考虑在内，避免样本不平衡导致误判的情况。

从算法实现的过程可以发现，该算法存两个严重的问题：第一个是需要存储全部的训练样本；第二个是需要进行繁重的距离计算。分组快速搜索近邻法是 KNN 算法的改进，将样本集按近邻关系分解成组，给出每组质心的位置，以质心作为代表点，和未知样本计算距离，选出距离最近的一个或若干个组，再在组的范围内应用一般的 KNN 算法。由于并不是将未知样本与所有样本计算距离，故该改进算法可以减少计算量，但并不能减少存储量。压缩近邻算法利用现在的样本集，采取一定的算法产生一个新的样本集，该样本集拥有比原样本集少得多的样本数量，但仍然保持有对未知样本进行分类的能力。其基本思路是定义两个存储器，一个用来存放生成的样本集，称为 output 样本集；另一个用来存放原来的样本集，称为 original 样本集。首先初始化，即 output 样本集为空集，原样本集存入 original 样本集，从 original 样本集中任意选择一个样本移动到 output 样本集中；然后在 original 样本集中选择第 i 个样本，并使用 output 样本集中的样本对其进行最近邻算法分类，若分类错误，则将该样本移动到 output 样本集中，若分类正确，不做任何处理；重复以上步骤，直至遍历完 original 样本集中的所有样本，output 样本集即为压缩后的样本集。通过这种方式也能减少算法的计算量，但仍然无法减少存储量。

KNN 分类器的特点包括：

（1）是一种基于实例的消极的学习方法，虽然不需要建立分类模型，但分类测试样例的开销大；

（2）基于局部信息进行学习，对噪声敏感；

（3）与决策树的直线决策边界相比，KNN 可以生成任意形状和决策边界。

6.10.2　KNN 算法的软件实现

本小节以 weka 中的 KNN 算法实现对 iris 数据的分类。

具体的实验步骤如下。

（1）打开 iris.arff 文件，切换到 classify 面板；

（2）选择 Lazy->IBk 分类器，单击，设置 k 值为 3，即参考的邻居的数目；

（3）Test options 选择默认的十折交叉验证，点开 More options，勾选 Output predictions；

（4）单击“start”按钮，启动实验；

（5）在右侧的 Classifier output 中分析实验的结果。

实验结果如图 6-38 所示。

```
=== Stratified cross-validation ===
=== Summary ===

Correctly Classified Instances         143               95.3333 %
Incorrectly Classified Instances         7                4.6667 %
Kappa statistic                          0.93
Mean absolute error                      0.0408
Root mean squared error                  0.1686
Relative absolute error                  9.1812 %
Root relative squared error             35.767  %
Total Number of Instances              150

=== Detailed Accuracy By Class ===

               TP Rate   FP Rate   Precision   Recall  F-Measure   ROC Area  Class
                 1         0          1         1         1          1        Iris-setosa
                 0.94      0.04       0.922     0.94      0.931      0.97     Iris-versicolor
                 0.92      0.03       0.939     0.92      0.929      0.968    Iris-virginica
Weighted Avg.    0.953     0.023      0.953     0.953     0.953      0.979

=== Confusion Matrix ===

  a  b  c   <-- classified as
 50  0  0 |  a = Iris-setosa
  0 47  3 |  b = Iris-versicolor
  0  4 46 |  c = Iris-virginica
```

图 6-38　iris 数据集 KNN 算法分类结果

（6）可以多次设置 k 值，得到不同 k 值下的准确率，会发现改变 k 值对分类结果的影响比较复杂。

6.11　Naive Bayes

朴素贝叶斯分类器（Naive Bayes Classifier，NBC）发源于古典数学理论，有着坚实的数学基础，以及稳定的分类效率。

6.11.1 基础知识

1. 条件概率

事件 A 在另一个事件 B 已经发生的条件下发生的概率，称作在 B 条件下 A 的概率，表示为 $P(A|B)$。

$$P(A|B)=\frac{p(A\cap B)}{p(B)}$$

2. 联合概率

联合概率表示两个事件共同发生的概率，A 和 B 的联合概率表示为 $P(A\cap B)$。

3. 贝叶斯定理

该定理用来描述两个条件概率之间的关系，例如 $P(A|B)$和 $P(B|A)$。按照乘法法则：$P(A\cap B)=P(A)\cdot P(B|A)=P(B)\cdot P(A|B)$，可以导出贝叶斯定理公式：

$P(A|B)=P(B|A)\cdot P(A)/P(B)$

4. 全概率公式

设 B_1，B_2，…，B_n 为事件 A 的一个划分，且 $p(B_i)\geqslant 0$（i=1，2，…，n），则

$$P(A)=p(A|B_1)\cdot p(B_1)+p(A|B_2)\cdot p(B_2)+\cdots+p(A|B_n)\cdot p(B_n)=\sum_{i=1}^{n}p(A|B_i)\cdot p(B_i)$$

6.11.2 算法描述

朴素贝叶斯的基本思想是对于给出的待分类项，求解在此项出现的条件下各个类别出现的概率，分类出现概率最大的，就认为此待分类项属于该类别。例如，你在街上看到一个黑人先生，我问你猜这位先生来自哪里，一般人会回答非洲。这是因为黑人中非洲人的比率最高，当然人家也可能是美洲人或亚洲人，但在没有其他可用信息下，会选择条件概率最大的类别，这就是朴素贝叶斯的基本思想。

（1）每个数据样本用一个 n 维特征向量 $X=\{x_1,x_2,\ldots,x_n\}$ 表示，描述由属性 A_1，A_2，…，A_n 对样本的 n 个度量。

（2）假定有 m 个类 C_1，C_2，…，C_m。给定一个未知的数据样本 X（即没有类标号），分类法将预测 X 属于具有最高后验概率（条件 X 下）的类。即是说，朴素贝叶斯分类将未知的样本分配给类 C_i，当且仅当

$$P(C_i/X)>P(C_j/X),1\leqslant j\leqslant m,j\neq i$$

这样，最大化 $P(C_i/X)$。其 $P(C_i/X)$值最大的类 C_i 称为最大后验假定。根据贝叶斯定理 $P(H/X)=\frac{P(X/H)P(H)}{P(X)}$，

$$P(C_i/X)=\frac{P(X/C_i)P(C_i)}{P(X)}$$

（3）由于 $P(X)$ 对于所有类为常数，只需要 $P(X/C_i)P(C_i)$最大即可。如果这些类是等概率的，即 $P(C_1)=P(C_2)=\ldots=P(C_m)$，据此只需要 $P(X/C_i)$最大化。否则，最大化 $P(X/C_i)P(C_i)$。其中类的先

验概率可以用 $P(C_i)=s_i/s$ 计算，其中 s_i 是类别为 C_i 的训练样本数，而 s 是训练样本总数。

（4）给定具有许多属性的数据集，计算 $P(X/C_i)$ 的开销可能非常大。为降低计算 $P(X/C_i)$ 的开销，可以做类条件独立的朴素假定。即朴素的贝叶斯方法假设对于每个类别，属性间相互条件独立，即在属性间不存在依赖关系。在该假设条件下，

$$P(X/C_i)=\prod_{k=1}^{n} p\left(x_k \ / \ C_i\right)$$

概率 $P(x_1/C_i)$，$P(x_2/C_i)$，…，$P(x_n/C_i)$ 可以由训练样本估值，其中：

① 如果 A_k 是分类属性，则 $P(X_k/C_i)=s_{ik}/s_i$，其中 s_{ik} 是在属性 A_k 上具有值 x_k 的属于类 C_i 的样本数，而 s_i 是 C_i 中的训练样本数；

② 如果 A_k 是连续值属性，则通常假定该属性服从高斯分布，因而，

$$P(x_k/C_i)=g(x_k,\mu_{C_i},\sigma_{C_i})=\frac{1}{\sqrt{2\pi}\sigma_{c_i}}e^{\frac{\left(x_k-\mu_{C_i}\right)^2}{2\sigma_{C_i}^2}}$$

其中，给定类 C_i 的训练样本属性 A_k 的值，$g(x_k,\mu_{C_i},\sigma_{C_i})$ 是属性 A_k 的高斯密度函数，而 μ_{C_i}、σ_{C_i} 分别为平均值和标准差。

（5）为对未知样本 X 分类，对每个类 C_i，计算 $P(X/C_i)P(C_i)$。样本 X 被指派到类 C_i，当且仅当

$$P\left(X/C_i\right)P\left(C_i\right)>P\left(X/C_j\right)P\left(C_j\right),1\leqslant j\leqslant m,j\neq i$$

换言之，X 被指派到其 $P(X/C_i)P(C_i)$ 最大的类 C_i。

理论上讲，与其他所有分类算法相比较，贝叶斯分类具有最小的出错率。然而，实践中并非总是如此。这是由于对其应用的假定（如类条件独立性）的不准确性，以及缺乏可用的概率数据造成的。然而种种实验研究表明，与判定树和神经网络分类算法相比，在某些领域，该分类算法可以与之媲美。

当某个类别下某个特征项划分没有出现时，就是产生 $P(x|c)=0$ 这种现象，这会令分类器质量大大降低。为了解决这个问题，引入了 Laplace 校准，它的思想非常简单，就是对每类别下所有划分的计数加 1，这样如果训练样本集数量充分大时，并不会对结果产生影响，并且解决了上述频率为 0 的尴尬局面。

贝叶斯分类模型一般具有以下特点：

- 训练过程非常简单，对海量数据的训练集表现非常高效；
- 面对孤立的噪声点，具有较强的健壮性；
- 模型的可读性也是比较强的，对于分类得到的结果可以进行解释；
- 在现实世界中，特征属性之间往往是不独立的，所以对相关性很强的数据集使用此模型得到的分类结果会比较差。

实例分析（见表 6-7）：

表 6-7 使用朴素贝叶斯分类预测类标号

RID	age	income	student	credit_rating	Class:buys_computer
1	<=30	High	No	Fair	No
2	<=30	High	No	Excellent	No
3	31…40	High	No	Fair	Yes

续表

RID	age	income	student	credit_rating	Class:buys_computer
4	>40	Medium	No	Fair	Yes
5	>40	Low	Yes	Fair	Yes
6	>40	Low	Yes	Excellent	No
7	31…40	Low	Yes	Excellent	Yes
8	<=30	Medium	No	Fair	No
9	<=30	Low	Yes	Fair	Yes
10	>40	Medium	Yes	Fair	Yes
11	<=30	Medium	Yes	Excellent	Yes
12	31…40	Medium	No	Excellent	Yes
13	31…40	High	Yes	Fair	Yes
14	>40	Medium	No	Excellent	No

数据样本用属性 age、income、student 和 credit_rating 描述。类标号属性 buys_computer 具有两个不同值(即 yes、no)。设 C_1 对应于类 buys_computer="yes"，而 C_2 对应于类 buys_computer="no"。待分类的样本为

$$X = \left(age = "\leqslant 30", income = "medium", student = "yes", credit\_rating = "fair"\right)$$

需要最大化 $P(X/C_i)P(C_i)$，i=1，2。每个类的先验概率 $P(C_i)$可以根据训练样本计算：

P(buys_computer="yes")=9/14=0.643

P(buys_computer="no")=5/14=0.357

为计算 $P(X/C_i)$，i=1，2，计算下面的条件概率：

P(age="<30"|buys_computer="yes") =2/9=0.222

P(age="<30"|buys_computer="no") =3/5=0.222

P(income="medium"|buys_computer="yes") =4/9=0.444

P(income="medium"|buys_computer="no") =2/5=0.400

P(student="yes"|buys_computer="yes") =6/9=0.667

P(student="yes"|buys_computer="no") =1/5=0.200

P(credit_rating="fair"|buys_computer="yes") =6/9=0.667

P(credit_rating="fair"|buys_computer="no") =2/5=0.400

使用以上概率，得到：

P(X|buys_computer="yes")=0.222×0.444×0.667×0.667=0.044

P(X|buys_computer="no")=0.600×0.400×0.200×0.400=0.019

P(X|buys_computer="yes")P(buys_computer="yes")=0.044×0.643=0.028

P(X|buys_computer="no")P(buys_computer="no")=0.019×0.357=0.007

因为 P(X|buys_computer="yes")P(buys_computer="yes")大于 P(X|buys_computer="no")P(buys_computer="no")，所以对于样本 X，朴素贝叶斯分类预测 buys_computer="yes"。

6.11.3　Naive Bayes 软件实现

在 weka 软件中 NaiveBayes 算法实现了朴素贝叶斯分类器的算法。使用天气数据集对贝叶斯分类器进行训练并评估分类模型的性能。

具体的实验步骤如下：

（1）打开 weka 自带的 weather.numeric.arff 文件，切换到 classify 面板；

（2）选择 bayes>NaiveBayes 分类器；

（3）Test options 选择默认的十折交叉验证；

（4）单击“start”按钮，启动实验；

（5）在右侧的 Classifier output 分析实验的结果，如图 6-39 所示。

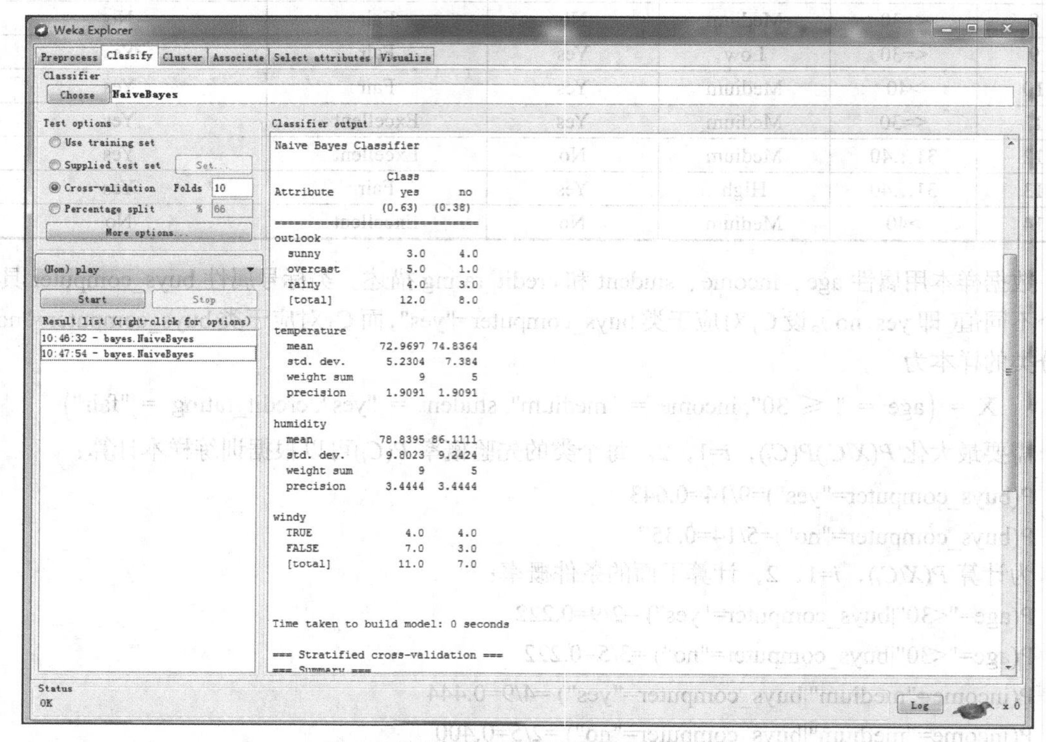

图 6-39 天气数据集朴素贝叶斯分类结果

仔细观察会发现，outlook 的 3 个属性值出现的次数之和为 20，大于天气数据集中的实例总数（14），这是因为分类器为了避免出现为 0 的频度值，使用了拉普拉斯校正，将每一个频度计数初始化为 1 而不是 0。

思考题

1. 为什么 CART 算法采用两路分裂而不是多路分裂？
2. PageRank 如何避免采集器陷阱？
3. Adaboost 算法如何使用集成学习的概念？

第 7 章 数据挖掘工具与产品

日常业务产生的数据“洪流”不断地在企业的各部门间流动，这些数据中往往蕴含着大量有价值的信息，但是由于其内在的隐蔽性，很难被人们发现并直接利用。现在，为了充分利用这些有价值的数据，越来越多的组织机构将数据挖掘技术作为一个商业过程融入其具体的业务运作中，以期获得持续不断的发展，也就是将日常的数据流转换成更有价值的商业信息。将数据挖掘技术应用于商业过程的思想由来已久，简单地说，就是将以往的“经验学习过程”自动化，帮助用户优化对未来的决策。唯一不同的是，这种自动化经验学习过程以庞大的数据量为基础（常常以 TB 计量），让企业的优势分析更切合实际，也更具有指导意义。

业内目前主流的数据挖掘工具有 IBM SPSS Modeler、IBM SPSS Statistics、SAS、R Project 等，本章主要以 IBM SPSS Modeler 为例，讲述数据挖掘工具的产品特点和技术说明。

7.1 数据挖掘工具概述

数据挖掘工具正在多个领域呈现越来越重要的作用，它通过数据挖掘系统实现相应操作，从海量数据中获取先前未知、潜在有用、最终可理解的有效知识，用于决策支持（李德仁，王树良，李德毅，2013；Han, Kamber, Pei，2013）。

7.1.1 发展过程

在数据挖掘技术发展的同时，也出现了许多数据挖掘的商业工具。National Center for Data Mining at University of Illinois 的 R. Grossman 认为，数据挖掘系统的发展经历了四代（见表 7-1）。在历代数据挖掘系统中，第一代与第二代相比因为不具有和数据管理系统之间有效的接口，所以在数据预处理方面有一定缺陷。第三代与第四代强调语言模型的使用和在操作型环境的部署。第二代系统提供数据管理系统和数据挖掘系统之间的有效接口。第三代系统还提供数据挖掘系统和预言模型系统之间的有效接口。

数据挖掘是一个过程，只有将数据挖掘工具提供的技术和实施经验与企业的业务逻辑和需求紧密结合，并在实施的过程中不断磨合，才能取得成功，因此在选择数据挖掘工具时，要全面考虑挖掘的模式种类、解决复杂问题的能力、操作性能、数据存取能力、和其他产品的接口等多方面的因素。

7.1.2 基本类型

数据挖掘工具主要有两类：特定领域的数据挖掘工具和通用的数据挖掘工具。

特定领域的数据挖掘工具针对某个特定领域的问题提供解决方案，针对性较强，只能用于一种应用；往往采用特殊的算法，可以处理特殊的数据，实现特殊的目的，发现的知识可靠度也比较高。例如，IBM AdvancedScout 系统针对 NBA 数据，帮助教练优化战术组合；SKICAT 系统帮助天文学家发现遥远的类星体；TASA 帮助预测网络通信中的警报。

表 7-1　　数据挖掘系统的发展历程

发展阶段	主要功能	代表产品
第一代数据挖掘系统	实现了数据挖掘的基本思想，能够支持少数的数据挖掘算法，获得关联规则等少数知识。但是，第一代的功能非常有限，通常只能挖掘向量数据，要求数据一次性装入内存进行处理。如果数据量太大或数据变化频繁，就要借助数据库或数据仓库技术进行管理	Salford Systems 公司早期的 CART 系统、新加坡国立大学的 CBA
第二代数据挖掘系统	实现了与数据库管理系统的集成，与数据库和数据仓库有高性能的接口，有较高的可扩展性。能够挖掘大数据集以及更复杂的数据集和高维数据，通过支持数据挖掘模式和数据查询语言增加系统的灵活性。但是，第二代过于注重模型的生成	DBMiner、SAS Enterprise Miner
第三代数据挖掘系统	实现了和语言模型系统的无缝集成，对建立在异质系统上的多个语言模型及其元数据提供第一级别的支持。能够挖掘网络环境下分布式和异构的数据，有效地和操作型系统集成。由数据挖掘系统产生的模型变化能够及时反映到语言模型系统中，语言模型能够自动地被操作型系统吸收，与操作型系统中的语言模型联合提供决策支持。但是，第三代不支持移动环境	SPSS、Clemenline、IBM Intelligent Score Service
第四代数据挖掘系统	实现数据挖掘和移动计算的结合，能够挖掘嵌入式系统、移动系统和普适计算设备产生的各种数据	University of Maryland Baltimore County 的 Kargupta 的 CAREER

通用的数据挖掘工具不区分具体数据的含义，采用通用的挖掘算法，处理常见的数据类型。可以做多种模式的挖掘，至于挖掘什么、用什么来挖掘都由用户根据自己的应用来选择。例如，IBM 的 Intelligent Miner 虽然简单易用，能进行大数据量的挖掘，但是功能一般，没有数据探索功能，与其他软件接口差，难以发布，结果虽美观但不好理解。Simon Fraser University 的 DB Miner 算法简单，价格便宜，功能全面，提供了开放式体系结构，但使用不方便，没有数据探索功能，市场份额小。SAS 系列产品功能强大，有完备的数据探索功能，完全以统计理论为基础，但是需要高级统计分析专业人员，难以掌握，价格昂贵。Oracle 的数据挖掘工具功能较弱，使用不方便，没有数据探索功能，市场份额也小。SPSS 功能强大，有完备的数据探索功能，具有方便的发布和集成功能，支持脚本功能，鼓励人工参与，支持多种类型数据，提供丰富的图形表示功能，较易掌握，性价比较高，有能力处理大数据量。Tiberius 支持几乎所有数据挖掘技术，具有批处理功能。

7.1.3　开发者与使用者

开发者需要开发专业领域的数据挖掘工具。因为数据挖掘日益应用在业务过程中，必将有越来越专业化的需求，如 Web 挖掘中音频、视频等多媒体数据的挖掘，生物信息内在拓扑关系的挖掘，遥感影像中的可疑目标挖掘，基于位置的空间路径规划服务等。通用数据挖掘工具常常难以胜任这些领域的数据挖掘，针对专业数据特征，开发专业的数据挖掘工具将成为必然。

使用者需要数据挖掘工具的分类评价。因为数据挖掘工具正在多个领域发挥重要作用，专业领域的数据挖掘工具越来越多，如何选择合适的数据挖掘工具成为用户不得不面对的问题。如果把不同领域的数据挖掘工具按照统一的综合指标体系评价，那么评价结果可能难以为用户筛选出合适的工具，满足不同用户的专业需求。分类评价数据挖掘工具，首先按照一定的标准分类数据挖掘工具，然后按照预先设定的指标体系评价各类工具，最后的评价结果针对性强，可有效地为特定领域的用户选择特定的工具。

7.2　商业数据挖掘工具 IBM SPSS Modeler

SPSS 公司于 1968 年由斯坦福大学 3 个大学生创立，至今已有多年历史。SPSS 在全球拥有众多的客户，包括电信、银行、保险、能源、交通、政府等。2009 年 7 月，SPSS 公司被 IBM 收购（张文彤，钟云飞，2013）。

SPSS Modeler 是 SPSS 的数据挖掘工具软件，可以充分利用全部有效数据，通过其数据挖掘技术改进对业务的规划和管理，帮助企业提高效益，降低成本。SPSS Modeler 为用户提供了功能强大易用的数据挖掘工具平台，包括 10 个节点区：收藏夹（Favorite）、源数据节点（Sources）、记录处理节点（Record Ops）、字段（变量）处理节点（Field Ops）、图形节点（Graphs）、建立模型节点（Modeling）、输出节点（Output）、导出节点、PASW Statistics 和文本挖掘（Text Analytics）节点，用户建立模型的过程就是把各个节点区的节点以连线的方式连在一起（见图 7-1）。另外在 SPSS Modeler 中还包括对流、结果、模型的管理及整个数据挖掘项目按照 CRISP-DM 方法论管理的功能（程永，2013）。

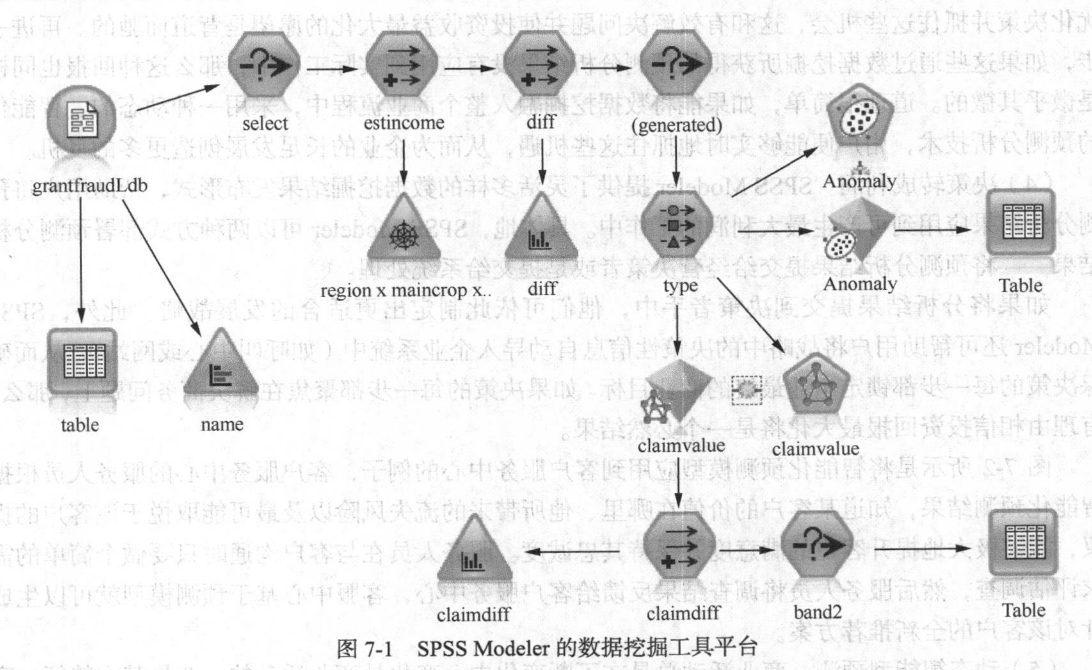

图 7-1　SPSS Modeler 的数据挖掘工具平台

7.2.1　产品概述

作为一个数据挖掘平台，SPSS Modeler 结合商业技术可以快速建立预测性模型，进而应用到商业活动中，帮助用户改进决策过程。强大的数据挖掘功能和显著的投资回报率使得 SPSS Modeler 在业界久负盛誉。同那些仅仅着重于模型的外在表现而忽略了数据挖掘在整个业务流程中的应用价值的其他数据挖掘工具相比，SPSS Modeler 把数据挖掘贯穿业务流程的始终，在缩短投资回报周期的同时提高投资回报率。

（1）广泛分析带来最优结果。为了解决各种商务问题，企业需要以不同的方式来处理各种类型迥异的数据，相异的任务类型和数据类型就要求有不同的分析技术。SPSS Modeler 为用户提供了出色、广泛的数据挖掘技术，确保客户可用最恰当的分析技术来处理相应的问题，从而得到最优的结果，以应对随时出现的商业问题。即便改进业务的机会被庞杂的数据表格所掩盖，SPSS Modeler 也能最大限度地执行标准的数据挖掘流程，为用户找到解决商业问题的最佳答案。

（2）应用模板帮助用户获得更优结果。在数据挖掘项目中使用 SPSS Modeler 应用模板（CATs）可以获得更优化的结果。应用模板完全遵循 CRISP-DM 标准，并借鉴了大量真实的数据挖掘实践经验，是经过理论和实践证明的有效技术，为项目的正确实施提供了强有力的支撑。SPSS Modeler 中的应用模板包括：

CRM CAT——针对客户的获取和增长，提高反馈率并减少客户流失；

Web CAT——点击顺序分析和访问行为分析；

Telco CAT——客户保持和增加交叉销售；

Fraud CAT——发现金融交易和索赔中的欺诈和异常行为；

Microarray CAT——研究和疾病相关的基因序列并找到治愈手段。

（3）动态地将智能化预测应用于决策的每一步，使收益最大化。改善企业经营绩效的机会时时都有，它贯穿于企业发展的整个过程；但是如果没有动态智能型预测模型的帮助，用户将无法优化决策并抓住这些机会，这和有效解决问题并使投资收益最大化的愿望是背道而驰的。再进一步，如果这些通过数据挖掘所获得的预测分析结果没有应用到实际工作中，那么这种回报也同样是微乎其微的。道理很简单，如果能将数据挖掘融入整个商业流程中，采用一种动态的、智能化的预测分析技术，用户便能够实时地抓住这些机遇，从而为企业的长足发展创造更多的良机。

（4）决策转成利润。SPSS Modeler 提供了灵活多样的数据挖掘结果发布形式，帮助用户将预测分析结果应用到可产生最大利润的工作中。具体地，SPSS Modeler 可以两种方式部署预测分析结果——将预测分析结果提交给经营决策者或是提交给系统处理。

如果将分析结果提交到决策者手中，他们可依此制定出更适合的发展战略。此外，SPSS Modeler 还可帮助用户将战略中的决策性信息自动导入企业系统中（如呼叫中心或网站），从而确保决策的每一步都锁定企业最终的商业目标。如果决策的每一步都聚焦在解决商务问题上，那么，有理由相信投资回报最大化将是一个必然结果。

图 7-2 所示是将智能化预测模型应用到客户服务中心的例子，客户服务中心的服务人员根据智能化预测结果，知道某客户的价值在哪里、他所带来的流失风险以及最可能取悦于该客户的提议，能够极大地提升客户的满意度并保持其忠诚度。服务人员在与客户沟通时只要做个简单的需求评估调查，然后服务人员将调查结果反馈给客户服务中心，客服中心基于预测模型就可以生成针对该客户的全新推荐方案。

（5）动态智能型预测。商业活动总是在不断变化中，变化是商业活动的一个最基本特征，商业智能必须适应这种变化，才能从真正意义上推动企业不断向前发展。数据挖掘作为一个商业过程，不仅仅是简单的建模过程，事实上，创建智能化预测模型的过程包含许多步骤，包括数据获取、转化，多种模型的应用以及基于预测模型提出建议等。SPSS Modeler 可以将数据挖掘的全过程进行动态发布，从而实现了动态智能型预测，即商业智能。

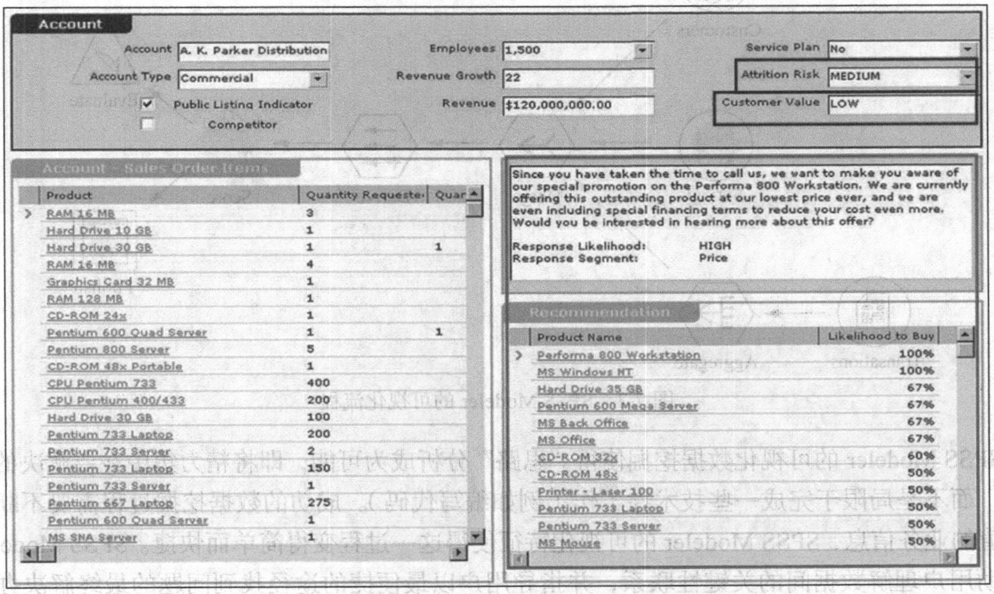

图 7-2　智能化预测模型应用到客户服务中心的例子

决策者经常借助于分析人员获得的数据挖掘结果解决问题，改进方案，继而开始新一轮的改进过程，如此循环往复，不断进步。每当一个改进方案产生时，分析人员会将此方案重新应用于该领域中的新数据上，及时调整原来的数据挖掘流程，保证该方案的有效性。

（6）全程发布功能有效降低成本。SPSS Modeler 的发布功能有助于企业了解所处的关键时刻，从而调整部署，优化方案，从长远角度还可大幅降低企业的运营成本。SPSS Modeler 能自动发布改进方案，因此用户可以以较低的成本实现数据挖掘结果的传播以及更新。如果仅仅是模型的发布，客户将不得不花费大量的时间和金钱去手工完成方案的编制工作，以适应环境的变化；更为不利的是，更新数据的成本与时激增，这将极大降低企业对外界的响应速度和能力，使企业远远落后于竞争者。

（7）节省时间——高效的数据挖掘平台。将 SPSS Modeler 数据挖掘技术应用于商业过程的一个主要目的就是为了在最短时间内找到问题的最佳解决方案。SPSS Modeler 强大的图形界面、省时高效的流程管理工具，使用户很容易结合自己的商业经验同数据进行交互，在尽可能短的时间内找到解决方案。SPSS Modeler 不但支持整个数据挖掘流程，从数据获取、转化、建模、评估到最终部署的全部过程，它还支持数据挖掘的行业标准——CRISP-DM。

7.2.2　可视化数据挖掘

可视化的数据挖掘过程能够降低时间成本。对整个数据挖掘过程中充斥的大量数据，通过创建一系列可视化图形界面（见图 7-3），可以形象而方便地同数据进行交互，进而找到问题的解决办法。这种可视化方法使得流程中的每一步都清晰可见，业务知识和图形流的有效互动，能够帮助用户拓展思路，迅速找到解决方案。如图 7-3 所示，SPSS Modeler 的可视化流程使得数据观察和交互的每一步都变得容易。无论数据隐藏在哪里，SPSS Modeler 都可以轻松获取，并将数据挖掘结果部署到每个决策点上。

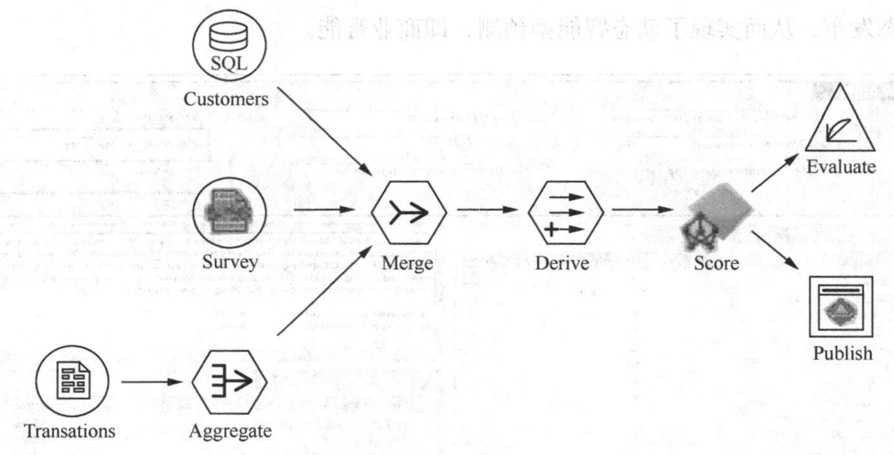

图 7-3 SPSS Modeler 的可视化流程

SPSS Modeler 的可视化数据挖掘使得“思路”分析成为可能，即将精力集中在要解决的问题本身，而不是局限于完成一些技术性工作（例如编写代码）。成功的数据挖掘过程需要不断补充有价值的业务信息，SPSS Modeler 的可视化特征使得这一过程变得简单而快捷。SPSS Modeler 能够帮助用户理解数据间的关键性联系，并指导用户以最便捷的途径找到问题的最终解决办法。SPSS Modeler 融合了 3D、图形和动画等多种可视化技术来展示多维数据，使得数据所表现出的特征、模式和关联性等信息一目了然。通过轻点鼠标，就可以从中选择用户所感兴趣的数据子集或衍生新的变量，进行深入处理，最终获得有价值的信息。

（1）数据分析技术。SPSS Modeler 的模型技术使用户能够交互地分析数据，在最短的时间内找到最优化的解决方案。高效的数据挖掘过程不是简单的某种运算法则或是某种技术；此外，纷繁的业务问题和不同的数据类型组合要求有不同的处理手段，用户需要广泛的技术备选方案作为支撑，SPSS Modeler 满足了这样一种需要。同时，SPSS Modeler 的开放性允许用户将其他分析方法，甚至是用户自己的应用程序移植到已有技术中，并整合为一个统一的工作平台，在单一的平台上完成所有的分析工作，如图 7-4 所示。用户可以方便地建立多个模型，并将它们的性能曲线绘制于同一图表中，从中找出表现最好的模型；通过简单的观察就可以发现哪一个模型的预测准确度最高（图 7-4 中，上升最快的曲线就是最佳模型）。

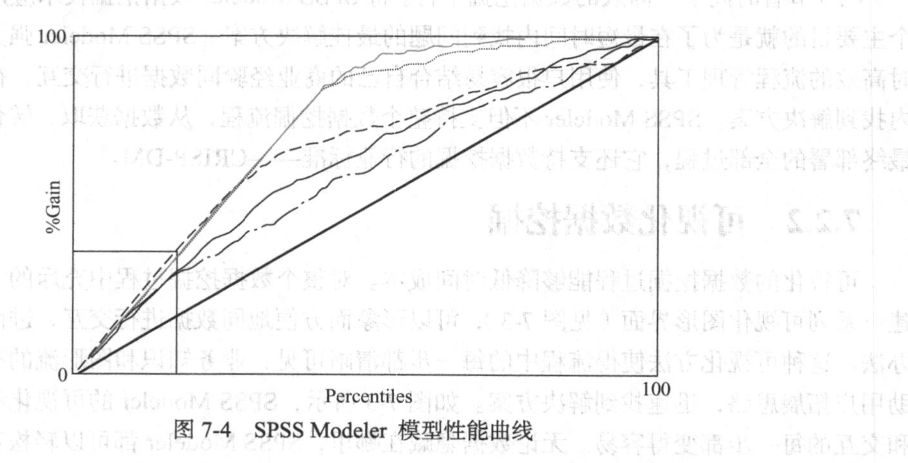

图 7-4 SPSS Modeler 模型性能曲线

（2）快速发现性能最优模型。SPSS Modeler 方便的建模和模型整合过程允许用户在很短的时间内构建并测试大量模型，通过比较在同一过程中不同模型的上升曲率、利润率、收益率、响应速度等参数，就可以发现哪个模型的性能最好，应用价值最大。在模型整合中，用户可以将一个模型的输出作为另一个模型的输入，这样后续模型就能充分考虑到前面模型的结论，进一步改进该结论。

（3）使用过程支持工具启动项目、优化结果。为了快速启动并评估每一步的结果，SPSS Modeler 提供了过程支持工具。经过大量实践检验的应用模板（CATs）为用户解决常规商业问题提供了较高起点。CATs 中预制了许多复杂但会经常使用的操作流程，通过执行这些定制好的流程，可以很快得到所需的结果。CATs 将水平工作平台与具体的应用模板结合起来，为用户量身订做解决方案。SPSS Modeler 可以将数据挖掘项目映射成 CRISP-DM 中的过程，来管理和规范数据挖掘项目的实施。具体地说，就是 CRISP-DM 的帮助系统和项目管理工具能够将数据挖掘过程中产生的流、图表和其他输出文件等组织起来，导入 CRISP-DM 中的相应阶段。

（4）可伸缩性加速数据挖掘推广过程、平衡 IT 投资。作为一个开放式数据挖掘工具，SPSS Modeler 的可伸缩性支持自身和其他资源的交互，从而加速了数据挖掘的推广使用过程。因为数据挖掘并不需要配置复杂的软件和硬件投资，用户可以充分利用现有的数据库资源（具有内置简单数据挖掘功能的数据库），从宏观上平衡 IT 投资。

数据挖掘是一个“以发现为驱动”的过程，当用户偶然获得一个足以燃起好奇心的发现时（可能是一种关联性），用户必然会去反复探询、研究其中的关联模式，这些“发现”是建立高性能模型必然要经历的过程。SPSS Modeler 的可伸缩性支持自身和其他资源的交互，尤其是数据库资源。

（5）易用性和功能结合。SPSS Modeler 对用户来说是个非常容易上手的软件，通过连接节点的方式建立模型，用户不需要编程就可以完成数据挖掘模型的建立工作，从而使用户可以将精力集中于应用数据挖掘解决具体的业务问题，而不是工具软件的使用。此外，SPSS Modeler 提供了两种建模方式：简单模式和专家模式。在简单模式下，用户无需做任何设定，系统会按照默认的设置建立模型；在专家模式下，用户可以根据自己的需要对模型中的参数进行适当的调整，从而使模型达到最佳效果。图 7-5 和图 7-6 分别是神经网络模型的简单模式和专家模式建模示意图。SPSS Modeler 中几乎所有的数据汇总、变换（包括比较复杂的数据变换）、合并等都可以在界面窗口下实现，而不需要编程来完成。

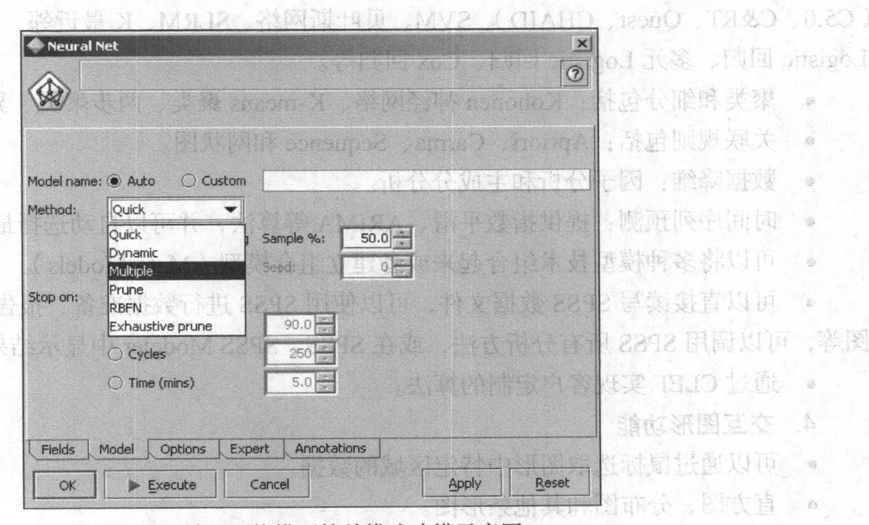

图 7-5　神经网络模型简单模式建模示意图

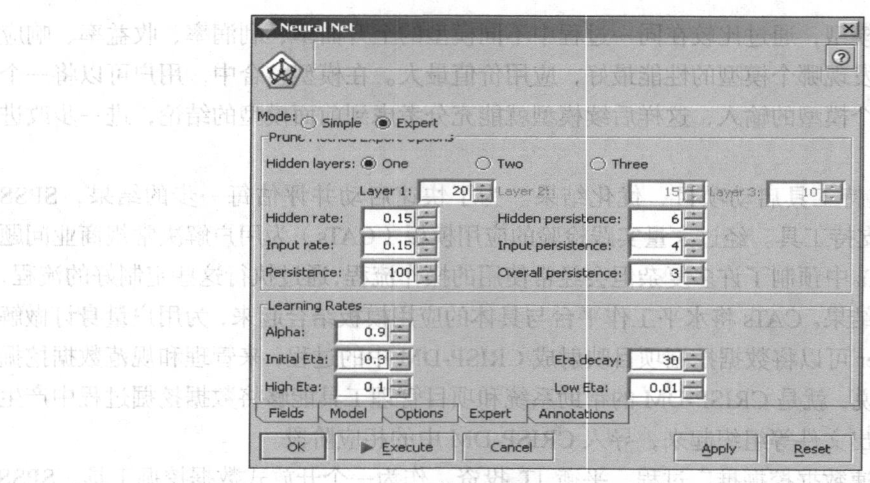

图 7-6　神经网络模型专家模式建模示意图

7.2.3　SPSS Modeler 技术说明

1. 数据读取

- 从数据库中得到数据，通过 ODBC 从数据库或数据仓库中获得数据，包括 Oracle、SQL Server、DB2、Sybase、Informix、Teradata 等。
- 直接导入文本格式数据、Excel SAS 数据。

2. 数据整理

- 从图形或者表格中直接获得子数据集。
- 可以多角度对数据进行清理。
- 对数据从字段和记录两个角度进行处理，包括：字段筛选、命名、生成新字段、值替换，记录选择、抽样、合并、排序、汇总和平衡，字段类型的转换。

3. 模型与算法

- 预测和分类包括：神经网络（多层神经元、Radial Basic Function），决策树和规则归纳（C5.0、C&RT、Quest、CHAID）、SVM、贝叶斯网络、SLRM、K 最近邻、特征选择，线性回归、Logistic 回归、多元 Logistic 回归、Cox 回归等。
- 聚类和细分包括：Kohonen 神经网络、K-means 聚类、两步聚类、异常值发现等。
- 关联规则包括：Apriori、Carma、Sequence 和网状图。
- 数据降维：因子分析和主成分分析。
- 时间序列预测：提供指数平滑、ARIMA 等算法，并可以自动选择最优模型。
- 可以将多种模型技术组合起来或者建立组合模型（Meta-Models）。
- 可以直接读写 SPSS 数据文件，可以使用 SPSS 进行数据准备、报告、深度数据分析、作图等，可以调用 SPSS 所有分析方法，或在 SPSS、SPSS Modeler 中显示结果。
- 通过 CLEF 实现客户定制的算法。

4. 交互图形功能

- 可以通过鼠标选取图形中特定区域的数据。
- 直方图、分布图和其他条形图。
- 线型图和点图。

- 网状图。

5. **结果导出**

- 数据挖掘结果可以导出为表、图形。
- 数据挖掘结果可以写入文本文件、Excel文件和SAS文件等。
- 数据挖掘结果也可以导出到数据库中。

6. **灵活性和可扩展性**

- 可以在数据库中进行挖掘。提供C/S结构的分布式数据挖掘，使数据挖掘的效率更高。
- 开放的数据库接口：支持几乎全部的关系型数据库，SPSS Modeler通过ODBC从数据库中读取数据，提供了SPSS Data Access Pack，可以与大多数主流数据库（如IBM DB2，Oracle、Sybase、SQL Server等）直接连接，也可以通过第三方提供的开放ODBC接口与其他数据库连接（如Teredata）。
- 工具扩展功能：提供了CLEF（Component-Level Extension Framework）技术，可以把其他模型、数据准备、结果展示等功能集成到SPSS Modeler中。

7. **项目管理**

SPSS Modeler完全遵循CRISP-DM标准建立，提供了完善的项目管理功能，可以对数据挖掘从商业理解到结果发布的全部过程进行有效的管理。具体地说，SPSS Modeler中提供了数据流管理功能和项目管理功能，在数据流管理功能中，用户可以对当前工作区域内的数据流、数据挖掘模型和数据挖掘结果进行有效的管理；在项目管理功能中，用户可以对整个项目进行管理——既可以按照CRISP-DM的6个阶段对相关项目文件进行管理，也可以按照数据流、节点、数据挖掘模型、结果和其他的方式对数据挖掘项目进行有效管理。

8. **流程发布**

SPSS Modeler可以把数据挖掘模型或者整个数据挖掘流程导出（发布）嵌入系统，提高用户的工作效率。

9. **数据挖掘模板**

SPSS 在成功运做大量数据挖掘项目过程中，积累了丰富的数据挖掘经验，并整理成数据挖掘模板，使得用户可以通过成型的数据挖掘模板充分利用SPSS成功的数据挖掘经验。

7.2.4 SPSS Modeler的数据挖掘应用

利用数据和商业经验，可以解决许多商业问题。SPSS Modeler的数据挖掘技术有效改善了许多知名企业的经营业绩。这里列出几个典型案例来说明SPSS Modeler的应用。

（1）美国汇丰银行增长了50%的销售量。

通过回答“哪些人有可能成为最有价值的客户？”诸如此类的简单问题，来瞄准那些最“适合”的客户。美国汇丰银行通过调整目标定位，使销售额增长了50%，且减少了30%的营销支出。

（2）丹麦著名的网络接入商Jubii实现了30%~50%的点击率增长。

通过回答类似这样的问题：“点击哪种链接最有可能促成一次成功的交易？”来提高交叉销售的利润水平。Jubii——丹麦最著名的网络接入商——通过使用SPSS Modeler使客户的连续点击率上升了30%~50%，使交叉销售增长了10%~15%。

（3）日本著名的电脑公司Sofmap的利润增长率达300%。

通过回答类似这样的问题：“这位客户下一次会需要什么？”来完善自己与客户之间的关系。Sofmap使用SPSS Modeler构建的推荐商品引擎使其利润增长了300个百分点。

（4）英国第二大零售商 GUS Home Shopping 改进了营销预测，节约了数以百万的资金。

通过回答类似于："下个月提供这种服务会花掉多少钱？"的问题来预测销售或服务的方向性，以调整最佳的资源配置方案。英国第二大零售商 GUS Home Shopping 用 SPSS Modeler 改进了自己的营销预测手段，这使他们比上一季度节约了 3.8%的资金，其意味着每季度数百万的资金节省。

（5）葡萄牙第三大银行 Banco Espirito Santo 减少了 15%～20%的客户流失。

通过回答类似于："究竟采取什么措施能留住这个客户？"之类的问题来维护自己的客户群。Banco Espirito Santo 使用 SPSS Modeler 减少了 15%～20%的客户流失，同时使利润增加了 10%～20%。

（6）Standard Life（标准人寿）依靠数据挖掘获得了 3300 万英镑的抵押收入。

① 背景资料：Standard Life 是全球领先的交互式金融服务公司，良好的交互性是其取得成功的关键因素之一。这为它带来了很多利润，最重要的是，它不需要去迎合股东，因为在这里只有客户，公司的一切行为都是以客户需求为驱动的。

② 面临问题：1999 年 1 月，Standard Life Bank 启动了自由式抵押业务，然而在随后短短几个月中，类似的竞争产品竞相涌现，对 Standard Life Bank 而言，巩固并扩大市场份额迫在眉睫。方案的一个主要部分，就是开发用以识别客户特征与各种抵押产品相关性的模型。Standard Life 的数据分析家 Donald MacDonald 进一步指出："不仅需要提高建模的速度，同样要提升模型的复杂和精确程度，最终目标是要改善与客户之间的沟通，并获得更多的利润回报。"

③ 解决方案：Standard Life 使用 SPSS Modeler 工具为转抵押业务建立了一个预测性模型，识别哪些类型的客户对该产品感兴趣。依据该预测模型，银行将更多精力集中在那些对转抵押产品有浓厚兴趣的客户身上，并采用评分体系来衡量每一位顾客。根据这些分数，客户可以获得更有针对性的直邮产品，同时他们登陆网站时所表现出的类似特征对于评测产品的推广前景具有重要意义。

④ 最终结果：与传统的控制组相比，该模型使得反馈率增加了 9 倍；公司获得了 3300 万英镑（大约 4700 万美元）的抵押收入。

7.3 开源数据挖掘工具 WEKA

WEKA（Waikato Environment for Knowledge Analysis）是免费的、非商业化的、基于 JAVA 环境的、开源的机器学习和数据挖掘平台（见图 7-7）。

图 7-7 WEKA 初始界面

WEKA 基于可视化交互式界面，集合了大量能承担数据挖掘任务的机器学习算法，包括数据预处理、分类、回归、聚类、关联规则等。开发者可以使用 Java 语言，利用 WEKA 的接口，在 WEKA 的架构上开发更多自己的数据挖掘算法，甚至借鉴它的方法自己实现可视化工具。高级用户可以通过 Java 编程和命令行来调用其分析组件。同时，WEKA 也为普通用户提供了图形化界面，称为 WEKA Knowledge Flow Environment 和 WEKA Explorer。在 WEKA 论坛可以找到很多扩展包，如文本挖掘、可视化、网格计算等。很多其他开源数据挖掘软件也支持调用 WEKA 的分析功能（袁梅宇，2014）。

7.3.1 WEKA 数据格式

WEKA 的数据格式在形式上与 Excel 类似。例如，打开 Explorer 界面，单击 Open file 选择 WEKA 自带数据 weather.nominal.arff 进行分析，这是离散好的 weather 数据（见图 7-8）。表格里的一个横行称作一个实例（Instance），相当于统计学中的一个样本，或者数据库中的一条记录。竖列称作一个属性（Attribute），相当于统计学中的一个变量，或者数据库中的一个字段。这样一个表格或者叫数据集，在 WEKA 看来，呈现了属性之间的一种关系（Relation）。图 7-8 中一共有 14 个实例，5 个属性，关系名称为“weather”。

Viewer

Relation: weather

No.	outlook Nominal	temperature Numeric	humidity Numeric	windy Nominal	play Nominal
1	sunny	85.0	85.0	FALSE	no
2	sunny	80.0	90.0	TRUE	no
3	overcast	83.0	86.0	FALSE	yes
4	rainy	70.0	96.0	FALSE	yes
5	rainy	68.0	80.0	FALSE	yes
6	rainy	65.0	70.0	TRUE	no
7	overcast	64.0	65.0	TRUE	yes
8	sunny	72.0	95.0	FALSE	no
9	sunny	69.0	70.0	FALSE	yes
10	rainy	75.0	80.0	FALSE	yes
11	sunny	75.0	70.0	TRUE	yes
12	overcast	72.0	90.0	TRUE	yes
13	overcast	81.0	75.0	FALSE	yes
14	rainy	71.0	91.0	TRUE	no

Undo OK Cancel

图 7-8 使用 WEKA 打开数据文件

WEKA 存储数据的格式是一种 ASCII 文本文件——ARFF（Attribute-Relation File Format）文件。整个 ARFF 文件可以分为两个部分：第一部分是头信息，包括对关系的声明和对属性的声明；第二部分是数据信息。

WEKA 支持的<datatype>有四种：

Numeric 数值型

<nominal-specification> 标称型

String 字符串型

date [<date-format>] 日期和时间型

7.3.2 WEKA 的使用

使用 WEKA 作数据挖掘，ARFF 格式是 WEKA 支持得最好的文件格式。当数据不是 ARFF 格式时，WEKA 还提供了对 CSV 文件的支持，而这种格式被 Excel 等很多软件支持。利用 WEKA 可以将 CSV 文件格式转化成 ARFF 文件格式。此外，WEKA 还提供了通过 JDBC 访问数据库的功能。

“Explorer”界面提供了很多功能，是 WEKA 使用最多的模块。图 7-9 所示的是“Explorer”打开“weather.nominal.arff”的情况。根据不同的功能把这个界面分成 8 个区域。

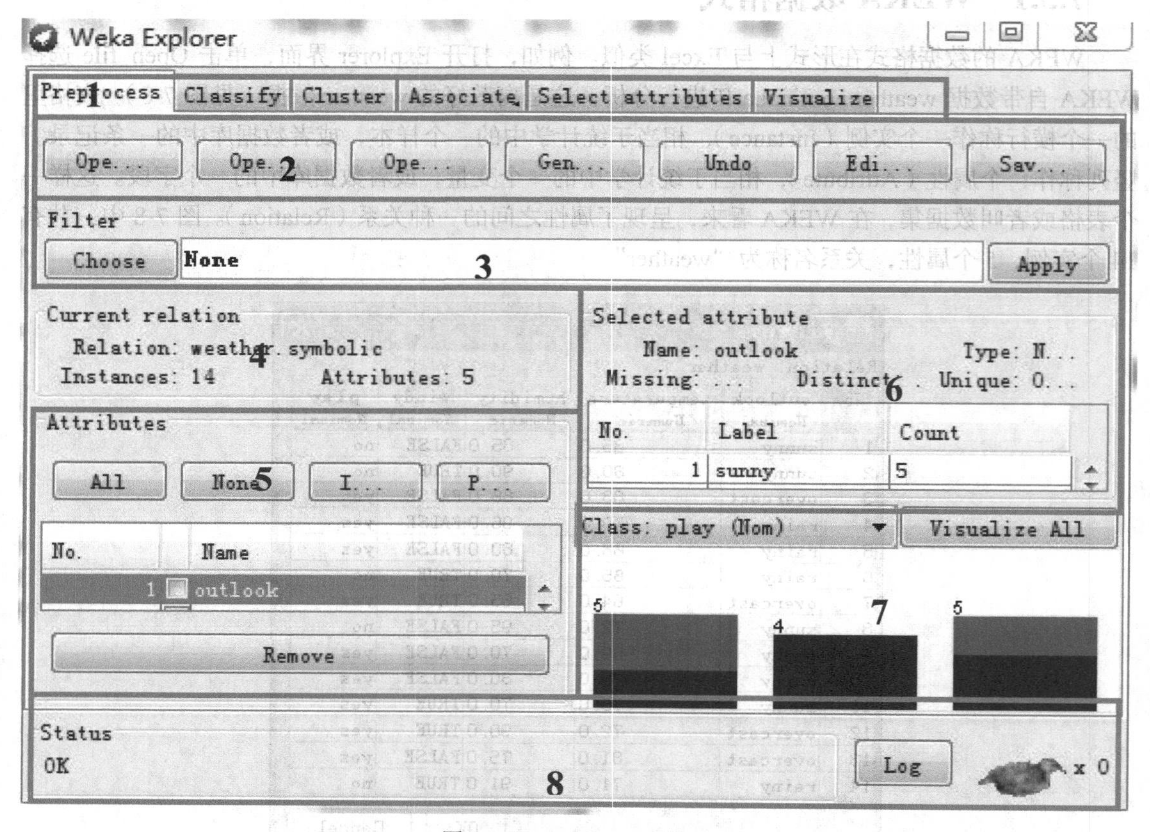

图 7-9 Weka Explorer 界面

（1）区域 1 的几个选项卡是用来切换不同的挖掘任务面板。

（2）区域 2 是一些常用按钮。包括打开数据、保存及编辑功能。

（3）在区域 3 中“Choose”某个“Filter”，可以实现筛选数据或者对数据进行某种变换。数据预处理主要就利用它来实现。

（4）区域 4 展示了数据集的一些基本情况。

（5）区域 5 中列出了数据集的所有属性。勾选一些属性并“Remove”就可以删除它们，删除后还可以利用区域 2 的“Undo”按钮找回。区域 5 上方的一排按钮是用来实现快速勾选的。在区域 5 中选中某个属性，则区域 6 中有关于这个属性的摘要。注意对于数值属性和标称属性，摘要的方式是不一样的。

（6）区域 7 是区域 5 中选中属性的直方图。若数据集的某个属性是目标变量，直方图中的每个长方形就会按照该变量的比例分成不同颜色的段。默认地，分类或回归任务的默认目标变量是数据集的最后一个属性（这里的“play”正好是）。要想换个分段的依据，即目标变量，在区域 7 上方的下拉框中选个不同的分类属性就可以了。下拉框里选上“No Class”或者一个数值，属性会变成黑白的直方图。

（7）区域 8 是状态栏，可以查看 Log 以判断是否有错。右边的 weka 鸟若在动，说明 WEKA 正在执行挖掘任务。右键单击状态栏还可以执行 JAVA 内存的垃圾回收。

NominalToBinary 的过滤器将所有 nominal 类型的属性转为 binary（0，1 二值）属性，一个可取 k 个值的 nominal 类型的属性转为 k 个二值属性，这样可将数据中所有属性转为数值（numeric）属性。图 7-10 是 weather.arff 转换后的结果。

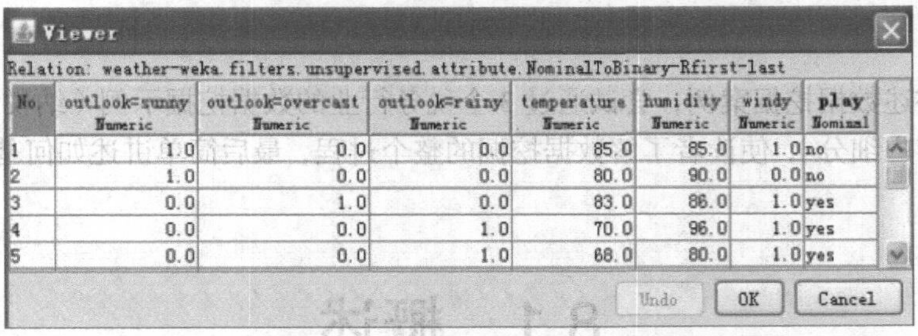

Viewer

Relation: weather-weka.filters.unsupervised.attribute.NominalToBinary-Rfirst-last

No.	outlook=sunny Numeric	outlook=overcast Numeric	outlook=rainy Numeric	temperature Numeric	humidity Numeric	windy Numeric	play Nominal
1	1.0	0.0	0.0	85.0	85.0	1.0	no
2	1.0	0.0	0.0	80.0	90.0	0.0	no
3	0.0	1.0	0.0	83.0	86.0	1.0	yes
4	0.0	0.0	1.0	70.0	96.0	1.0	yes
5	0.0	0.0	1.0	68.0	80.0	1.0	yes

Undo　OK　Cancel

图 7-10　nominal 类型属性转为 binary 属性

WEKA 把分类（Classification）和回归（Regression）都放在“Classify”选项卡中。在这两个任务中，都有一个目标属性（即输出变量或类标）。希望根据一个样本（WEKA 中称作实例）的一组特征（输入变量）对目标进行预测。为了实现这一目的，需要有一个训练数据集，这个数据集中每个实例的输入和输出都是已知的。观察训练集中的实例，可以建立起预测的模型。有了这个模型，就可以对新的未知实例进行预测了，注意衡量模型的好坏主要在于预测的准确率。

思考题

1. 根据数据挖掘工具的发展历程，思考数据挖掘系统的未来趋势。
2. 你喜欢通用数据挖掘工具还是专用数据挖掘工具？为什么？
3. IBM SPSS Modeler、WEKA 各有什么优缺点？如何扬长避短？

第8章 数据挖掘案例

本章主要讲述数据挖掘案例，尝试通过3个税务行业的数据挖掘示例（纳税评估、税收预测建模和纳税人客户细分），使读者了解数据挖掘的整个过程，最后简单讲述如何基于Hadoop平台进行数据挖掘。

8.1 概述

在本章示例中，根据CRISP-DM （CRoss-Industry Standard Process for Data Mining，跨行业数据挖掘标准流程），构建挖掘模型的6个步骤：商业理解、数据理解、数据准备、建立模型、模型评估和部署发布，基于数据挖掘工具SPSS Modeler进行演示。SPSS Modeler（以下简称Modeler）是业内领先的数据挖掘工具，由一系列组件（工具）构成，通过使用这些工具，企业可以快速建立预测性模型并应用于商业活动，从而改进决策过程。Modeler参照CRISP-DM模型设计而成，支持从数据到更优商业成果的整个数据挖掘过程，提供了各种借助机器学习、人工智能和统计学的建模方案。通过建模选项板中的方法，用户可以根据数据生成新的信息以及开发知识发现与数据挖掘模型。每种分析方法各有所长，可以通过试用多种方法以及方法间的嵌套、加权等方式解决特定类型的问题。使用Modeler进行数据挖掘，可以对当前条件和未来事件进行可靠的推理，从而将数据转化为有效的知识。

8.2 纳税评估示例

随着“金税三期”的实施和深入，税务行业信息化逐渐深入，慢慢从以业务自动化为主转变为以业务优化为主。其中，纳税评估对发现实际征收过程中存在的问题有很大的帮助，税务机关开始尝试针对不同的纳税人设立不同的监控等级以便更好地对纳税人进行管理。

纳税评估是指税务机关通过对比分析的方式，对纳税人申报纳税的真实性、准确性进行分析，通过税务函告、税务约谈和实地调查等方法进行核实，从而做出定性、定量判断，并采取进一步征管措施的管理行为。在实际工作中，税务机关通过实施纳税评估发现实际征收过程中的不足，并加以强化管理，以帮助纳税人发现和纠正纳税过程中出现的错误和疏漏。分析型纳税评估是利用数据中心提供的全面准确的纳税人历史数据（纳税数据和财务指标等），通过数据挖掘技术对历史数据建模，结合税务工作中的实际经验和业务逻辑对模型进行修正，然后基于该模型对当前纳税人数据进行评估，找出有疑点的纳税人，生成疑点纳税人清册。通过将纳税评估模型融入核心征管中，使评估工作实现基于自动化分析，纳税评估的输出结果可以作为稽查选案的输入。

通过对纳税人的缴税行为（例如是否按时申报和缴税）和缴税额（计算纳税人的财务指标、税务指标、同业税负、分税种税目指标等，根据指标进行比对）进行核对型评估、比对型评估（例如根据税收法规进行比对，采用统计方法进行比对，利用标化值、变异系数、偏度和峰度等参考值评估）和分析型评估（例如可以采用神经网络、决策树、聚类算法和曲线回归等方法分析指标间的潜在联系，加以评估分析）等，找出纳税人纳税是否正常。税务机关通常会针对不同的纳税人设立不同的监控等级，以便更好地进行管理。例如对过往纳税记录良好并且当前纳税正常的纳税人状态设为“正常”，对以往纳税记录有问题以及当前纳税存在疑点的纳税人状态设为“一般监控”，对存在重大疑点以及过往纳税记录存在重大问题的纳税人状态设为“重点监控”。针对新纳税人或者以往没有设置监控等级的纳税人，其初始状态可以根据过往其他纳税人的存在的规律进行设置。

8.2.1　纳税评估监控等级预测的方法

目前，业界研究纳税评估监控等级预测的方法主要有神经网络、决策树和 Logistic 回归三种，每种方法产生的结果都可能不同。如果多种方法生成的结果都相近或相同，那么挖掘结果就很稳定，可用度也高，如果得到的结果不同，就需要查找问题原因所在。在时间允许的情况下，一般最好多尝试几种不同的统计算法（挖掘方法）来建立模型，通过比较各个模型的准确率选出最适合的模型，或者通过几种模型的组合来进行预测，这里主要介绍 CHAID 决策树、CRT 决策树、C5.0 决策树和贝叶斯网络。

1. CHAID 决策树

CHAID 决策树即 CHAID-Chi-squared Automatic Interaction Detetor（卡方自交互侦测）决策树。

（1）设 S 是 s 个数据样本的集合。假定类标号属性具有 m 个不同值，定义 m 个不同类 $C_i(i=1,\ \dots,\ m)$。设 s_i 是类 C_i 中的样本数。对一个给定的样本分类所需的期望信息由下式给出：

$$E(S) = -\sum_{i=1}^{m} p(i) \times \log_2 p(i)$$

（2）设属性 X 具有 n 个不同值 $\{X_1, X_2, \dots, X_n\}$，利用 X 将 S 划分为 n 个子集 $\{s_1, s_2, \dots, s_n\}$，其中 s_j 为 S 中在 X 中具有 X_j 的样本，s_{ij} 是子集 s_j 中类 D_i 样本数。$E(S, X)$ 表示利用属性 X 划分 S 中所需要的数学期望，计算如下：

$$E(S, X) = \sum_{j=1}^{n} \frac{s_j}{s} E(s_j)$$

（3）计算信息增益（Information Gain），用来度量序数改进的结果。

$$Gain(S, X) = E(S) - E(S, X)$$

2. CRT 决策树

CRT 决策树即 CRT-Classification Regression Tree（分类回归树）。

CRT 算法也是用信息增益作为决策属性分类判别能力的度量，进行决策终点属性的选择。但不同的是，在每个子类产生子节点的地方，只产生两个子节点，既可以处理连续型属性，又可以处理离散型属性。

3. C5.0 决策树

（1）设 S 是 s 个数据样本的集合。假定类标号属性具有 m 个不同值，定义 m 个不同类 C_i（$i=1$，…，m）。设 s_i 是类 C_i 中的样本数。对一个给定的样本分类所需的期望信息由下式给出：

$$E(S) = -\sum_{i=1}^{m} p(i) \times \log_2 P(i)$$

（2）设属性 X 具有 n 个不同值 $\{X_1, X_2, \ldots, X_n\}$，利用 X 将 S 划分为 n 个子集 $\{s_1, s_2, \ldots, s_n\}$，其中 s_j 为 S 中在 X 中具有 X_j 的样本，s_{ij} 是子集 s_j 中类 D_i 样本数。$E(S, X)$ 表示利用属性 X 划分 S 中所需要的数学期望，计算如下：

$$E(S, X) = \sum_{j=1}^{n} \frac{s_j}{s} E(s_j)$$

（3）计算信息增益（Information Gain），用来度量序数改进的结果。

$Gain(S, X) = E(S) - E(S, X)$

（4）分裂信息 SplitInfor 是关于属性的各值的数学期望，用于消除具有大量属性值属性的偏差，计算如下：

$$SplitInfor(s, X) = -\sum_{i=1}^{n} \frac{|s_i|}{|s|} \log_2 \frac{|s_i|}{|s|}$$

（5）增益率采用 Gain 除以 SplitInfor 计算得到，这样计算减少了较大值数据集的偏差。

$$GainRatio(s, v) = \frac{Gain(s, X)}{SplitInfor(s, X)}$$

4. 贝叶斯网络

（1）一个贝叶斯网络定义包括一个有向无环图和一个条件概率表集合。给定一个随机变量集 $X=\{X_1, X_2, \ldots, X_n\}$，图中每一个顶点表示有限集中 X 的随机变量 $X_1, X_2, \ldots, X_n$；而有向边代表一个函数依赖关系，条件概率表中的每一个元素对应图中唯一的节点。

（2）如果有一条有向边由变量 Y 到 X，则 Y 是 X 双亲或者直接前驱，而 X 则是 Y 的后继。存储此节点对于其所有双亲节点的联合条件概率。一旦给定其双亲，无环图中的每个变量独立于图中该节点的非后继。

（3）在贝叶斯网络中，任意随机变量组合的联合条件概率分布为：

$$p(X_1, X_2, \cdots, X_n) = \prod_{i=1}^{n} p(X_i \mid parents(X_i))$$

其中，parents 表示 X 的直接前驱节点的联合，概率值可以从相应概率表中查到。

8.2.2 构建税务行业数据中心

在以往，税务局的业务系统都是从业务出发，按项目，是自下而上，而不是自上而下进行构建的，从而造成了一个个孤立的业务系统，形成了一个个不同的竖井。各个竖井之间缺乏沟通，数据存在冗余、缺失、错误、分类标准各异、层次结构不一致等问题，从而形成了一个个信息孤岛。通过构建数据中心，可以将整个税务局的各个系统整合起来，形成了全局级别税务信息的单一视图，从而保证了信息的准确性、完整性、一致性和有效性。

通过构建税务行业数据中心，实现了税务行业信息供应链的集成以及元数据工作流的集成，为纳税人评估等数据挖掘、预测分析提供了准确、及时、一致的数据支撑，有效地提高了预测的准确率。具体如图 8-1 所示，数据中心整体分为六层，分别为“信息整合服务层”、“数据清洗、转换、加载层”、“数据存储区”、“信息服务层”、“信息治理层”和“元数据管理层”，另外还有和相关业务部门进行数据交换的相关部分。

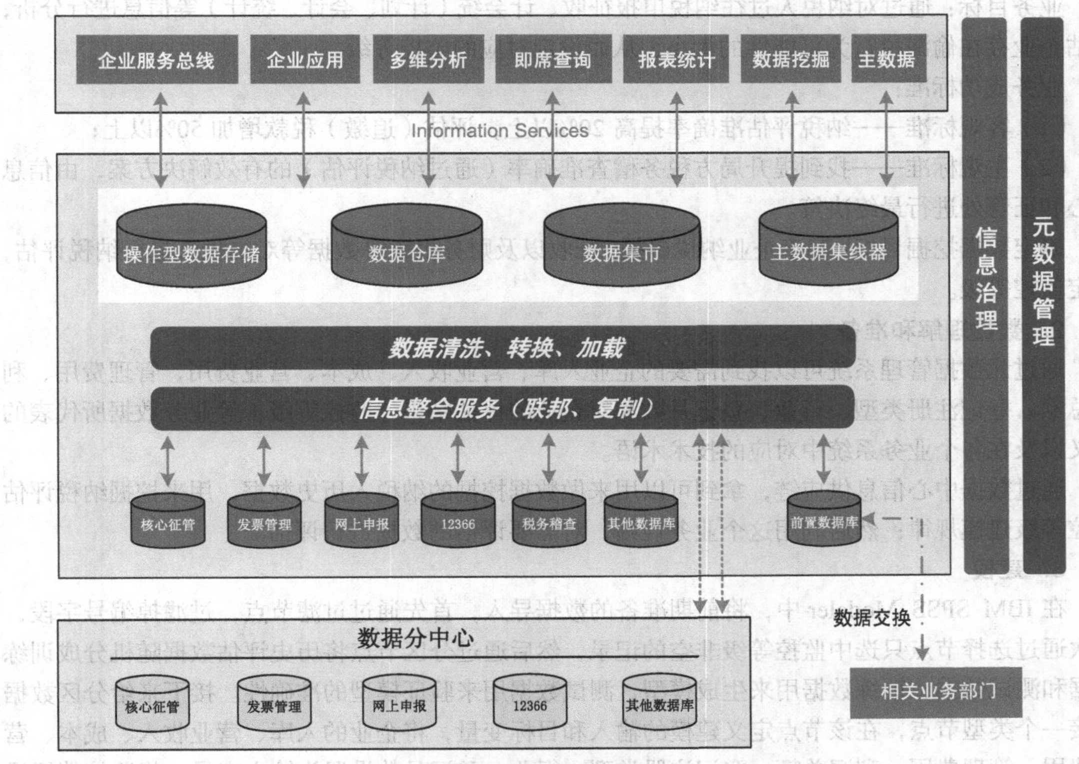

图 8-1　数据中心架构

通过信息整合服务总线，可以透明、实时地访问分布在省局和市局各个业务系统中的各种异构数据。信息整合服务总线在整个税务局层面保证了数据的完整性和及时性。信息服务总线主要使用两种技术来完成这一功能：联邦和复制。数据清洗、转换、加载层主要完成数据的分析、清洗（标准化）、转换、加载等工作。数据清洗，主要是去除冗余数据，将零散字段合并成全局记录，并解决重叠和矛盾的数据，然后通过添加关系和层次结构完善丰富信息。数据存储区主要包括操作型数据存储、数据仓库/数据集市、客户特征知识库、主数据集线器等，其主要是为前端各种分析、统计、数据挖掘等应用服务。信息服务层主要实现信息的访问问题，例如，可以将信息发布成 Web 服务放到企业服务总线上供应用方便地调用，各个企业应用也可以通过数据库接口非常方便地直接访问存储区。信息治理层主要是为了保证数据的完整性、一致性、准确性、及时性，保证历史数据正确归档并在需要的时候可以和现有数据一起被联合访问，提供数据库安全、审计、监控和合规服务，从而防止内部人员偷窃，防范欺诈作假，保护数据隐私，强制执行安全规范，强制满足合规的要求，防止外部攻击对数据的破坏。元数据管理会贯穿企业业务层面、业务系统、信息整合服务总线、ETL 层、数据存储区、信息服务层、展现层等各个层面，当数据口径出现问题时，能够提供数据在各个层面的正向/逆向追踪功能。元数据的管理涉及业务元数据和技术元数据两种。数据交换功能区主要实现和其他相关业务部门的数据交换功能。

8.2.3 构建纳税评估监控等级模型

1. 业务理解

业务目标：通过对纳税人过往纳税申报征收、计会统（计划、会计、统计）等信息进行分析，评估企业存在偷漏税行为可能性的大小，从而设定对应的监控等级。

业务成功标准：

（1）客观标准——纳税评估准确率提高 20%以上，评估（追缴）税款增加 50%以上；

（2）主观标准——找到提升局方税务稽查准确率（通过纳税评估）的有效解决方案，由信息中心和征管处进行最终决策。

确定数据挖掘目标：基于企业纳税申报、征收以及财务报表等数据等对纳税人进行纳税评估，确定监控等级。

2. 数据理解和准备

通过元数据管理系统可以找到需要的企业入库、营业收入、成本、营业费用、管理费用、利润总额、登记注册类型、行业、登记月数和对企业的评估结果（监控等级）等业务数据所代表的含义以及在各个业务系统中对应的技术术语。

通过数据中心信息供应链，拿到可以用来做数据挖掘的纳税人历史数据，用来挖掘纳税评估监控等级建模规律；然后利用这个业务规则，对需要评估的数据进行评估。

3. 建模

在 IBM SPSS Modeler 中，将前期准备的数据导入，首先通过过滤节点，过滤掉编号字段，其次通过选择节点只选中监控等级非空的记录，然后通过分区节点将历史评估数据随机分成训练数据和测试数据，训练数据用来生成模型，测试数据用来验证模型的准确性。接下来给分区数据连接一个类型节点，在该节点定义建模的输入和目标变量，将企业的入库、营业收入、成本、营业费用、管理费用、利润总额、登记注册类型、行业、登记月数设置为输入变量，将监控等级设为目标变量。然后分别连接 C5.0 决策树、CHAID 决策树、CRT 决策树和贝叶斯网络建模节点，并运行该模型，运算完成后，会分别生成一个黄色的钻石模型图标，双击该图标可以看到模型的情况。建模界面具体如图 8-2 所示。

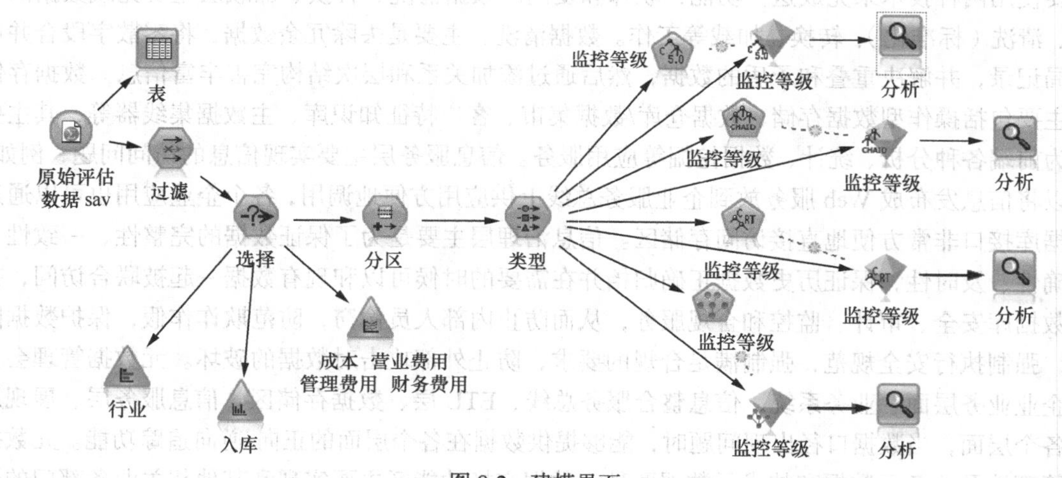

图 8-2 建模界面

在建模时通常要执行多次迭代，或者对源数据进行加权等。一般会使用默认参数运行模型，然后再对这些参数进行微调或回到数据准备阶段以便执行所选模型所需的操作。一个模型仅执行一次就能圆满地解答数据挖掘问题，这样的情况几乎不存在。

4. 评估

通过在每个模型上添加一个分析节点，利用训练数据和测试数据检验其准确率，4 个模型的准确率如图 8-3 所示，C5.0 模型准确率分别为 88.27%和 64.49%，CHAID 模型的准确率分别为 76.86%和 68.57%，CRT 模型的准确率分别为 72.16%和 64.9%，贝叶斯网络模型的准确率分别为 76.08%和 59.59%，可以发现 CHAID 建模结果更合适。

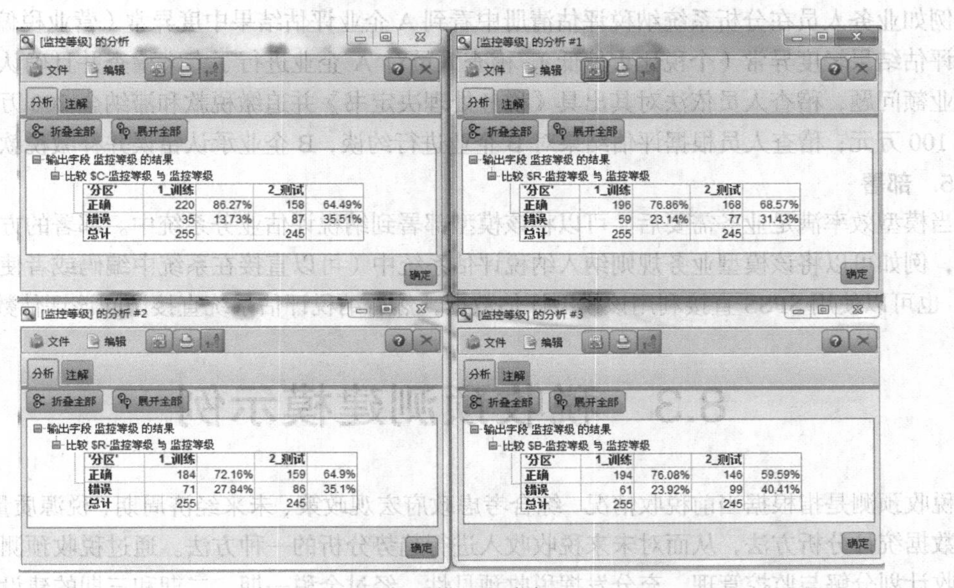

图 8-3 模型准确率

双击 CHAID 模型，可以看到该模型通过建立决策树的方式把企业进行了逐步的划分，划分的最末端表示该类企业具备同性的评估特征。同样，可以通过规则集的方式查看这棵树，单击“全部”能够把规则集完全展开，看到纳税评估模型的具体评判规则。在规则中还能通过企业数和百分比看到该规则的置信度。具体如图 8-4 所示。

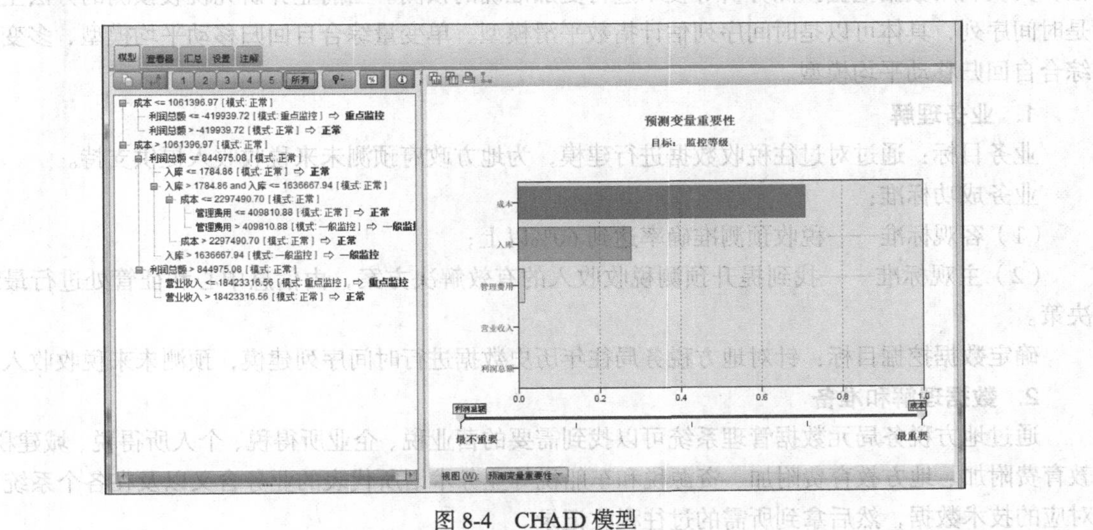

图 8-4 CHAID 模型

这样，就有了一个初始模型，接下来可以深入了解它们并确定其是否既准确又高效，可以成为最终的模型。

例如，某市级地税 20××年全年税收 178 亿元，通过设置评估指标和构建评估模型，对纳税人的缴税行为和缴税数额进行综合评估。通过指标测算，设置预警阈值，对申报数据有疑问的纳税人进行稽查选案；通过纳税评估模型，可以发掘纳税人偷漏税典型模式，并推测纳税人实际纳税能力。通过使用纳税评估，选案清册命中率超过 95%，全年全市累计直接入库评估税款高达 3 亿元（补缴）。

例如业务人员在分析系统纳税评估清册中看到 A 企业评估结果中度异常（营业税偏低）和 B 企业评估结果轻度异常（个税比重偏低），稽查人员对 A 企业进行了专案稽查并且确认其存在瞒报营业额问题，稽查人员依法对其出具《税务处理决定书》并追缴税款和滞纳金 200 万元，并处罚款 100 万元；稽查人员根据评估结果对 B 企业进行约谈，B 企业承认错误并补缴税款 10 万元。

5. 部署

当模型效率满足业务需要后，可以将该模型部署到纳税评估业务系统中。部署的方式可以有多种，例如可以将该模型业务规则纳入纳税评估系统中（可以直接在系统中编码或者使用规则引擎），也可以使用 SPSS 直接利用该模型评估数据，然后纳税评估系统直接访问该评估数据。

8.3 税收预测建模示例

税收预测是指根据当前税收情况，综合考虑政府宏观政策、未来经济周期、税源质量情况等，运用数据统计分析方法，从而对未来税收收入进行趋势分析的一种方法。通过税收预测，可以提高税收计划分解与监控管理，充分发挥税收预见性。经过金税一期、二期和三期的建设，目前税务局已经实现了业务系统自动化，构建了核心征收管理、发票管理、网上申报、12366、稽查管理等系统，由于系统是基于业务需求自下而上构建的，所以系统建成后形成了一个个业务竖井，各个业务系统之间互通互联比较困难，变成了一个个信息孤岛。如果想进行准确的税收预测，首先就要统一税务数据，形成单一信息视图，同时还要保证数据的准确性、一致性、完整性和及时性，其次利用数据挖掘预测分析等技术进行更加准确的预测。当前业界研究税收预测的方法主要是时间序列，具体可以是时间序列估计指数平滑模型、单变量综合自回归移动平均模型、多变量综合自回归移动平均模型。

1. 业务理解

业务目标：通过对过往税收数据进行建模，为地方政府预测未来税收收入提供支持。

业务成功标准：

（1）客观标准——税收预测准确率达到 60%以上；

（2）主观标准——找到提升预测税收收入的有效解决方案，由信息中心和征管处进行最终决策。

确定数据挖掘目标：针对地方税务局往年历史数据进行时间序列建模，预测未来税收收入。

2. 数据理解和准备

通过地方税务局元数据管理系统可以找到需要的营业税、企业所得税、个人所得税、城建税、教育费附加、地方教育费附加、资源税和车船税等业务术语所代表的业务含义以及在各个系统中对应的技术数据，然后拿到所需的过往税收记录。

3. 建模

对某市地方税务局过去 11 年税收数据（2000 年 1 月至 2010 年 12 月）进行建模，数据包含营业税、企业所得税、个人所得税、城建税、教育费附加、地方教育费附加、资源税和车船税。通过使用 SPSS 来完成建模工作，如图 8-5 所示，首先在时间区间节点中指定要预测未来 12 个月数据，然后在类型节点中将营业税等设为目标，再添加一个时间序列节点，建模方法选择专家建模器，置信度限制宽度设置为 95%，ACF 和 PACF 输出中的最大延迟数设置为 24。

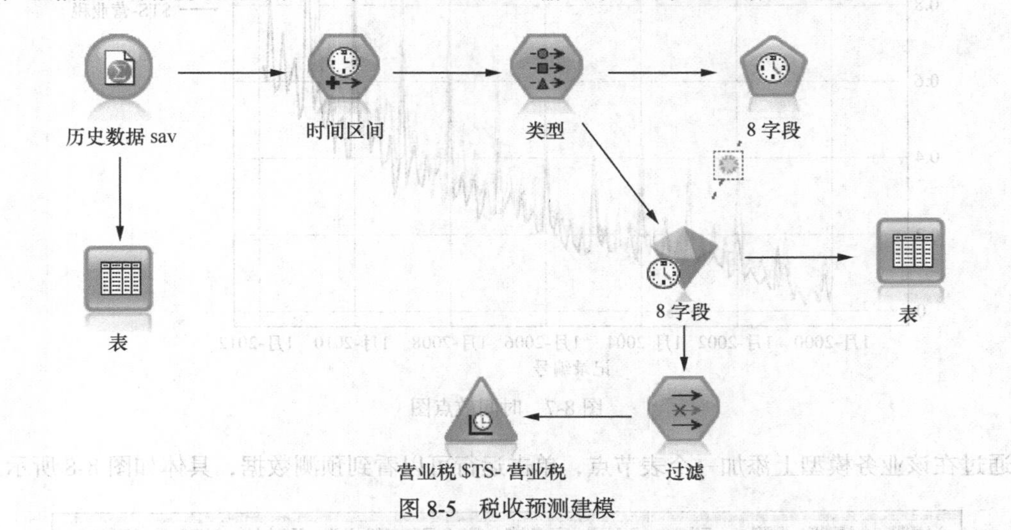

图 8-5 税收预测建模

4. 评估

运行该时间序列模型，运算完成后会分别生成一个黄色的模型图标，双击该图标可以看到业务模型的情况，具体如图 8-6 所示。

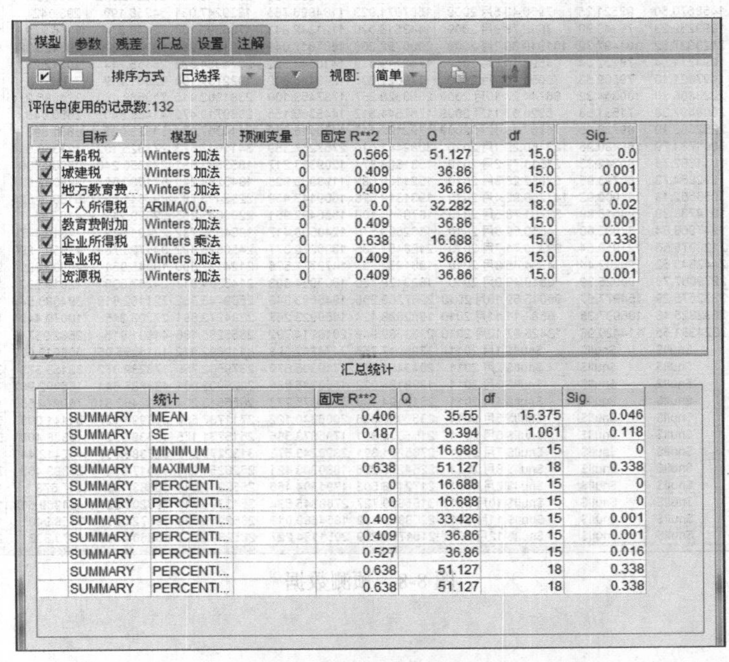

模型 参数 残差 汇总 设置 注解

排序方式 已选择 视图: 简单

评估中使用的记录数:132

目标	模型	预测变量	固定 R**2	Q	df	Sig.
车船税	Winters 加法	0	0.566	51.127	15.0	0.0
城建税	Winters 加法	0	0.409	36.86	15.0	0.001
地方教育费...	Winters 加法	0	0.409	36.86	15.0	0.001
个人所得税	ARIMA(0,0,...	0	0.0	32.282	18.0	0.02
教育费附加	Winters 加法	0	0.409	36.86	15.0	0.001
企业所得税	Winters 乘法	0	0.638	16.688	15.0	0.338
营业税	Winters 加法	0	0.409	36.86	15.0	0.001
资源税	Winters 加法	0	0.409	36.86	15.0	0.001

汇总统计

	统计	固定 R**2	Q	df	Sig.
SUMMARY	MEAN	0.406	35.55	15.375	0.046
SUMMARY	SE	0.187	9.394	1.061	0.118
SUMMARY	MINIMUM	0	16.688	15	0
SUMMARY	MAXIMUM	0.638	51.127	18	0.338
SUMMARY	PERCENTI...	0	16.688	15	0
SUMMARY	PERCENTI...	0	16.688	15	0
SUMMARY	PERCENTI...	0.409	33.426	15	0.001
SUMMARY	PERCENTI...	0.409	36.86	15	0.001
SUMMARY	PERCENTI...	0.527	36.86	15	0.016
SUMMARY	PERCENTI...	0.638	51.127	18	0.338
SUMMARY	PERCENTI...	0.638	51.127	18	0.338

图 8-6 业务模型详细内容

通过对业务模型添加一个时间散点图，单击运行后可以看到（见图 8-7）对比营业税历史数据（浅色线条）和预测值（深色线条），可以看到针对 2000 年到 2010 年的数据，该业务模型预测值和实际值之间差别不大，基本符合实际。

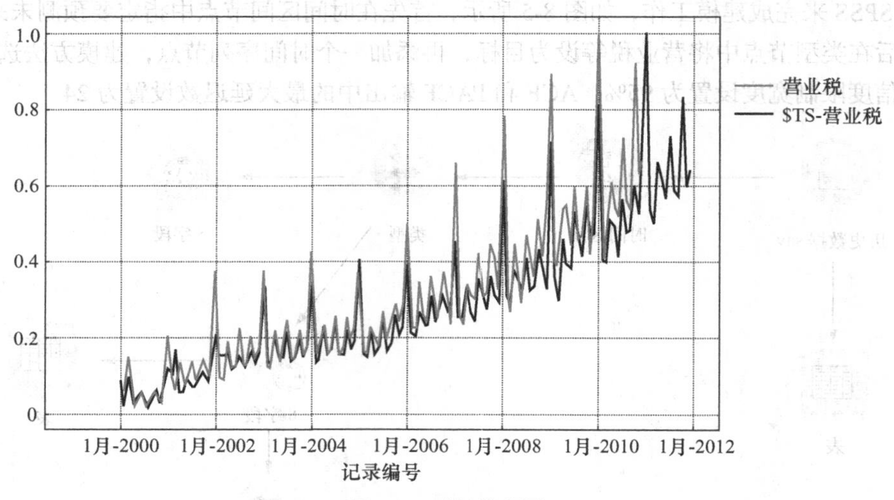

图 8-7　时间散点图

通过在该业务模型上添加一个表节点，单击运行可以看到预测数据，具体如图 8-8 所示。

个人所得税	企业所得税	资源税	车船税	DATE_Ti...	$TS-营业税	$TSLCI-营业...	$TSUCI-营...	$TS-个人所...	$TSLCI-个...	$TSUCI-个...
37941.43	1517180.84	59443.65	9017.87	9月 2008	1272172.819	949997.662	1594347.976	35358.592	4965.373	138903.378
649531.53	2046352.84	85789.93	85466.63	10月 2008	1631094.460	1308919.303	1953269.617	712206.315	378089.224	1119474.975
19751.76	1188640.66	69893.84	6744.16	11月 2008	1462579.969	1140404.811	1784755.126	34290.764	5482.046	136251.050
11961.82	1315649.28	83064.21	5770.42	12月 2008	1234096.684	911921.527	1556271.841	15610.119	27561.131	76810.675
710116.18	2639714.37	150124.23	93039.71	1月 2009	2715021.821	2392846.664	3037196.978	646026.886	329876.131	1035329.208
237166.68	1978587.99	65330.96	33921.03	2月 2009	1404465.360	1082290.203	1726640.518	328551.988	115997.150	614258.395
611461.21	1499118.04	68967.35	80707.84	3月 2009	1142401.763	820226.606	1464576.921	397402.885	159046.092	708911.247
832316.60	2470541.27	90949.33	108314.76	4月 2009	1735773.910	1413598.753	2057949.067	863242.948	491069.676	1308567.789
29449.92	1458670.50	92521.25	7956.43	5月 2009	1507071.923	1184896.766	1829247.081	54268.190	298.042	181389.907
4940.71	1899259.23	75345.90	4892.78	6月 2009	1443518.000	1121342.843	1765693.157	32449.874	6466.929	131584.387
781157.56	2123937.52	101497.72	101919.89	7月 2009	2009792.206	1687617.049	2331967.363	599330.317	296428.388	975383.815
2559.36	1994771.54	78132.04	4595.11	8月 2009	1752719.679	1430544.522	2074894.836	26465.714	10712.293	115370.703
6212.54	1497021.10	79509.53	5051.76	9月 2009	1570622.006	1248446.849	1892797.164	62851.719	7.619	198847.387
659752.62	2223868.90	100864.32	86744.27	10月 2009	2059628.257	1737453.100	2381803.415	710568.161	376885.271	1117402.618
8395.86	2008497.38	71531.58	5324.67	11月 2009	1767544.312	1445369.155	2089719.470	41455.540	2650.643	153412.005
19938.14	2252663.99	89738.15	6767.46	12月 2009	1792192.117	1470016.960	2114367.274	31823.023	6831.890	129965.723
945480.80	3961784.79	168480.96	122460.29	1月 2010	3089442.516	2767267.359	3411617.673	773325.102	423356.544	1196445.228
137892.64	1911682.76	80242.33	21511.77	2月 2010	1531508.374	1209333.217	1853683.532	279350.240	87008.630	544843.417
388640.44	1892854.73	68793.95	52855.25	3月 2010	1521109.083	1198933.925	1843284.240	671080.607	348022.697	1067290.086
1143845.88	3056552.18	103000.92	147255.92	4月 2010	1931318.626	1609143.469	2253493.783	899641.493	518815.526	1353619.028
227412.75	1914738.39	94516.88	32701.78	5月 2010	1878668.108	1556492.951	2200843.265	52990.242	416.795	178715.257
3004.00	1947968.84	87383.68	4650.69	6月 2010	1562683.575	1240508.417	1884858.732	22491.819	14819.447	103315.759
760444.20	2120076.55	121950.54	99330.71	7月 2010	2128451.535	1806276.377	2450626.692	846798.789	478595.290	1288153.857
874.07	2442843.52	96209.44	4384.45	8月 2010	1801952.733	1479777.576	2124127.890	18945.951	20003.929	91039.541
32354.40	2279067.75	90925.39	8319.49	9月 2010	1823129.760	1500954.603	2145304.917	24267.838	12815.532	108871.712
734163.21	2332675.29	154977.67	96045.59	10月 2010	2267268.205	1945093.048	2589443.362	721162.618	384680.544	1130796.261
18447.32	2632825.48	106907.36	6581.11	11月 2010	1982098.424	1659923.267	2304273.581	27208.345	10079.442	117488.816
73213.44	2224391.55	114420.96	13426.87	12月 2010	2333089.949	2010914.792	2655265.106	41681.015	2582.967	153930.632
$null$	$null$	$null$	$null$	1月 2011	3796917.755	3474742.598	4119092.912	1016355.055	608919.597	1496942.083
$null$	$null$	$null$	$null$	2月 2011	2049464.217	1719395.679	2379532.755	173239.372	32153.373	387476.939
$null$	$null$	$null$	$null$	3月 2011	1888124.028	1550345.056	2225903.001	438887.641	186092.987	764833.863
$null$	$null$	$null$	$null$	4月 2011	2510194.488	2164875.773	2855513.204	1220462.810	769974.553	1744102.635
$null$	$null$	$null$	$null$	5月 2011	2359038.836	2006340.122	2711737.550	268998.127	81141.098	530006.724
$null$	$null$	$null$	$null$	6月 2011	2155802.381	1795873.586	2515731.175	19639.962	18828.400	93603.091
$null$	$null$	$null$	$null$	7月 2011	2765261.391	2398243.573	3132279.209	825388.097	462412.443	1261515.320
$null$	$null$	$null$	$null$	8月 2011	2254277.226	1880303.421	2628251.031	16017.808	26393.462	78793.721
$null$	$null$	$null$	$null$	9月 2011	2172108.503	1791304.456	2552912.549	56383.196	147.673	185770.288
$null$	$null$	$null$	$null$	10月 2011	3155860.727	2768345.534	3543375.919	798208.528	441969.512	1227599.111
$null$	$null$	$null$	$null$	11月 2011	2258802.339	1864689.013	2652915.666	39872.086	3158.940	149736.801
$null$	$null$	$null$	$null$	12月 2011	2451788.259	2051184.227	2852392.292	102604.090	6170.803	272188.945

图 8-8　预测数据

5. 部署

当模型准确率满足业务需要后，可以将该模型部署到税收预测业务系统中。

8.4 税务行业纳税人客户细分探索

8.4.1 客户细分概述

客户细分（Customer Segmentation）是美国市场学家温德尔·史密斯（Wendeii R.Smith）在20世纪50年代中期提出来的，是指根据客户的价值、需求、偏好、属性、行为等综合因素对客户进行分类并提供针对性的产品和服务。分属于同一客户群的客户具有一定的相似度，不同客户群之间存在明显的差异性。其理论依据是顾客需求的异质性和企业需要在有限资源的基础上进行有效的市场竞争。

客户细分模型是指通过选择细分变量按照一定的划分标准对客户进行分类的方法。客户细分模型不仅要考虑细分深度（不同的使用者或者不同的目的，其细分深度要求可能是不同的），还要考虑对大数据量的处理能力和容错能力（随着业务的增长，企业的数据量越来越大，数据结构越来越复杂，误差数据越来越多），同时模型还要有足够的伸缩性（细分模型要能够随着情况的变化而不断进行调整）。本文主要探讨使用聚类模型来实现客户细分的方法。

8.4.2 客户细分的主要研究方法

聚类模型，又被称为无监督学习模型，和其他模型需要提供预定义的目标字段不同，聚类模型不需要预定义目标字段。该模型主要通过查找相似记录进行分组（不需要提前了解分组特征），常用的主要有K-Means、Kohonen和两步聚类法，本文主要使用K-Means来对纳税人进行客户细分。

K-Means聚类法首先需要定义固定的分组（或聚类）数量（即K群），然后将记录迭代分配给不同分组（先自动确定K个分组的中心位置，然后计算每条记录距离K个分组中心位置的距离，将距离最短的各个记录加人K个分组，然后重新计算K个分组的中心位置，再次计算每条记录距离这K个分组中心位置的距离，并把所有记录重新归类，再次调整中心位置，依次类推），直到无法进一步优化该模型。

8.4.3 构建客户细分模型

1. 业务理解

第一个任务就是尝试尽可能多地了解数据挖掘的业务目标。这可能并没有看起来这么简单，但通过详细说明问题、目标和资源，可以将今后的风险降至最低。

业务目标：通过纳税人历史纳税记录分析，对纳税人进行客户细分，为提高纳税评估准确率，提升重点税源监控效率、税收预测准确率等提供有力支撑。

业务成功标准：

（1）客观标准——纳税评估准确率提高10%以上，重点税源监控效率提升10%以上；

（2）主观标准——找到提升税务局业务优化的有效解决方案，由信息中心和征管处进行最终决策。

确定数据挖掘目标：基于企业纳税申报以及财务报表等数据等对纳税人进行客户细分。

2. 数据理解和准备

首先进行初始数据的收集，数据来自于税务局核心征收管理系统、网上申报等不同数据源。

接下来将收集的数据中不需要用到的项例如编号、纳税人识别号、营业范围等进行过滤，选择与数据挖掘相关的数据，例如企业税务登记证号、入库、营业收入、成本、营业费用、管理费用、财务费用、利润总额、登记注册类型、行业和登记月份数等以利下一步的建模。

3. 建模

在 IBM SPSS Modeler 中，将前期准备的数据导入，并将企业税务登记证号、入库、营业收入、成本、营业费用、管理费用、财务费用、利润总额、登记注册类型、行业和登记月份数等数据项作为输入项，并将 K-Means 节点拖曳进来并连上类型节点，并运行该模型，运算完成后会生成一个钻石形状的实际模型图标，具体如图 8-9 所示。

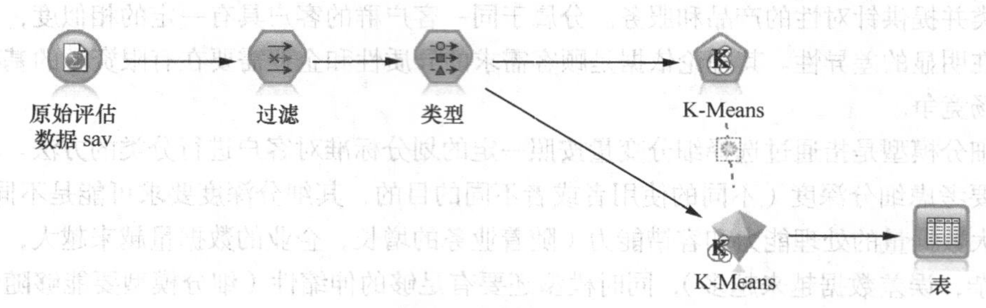

图 8-9 客户细分建模

在建模时通常要执行多次迭代，或者对源数据进行加权等。一般会使用默认参数运行模型，然后再对这些参数进行微调或回到数据准备阶段，以便执行所选模型所需的操作。

双击图 8-9 中的钻石形状图标可以看到该模型概要，输入变量有 9 个，共生成 5 个聚类，总体凝聚和分离轮廓测量较好，具体如图 8-10 所示。各聚类所包含的客户数量百分比具体如图 8-11 所示，最大聚类大小为 302，占总纳税人的 58.19%，最小聚类大小为 16，占总纳税人的 3.08%，各个聚类有大有小，且相差悬殊，但也符合客户细分的目的。客户细分往往是找出一小部分的特殊客户（占 20%左右）来进行特别对待。在图 8-11 所示的 5 个聚类中，除去最大的聚类 1 后其余 4 个聚类占总纳税人的 42%；而聚类 1 可以再继续细分（将其作为一个数据集再次聚类操作或直接提高聚类分组数目）。

模型概要

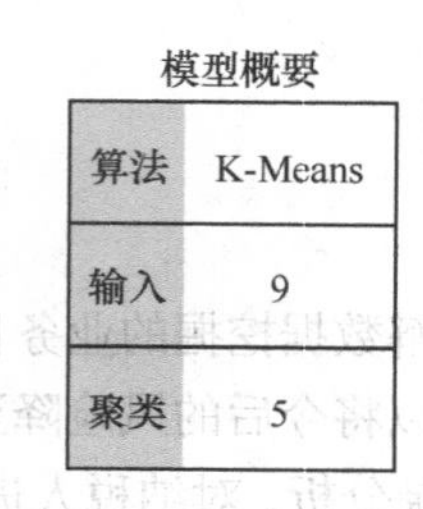

算法	K-Means
输入	9
聚类	5

聚类质量

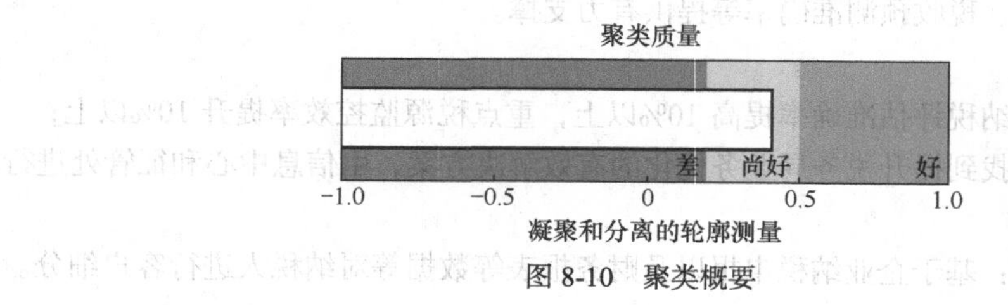

图 8-10 聚类概要

各输入项的总体重要性具体如图 8-12 所示，可以看到行业、入库、成本、营业收入最重要，而营业费用、管理费用、财务费用和利润总额其次，登记月份数作用最小，可以考虑数据降维。

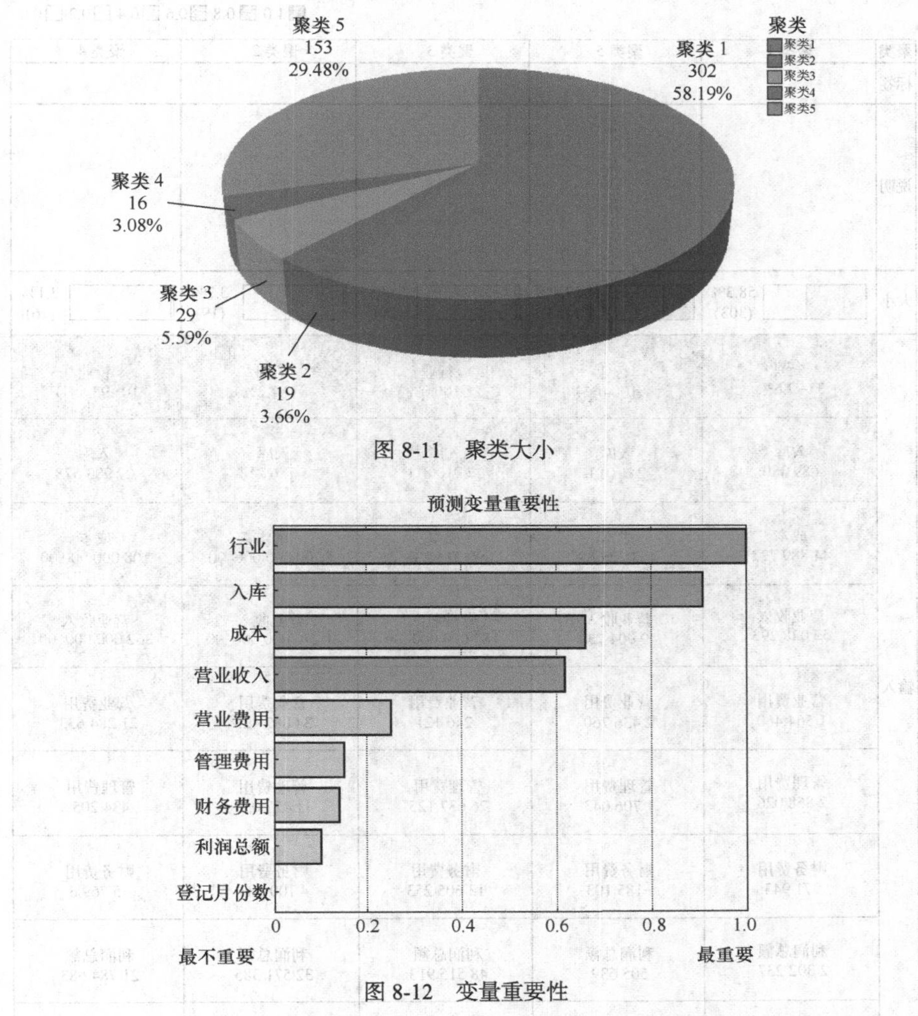

图 8-11　聚类大小

图 8-12　变量重要性

这样就有了一个初始模型，接下来可以深入了解它们并确定其是否既准确又高效，可以成为最终的模型。

4．评估

实际模型具体如图 8-13 所示，每个聚类的输入项从上到下按照变量重要性进行排列，例如聚类 1，其行业重要性为 1.00；最频繁的类别为 3，出现的频率为 77.6%；入库重要性为 0.91，均值为 689 380；成本重要性为 0.66，均值为 44 889 722。对 5 个聚类进行分析，得出其平均毛利率和平均利润率，具体见表 8-1。

表 8-1　聚类

聚类	营业收入	成本	利润总额	毛利率	利润率
1	52 028 293	44 889 722	2 303 237	13.72%	4.43%
2	49 904 734	46 042 682	505 639	7.74%	1.01%
3	187 000 000	99 315 233	48 515 913	46.89%	25.94%
4	12 700 000 000	1 200 000 000	32 571 385	5.51%	2.56%
5	362 000 000	108 000 000	21 784 683	70.17%	6.02

聚类

输入（预测变量）重要性

■1.0 ■0.8 ■0.6 ■0.4 ■0.2 □0.0

聚类	聚类 1	聚类 5	聚类 3	聚类 2	聚类 4
标签					
说明					
大小	58.3% (303)	29.4% (153)	5.6% (29)	3.7% (19)	3.1% (16)
输入	行业 3（77.6%）	行业 8（100.0%）	行业 2（100.0%）	行业 8（84.2%）	行业 10（93.8%）
	入库 689 380	入库 241 013	入库 27 910 811	入库 5 786 214	入库 22 903 578
	成本 44 889 722	成本 46 042 682	成本 99 315 233	成本 1 200 000 000 .00	成本 108 000 000.00
	营业收入 52 028 293	营业收入 49 904 734	营业收入 187 000 000 .00	营业收入 1 270 000 000 .00	营业收入 362 000 000 .00
	营业费用 1 564 460	营业费用 2 436 760	营业费用 246 121	营业费用 34 082 423	营业费用 21 284 633
	管理费用 2 868 026	管理费用 1 706 043	管理费用 26 637 125	管理费用 11 477 035	管理费用 434 205
	财务费用 971 943	财务费用 −185 103	财务费用 13 605 253	财务费用 4 100 683	财务费用 −5 769.6
	利润总额 2 302 237	利润总额 505 639	利润总额 48 515 913	利润总额 32 571 385	利润总额 21 784 683
	登记月份数 61.82	登记月份数 60.91	登记月份数 58.17	登记月份数 51.68	登记月份数 62.50

图 8-13 聚类

最突出的有两个聚类：聚类 3 和 5。聚类 3 毛利率达到了 46.89%，利润率达到了 25.94%，可以判断该聚类纳税人是重点税源纳税人。聚类 5 毛利率非常高，达到了 70.17%，但利润率只有 6.02%，毛利率和利润率差别非常大，再观察其管理费用、财务费用等非常高，需要对其进行纳税评估，看其是否有申报数据与实际经营数据不符的情况。聚类 1 是占 58.3%的最大普通纳税人客户群，该客户群无论是营业收入、利润总额、利润率等都不高，该聚类还可以进行细分。聚类 4 其营业收入和成本都非常高，可以看出属于大型企业，且其处于充分性竞争行业。聚类 2 利润率非常低，属于普通纳税人客户群中利润偏下纳税人。

经过在某市地税的实践表明，通过客户细分的方法，有效地对纳税人进行了分类，针对聚类 3 和聚类 5 的纳税人进行重点税源监控，对聚类 5 的纳税人进行了纳税评估，避免了税款流失。在对纳税人进行细分的基础上，税务局可以有针对性地进行税务管理和稽查，提升了工作效率和服务质量，为更好服务纳税人打好了坚实的基础。通过客户细分和行业细分，纳税评估的有效性得到了进一步的提高，税收预测的准确性也得以提升。

5. 部署

根据之前定义的数据挖掘成功标准，经过实际评估，可以确定在建模阶段构建的模型从技术上说是正确而且有效的，可以作为实际模型进行部署。

8.5　基于 Hadoop 平台的数据挖掘

如果客户的数据是存储在 Hadoop 集群中，可以使用以下两种方式进行 Hadoop 平台数据的数据挖掘建模：

（1）通过中间引擎将客户端应用程序（各种数据挖掘工具进行的建模作业）转换成 MapReduce 在 Hadoop 集群上运行，如 IBM SPSS Analytics Server 就是一款很好的中间引擎；

（2）通过扩展 R Project 直接在 Hadoop 集群上进行数据挖掘建模，例如 IBM BigInsights 产品就扩展了 R Project，使其可以将作业转换成 MapReduce 在 Hadoop 集群上运行。

8.5.1　基于 IBM SPSS Analytic Server 的数据挖掘

如图 8-14 所示，IBM SPSS Analytic Server 是处于客户应用程序和 Hadoop 集群中间的数据分析引擎。用户通过使用 SPSS Modeler 客户端或者 SPSS Analyitc Catalyst，将各种分析请求发送给 SPSS Analytic Server，SPSS Analytic Server 将协调作业将其运行在 Hadoop 集群并将结果返回给客户端应用程序。

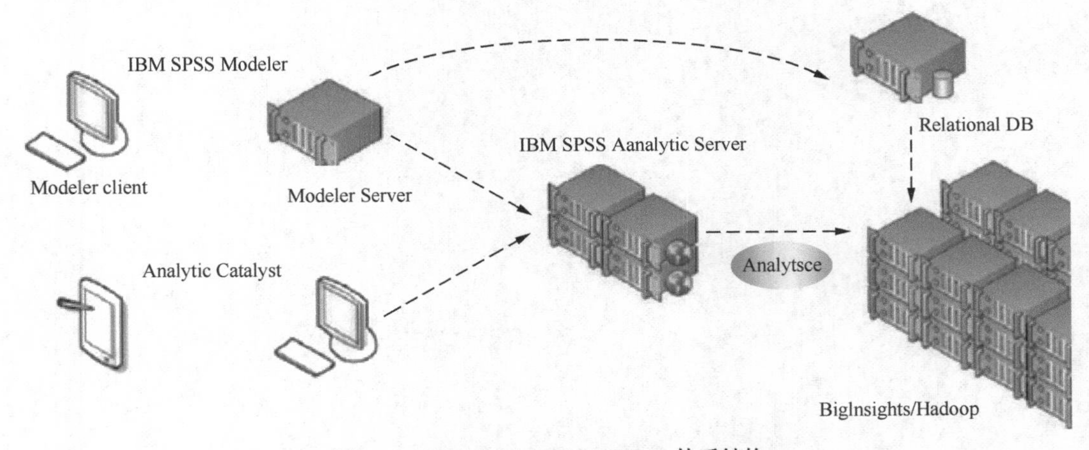

图 8-14　IBM SPSS Analytic Server 体系结构

8.5.2　基于 R 的数据挖掘

R 是一个面向统计计算和制图的免费软件环境，可以在多种 UNIX 平台（以及类似的系统，如 FreeBSD 和 Linux）、Windows 和 Mac OS 上编译和运行。R 可以被视为 S 的一个不同实现，是一个类似 S 语言和环境的 GNU 项目。虽然 R 和 S 之间有一些差别，但很多为 S 编写的代码还是可以在 R 下运行的。IBM InfoSphere BigInsights 则通过 Jaql 对 R Project 进行了扩展，使其可以分布式并行运行。用户可以基于 Jaql MapReduce 运行 R 查询。

IBM InfoSphere BigInsights 是企业级的海量大数据存储和分析平台，支持对结构化、半结构化和非结构化海量数据的存储和快速分析，提供多节点的分布式计算，可以随时增加节点，提升数据处理能力，通过集成的安装程序简化安装流程，通过与 IBM 数据分析软件的深度集成，为企业用户提供强大的分析能力，并提供开放性接口和集成能力。

思考题

1. 根据税务行业的数据挖掘案例，开发一个自己熟悉的数据挖掘应用。
2. 基于 Hadoop 平台的数据挖掘有什么优缺点？如何扬长避短？

第 9 章 大数据管理

大数据（Big Data）是指无法使用传统流程或工具在合理的时间和成本内处理或分析的数据信息，这些信息将用来实现更智慧地经营和决策。其中合理的成本很重要，如果不考虑成本的话，完全可以将更多的原始、半结构化和非结构化数据装入关系型数据库或数据仓库，但考虑到对这些数据进行全面质量控制所要花费的成本，会让绝大多数企业望而却步。世界在不停地改变，随着物联网的高速发展，能够感知到更多的事物，并且尝试去存储这些事物。由于通信的进步，人们和事物变得更加互联化。互联化也被称为机器间互联（Machine-to-Machine，M2M），正是 M2M 导致了年均数据增长率达到两位数。同时，随着小型集成电路的价格越来越便宜，可以向几乎所有事物添加智能化。在各行各业中，随处可见因数量、速度、种类和准确性结合带来的大数据问题，大数据时代已经来临（李德仁，王树良，李德毅，2013；王斌，2013；Reshef et al., 2011；Office of Science and Technology Policy, 2012；Executive Office of the President, 2014；Wang, Yuan, 2014; Wu et al., 2014）。

9.1 什么是大数据

大数据可以用 4 个特征来定义：数量（Volume）、速度（Velocity）、多样性/种类（Variety）和准确性（Veracity）。这些特征简称为 4V，构成了 IBM 所称的“大数据”。IBM 大数据平台可以帮助企业解决各种因数量、速度、种类和准确性相结合而产生的大数据问题，帮助企业推动大数据工作，并从大数据中获取最大价值。

（1）数量：数据容量超大是大数据的首要特征，当前企业为提高整个企业决策效率所需利用的数据数量庞大，并且正在以前所未有的速度持续增加，数据量从原有 TB 级发展到 PB 甚至 ZB 级。预计在 2020 年，全球信息量将会达到 35 万亿 GB（即 35ZB），仅 Facebook 每天就会产生超过 10TB 数据，某些企业每小时就会产生数 TB 数据。当然，当今新生成的很多数据都完全未经分析。

（2）速度：大数据的第二个特征是速度快。数据产生、处理和分析的速度在不断地加快，很多数据产生的速度快到让传统系统无法捕获、存储和分析，例如视频监控、语音通话和 RFID 传感器等持续的数据流。

（3）多样性/种类：大数据的第三个特征就是种类多，随着无线感知设备、监控设备、智能设备以及社交协作技术的应用，企业中的数据也变得更加复杂，不仅仅包含传统关系型数据，还包含 Web 日志、网页、搜索索引、帖子、电子邮件、文档、传感器数据、音频、视频等原始、半结构化和非结构化数据。传统系统很难存储和执行必要的分析以理解这些数据的内容，因为很多信息不适合传统的数据库技术。

（4）准确性：主要关注和管理数据、流程和模型的不确定性，虽然数据治理可以提高数据的准确性、一致性、完整性、及时性和参考性，但无法消除某些固有的不可预测性，如客户的购买决策、天气或经济等。管理不确定性的方法通常有数据融合（如依靠多个可靠性较低的源创建一个可靠性更高的数据点）和利用数据方法（如优化技术和模糊逻辑方法）等。

另外，大数据管理还需要重点关注安全和隐私问题（特别是数据收集涉及个人时，通常会出现一些涉及伦理、法律或保密方面的问题）等。

大数据就像一座金矿一样，矿的品位不是很高，但蕴含的黄金总量很可观，如何快速低成本地对该矿山进行开采就是大数据管理所面临的主要挑战。开采大数据这座矿山的过程中，需要提炼出高价值的黄金（高价值数据），丢弃没有用的泥土和矿渣（低价值数据、数据废气或噪声）。企业无法承担传统系统对所有可用数据进行筛选的成本，太多的数据具有太少的已知价值和太高的冒险成本，随着业务的发展，潜在的数据金矿堆积成山，企业可处理的数据比例正在快速下降。

针对高价值的结构化数据，企业通常会执行严格的数据治理流程，因为企业知道这些数据具有很高的每字节已知价值，所以愿意将这些数据存储在成本较高的基础架构上（即每计算成本较高），同时愿意对数据治理进行持续投资，以进一步提升每字节价值。使用大数据则应该从相反的视角考虑这个问题，因为基于目前数据的数量、速度和多样性，企业往往无法承担正确清理和记录每部分数据所需的时间和资源，因为这不太经济。由于未经分析的原始大数据通常拥有较低的每字节价值，使用较低成本的基础架构存储和分析这些数据更加合适。Hadoop 平台可以跨廉价机器和磁盘进行大规模扩展，通过内置在环境中的冗余性，有效地解决了廉价基础设施易损坏的问题。针对很多大数据产生的速度非常快，时效性比较短的特点，可以通过对流数据采用移动分析和对静止大数据采用静止数据分析相结合的方式进行。

通常数据需要经过严格的质量控制才能进入关系型数据库或数据仓库，相反，大数据存储库很少（至少在最初）对注入仓库中的数据实施全面的质量控制，因此关系型数据库或数据仓库中的数据可得到企业的足够信赖，而 Hadoop 中的数据则未得到这样的信赖（未来可能有所改变）。在传统系统中，特定的数据片段是基于所认识到的价值而存储的，这与 Hadoop 中的存储模式不同，在 Hadoop 中经常会完整地存储业务实体，如日志、事务、帖子等，其真实性也会得到完整的保留。Hadoop 中的数据可能在目前看起来价值不高，或者其价值未得到量化，但实际上可能是解决业务问题的关键所在。

综上所述，企业级 Hadoop 并不是要取代关系型数据库或数据仓库，而是对关系型数据库或数据仓库的一种有效补充。关系型数据库或数据仓库中的数据经过了全面的数据治理，其数据质量值得信赖，并且通常有明确的服务水平协议（SLA）要求，而大数据存储通常比较少实施全面的质量控制，数据质量不如传统系统那么值得信赖，同时企业级 Hadoop 的重点也不在响应速度上，因为其不是在线事务处理（OLTP）系统，而是针对批处理作业。当企业发现部分大数据具有明确的价值时（并且价值得到证明以及可持续），可以考虑将其迁移到关系型数据库或数据仓库中。

9.2 Hadoop 介绍

Apache Hadoop 1.0 主要由 Hadoop 分布式文件系统（Hadoop Distributed File System，HDFS）、

并行计算框架 Map Reduce 以及 Hadoop Common 组成。Hadoop 支持对海量数据进行分布式处理，可以部署在大量低端基础架构（低端刀片服务器和存储等）上，通过维护多个数据副本实现数据容错性，高度可伸缩，能够以并行方式处理 PB 级甚至 ZB 级数据。

Hadoop 分布式文件系统（HDFS）对 Hadoop 集群提供高可靠的底层存储支持，由一到多个 Name Node 节点和大量的 Data Node 节点组成。Name Node 在 HDFS 内部提供元数据服务来执行数据分发和复制，Data Node 节点为 HDFS 提供存储块（HDFS 中的文件将被分成块复制到多个计算机中，也就是 Data Node，块默认大小是 64MB）。Map Reduce 并行计算框架是 Hadoop 的核心，基于 Map（映射）和 Reduce（化简），编程人员可以非常容易地将程序运行在分布式系统上，实现了跨越一个 Hadoop 集群数百或数千台服务器的大规模扩展性。map 作业用来将一组输入数据转换成另一组数据，其中每个元素被分解成多个元组/键值对（Key/Value Pair），Reduce 作业将 Map 作业的输出作为输入，并将那些数据元组组合成较小的元组集。Job Tracker 是 Map Reduce 框架的中心，与集群中的机器定时通信（heartbeat），管理哪些程序应该跑在哪些机器上，管理所有作业失败、重启等操作。

当客户端向 Hadoop 集群某个节点提交请求时，Hadoop 会启动一个 Job Tracker 进程并与 Name Node 通信找到该作业所需数据对应的存储位置，将作业分解成多个 Map 和 Reduce 任务，并将其安排到一个或多个 Task Tracker 上的可用插槽中。Job Tracker 会尽量在数据存储位置安排任务，通常被称为“数据局部性”。一个节点得到的任务，其所需的数据可能不在该节点，此时需要通过网络发送该节点需要的数据，然后才能执行该任务，当然这种方法效率并不高，Job Tracker 会试图避免这种情况，尽量将任务分配到该任务数据所在节点上。数据局部性在大量处理数据时非常重要。Task Tracker 与 Data Node 一起对来自 Data Node 的数据执行 Map 和 Reduce 任务。当 Map 和 Reduce 任务完成时，Task Tracker 会告知 Job Tracker，后者确定所有任务何时完成并最终告知客户作业已完成。Hadoop 集群中 Task Tracker 除了守护进程还负责监控每个任务的状态，如果某任务无法完成，Task Tracker 会将失败状态传递给 Job Tracker，Job Tracker 将该任务重新安排到集群中其他节点进行。

Map Reduce v1 架构简单明了，在最开始的几年获得了业内广泛的认可和支持，但随着集群规模和工作负载的快速增加，其在架构层面存在的不足渐渐显现出来，例如：

（1）Job Tracker 承载的压力过大，当 Hadoop 集群节点数超过 4 000 时，就会表现出一定的不可预测性，当 Map Reduce 作业非常多的时候，会造成大量的内存开销，增加了 Job Tracker 失败的风险，发生级联故障时，由于要尝试复制数据和重载活动的节点，所以通常一个故障会通过网络泛洪形式导致整个集群严重恶化等；

（2）Task Tracker 对资源的控制过于简单，仅仅以 Map 和 Reduce 任务数量作为资源的表示，并没有考虑到 CPU、内存等的占用，所以当两个耗费内存比较多的任务被调度在一起时就容易出现问题；

（3）另外，Map Reduce 还存在着 Hadoop Map Reduce 框架有任何变化都会强制进行系统级别升级更新、源代码任务不清晰等多种问题。

为了解决 Map Reduce v1 在可扩展性、内存消耗、线程模型、可靠性和性能上的缺陷，在 Map Reduce 2.0 中采用了新的分层集群框架模式，新版本的 Map Reduce 2.0 被称为 YARN 或 MRv2。相比于 MRv1，Job Tracker 和 Task Tracker 已从 YARN 中删除，取而代之的是一组对应用程序不可知的新守护程序，YARN 分层框架向新的处理模型开放。

如图 9-1 所示，YARN 架构中，Resource Manager 负责管理整个集群并分配基础计算资源（如

CPU、内存、带宽等）给各个应用程序，主要包含两个组件：Scheduler 和 Applications Manager。Scheduler 负责给应用程序分配资源，且只负责调度资源，不监控和跟踪应用程序的状态，也不负责重启应用程序或硬件故障造成的失败。Applications Manager 负责接收作业提交，将应用程序分配给具体的 Application Master，并负责重启失败的 Application Master。每个 Slave 结点都有一个 Node Manager，Node Manager 是 YARN 在每节点的框架代理，负责管理抽象容器并监控容器的资源使用情况，同时向 Resource Manager/Scheduler 汇报。MRv1 通过插槽管理 Map 和 Reduce 任务的执行，而 Node Manager 则管理抽象容器，这些容器代表着可供一个特定应用程序使用的针对每个节点的资源。Application Master 是一个详细框架库，负责管理在 YARN 内运行的应用程序的每个实例。Application Master 负责向 Resource Manager 的 Scheduler 请求适当的资源容器，协调来自 Resource Manager 的资源并结合 Node Manager 运行和监控任务，监视容器的执行和资源使用情况等。简单来说，Application Master 可以视为承担了 MRv1 TaskTracker 的一些角色，Resource Manager 则承担了 JobTracker 的角色。在 Hadoop 2.0 中，YARN 继续使用 Hadoop 分布式文件系统（HDFS），其 Name Node 用于元数据服务，Data Node 用于分散在一个集群中的复制存储服务。

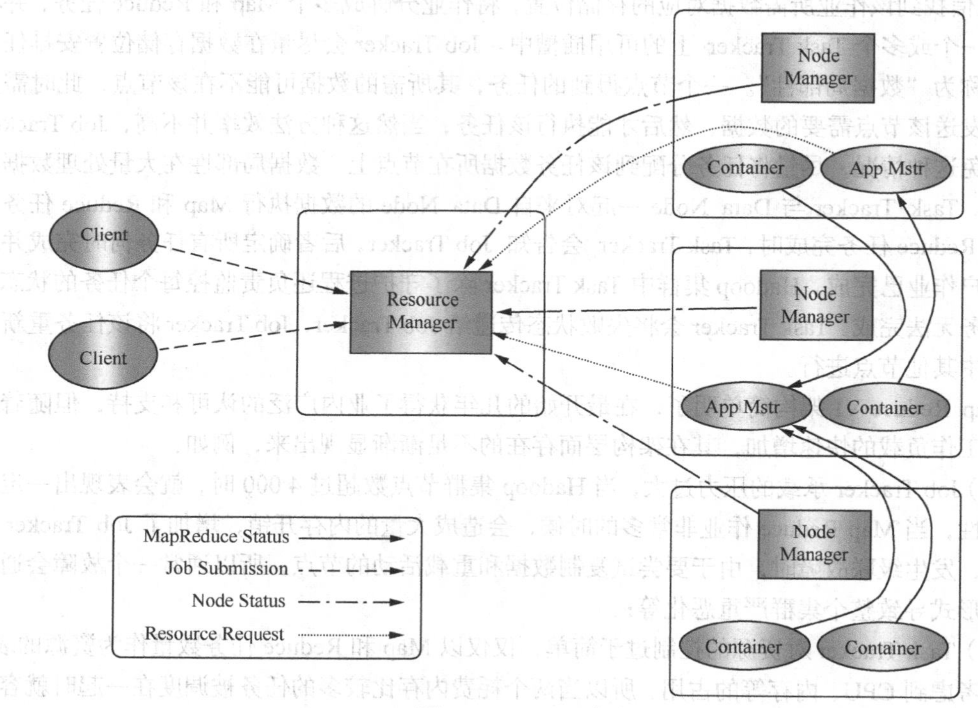

图 9-1　YARN 架构

9.3　NoSQL 介绍

NoSQL 作为下一代的数据库，主要具有非关系型的、分布式的、开源和水平扩展的特点。NoSQL 的初衷是成为现代网络规模的数据库。NoSQL 一词最早出现于 1998 年，是 Carlo Strozzi 开发的一个轻量、开源和不提供 SQL 功能的关系数据库。NoSQL 运动正式开始于 2009 年初，并迅速发展起来。NoSQL 通常具有以下特征：模式自由（Schema-Free）、支持简易复制（Easy Replication Support）、简单 API（Simple API）、最终一致性（Eventually Consistent）、BASE 模型（而不是 ACID 模型）、支持海量数据（Huge Amount of Data）以及更多特征。所以，NoSQL 应该是上述定义的一个别名，更多的时候，社区现在将其翻译为“not only sql”，而不是 No SQL。根据 nosql-database.org 统计，目前 NoSQL 数据库大约有 150 种，并可以分成 5 种类型：简单键值存储、列存储 Column Family（如 HBASE、Cassandra、Hypertable 等）、文档存储 Document Stores（如 MongoDB、CouchDB/Cloudant 和 RavenDB 等）、图形数据库 Graph Database，具体如图 9-2 所示。

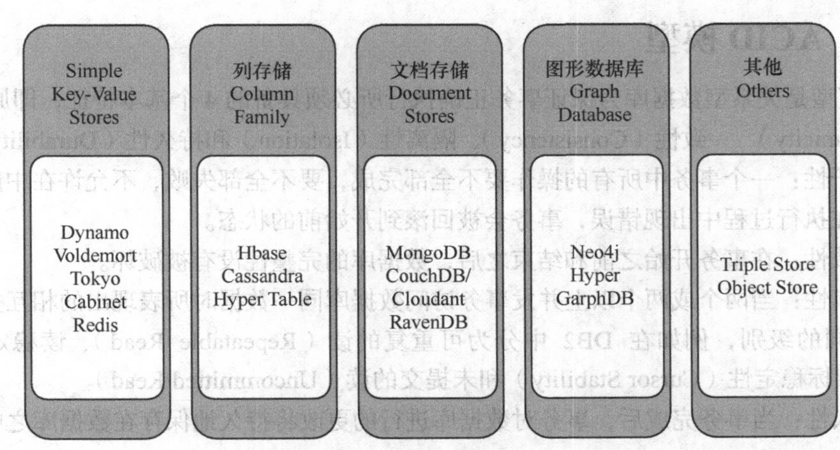

图 9-2　NoSQL 数据模式

9.3.1　CAP 定理

根据 CAP 定理（又被称为布鲁尔定理 Brewer’s theorem），对于一个分布式计算系统来说，不可能同时满足以下三点。

（1）一致性（Consistency）：所有节点数据在同一时间点是相同的；

（2）可用性（Availability）：保证每个请求都有响应（不管成功或失败）；

（3）分区容忍性/分区容错性（Partition tolerance）：系统中任意信息的丢失或失败不会影响系统的继续运行。

也就是说，分布式系统最多只能满足 CAP 理论三项中的两项，无法三项全部满足。对传统关系型数据库来说，高一致性和高可用性是重点，即传统关系型数据库追求的是 CA。对分布式系统来说，分区容错性是基本要求，通常放弃强一致性，采用弱一致性（最终一致性），例如对大型网站来说，分区容错性和可用性要求更高，一般会尽量朝着 AP 方向努力，这也可以解释为什么传统数据库的扩展能力有限，同样也解释了 NoSQL 系统为什么不适合 OLTP 系统。

9.3.2　一致性

一致性主要包括强一致性、弱一致性和最终一致性三种。

（1）强一致性：即时一致性。例如 A 用户写入一个值到存储系统，A 用户和其他任何用户读取都将返回最新值。

（2）弱一致性：例如 A 用户写入一个值到存储系统，系统不能保证 A 用户以及其他用户后续的读取操作可以读取到最新的值。此时存在不一致时间窗口概念，不一致时间窗口是指从A写入值到后续用户操作读取到该最新值的时间间隔。

（3）最终一致性：弱一致性的特例。例如A用户写入一个值到存储系统，如果之后没有其他人更新该值，那么最终所有的读取操作都会读取到A写入的最新值。不一致时间窗口取决于交互延迟、系统负载以及复制技术中复制因子的值。

另外，一致性还存在一系列变体，例如 Causal consistency（因果一致性），Read-your-writes consistency（读写一致性），Session consistency（阶段一致性），Monotonic read consistency（读一致性）和 Monotonic write consistency（写一致性）等。

9.3.3 ACID模型

ACID模型是关系型数据库为保证事务正确执行所必须具备的4个基本特征，即原子性/不可分割性（Atomicity）、一致性（Consistency）、隔离性（Isolation）和持久性（Durability）。

（1）原子性：一个事务中所有的操作要不全部完成，要不全部失败，不允许在中间某个环节结束。如果在执行过程中出现错误，事务会被回滚到开始前的状态。

（2）一致性：在事务开始之前和结束之后，数据库的完整性没有被破坏。

（3）隔离性：当两个或两个以上并发事务访问数据库同一数据时所表现出的相互关系。隔离级别分为不同的级别，例如在 DB2 中分为可重复的读（Repeatable Read）、读稳定性（Read Stability）、游标稳定性（Cursor Stability）和未提交的读（Uncommitted Read）。

（4）持久性：当事务完成后，事务对数据库进行的更改将持久地保存在数据库之中，并且是完全的。

目前主要有两种方式实现ACID：第一种是预写日志（Write ahead logging）；第二种是影子分页技术（Shadow paging）。

9.3.4 BASE模型

BASE模型是指基本可用（Basically Available）、软状态（Soft state）和最终一致性（Eventual consistency）。BASE模型是ACID模型的反面，强调牺牲高一致性，从而获得高可用性。基本可用是指通过 sharding 允许部分分区失败。软状态是指异步，允许数据在一段时间内不一致，只要保证最终一致就可以了。最终一致性是 NoSQL 的核心理念，是指数据最终一致就可以了，不需要时时保持一致。

9.3.5 MoreSQL/NewSQL

与NoSQL运动相对应的是MoreSQL/NewSQL运动。NewSQL是指这样一类新式的关系型数据库管理系统：针对OLTP（读—写）工作负载，追求提供和NoSQL系统相同的扩展性能，且仍然保持ACID和SQL等特性。NewSQL一词最早出现在451 Group分析师Matthew Aslett在2011年的研究论文中，在该论文中主要探讨新崛起的、对现有数据库厂商做出挑战的新一代数据库系统。很多企业级系统需要处理确定范围的数据（例如财务和订单处理系统），并保持良好的伸缩性。这些系统无法使用 NoSQL 解决方案，因为这些系统无法放弃强事务性和一致性需求。在NewSQL之前，这些组织只能采取以下方式提高交易型关系数据库性能：

（1）购买一台更强大的单节点服务器，以及RDMS产品版本；

（2）购买多台服务器构建 share disk 集群模型；

（3）开发定制的中间件层，提供动态路由服务，以便应用服务器可以访问特定的数据库节点（即采用分库模式，在数据库之前需要有一个中间层提供动态路由服务）。

第一种方式扩展能力有限，不能很好地满足更高扩展性的要求；第二种方式相比第一种方式可以提供更高的扩展性，但是受限于存储和 IO，扩展性受限；第三种方式可以提供很好的扩展性，但是需要对业务非常熟悉以便准确分库，分库模式会使业务系统复杂度大幅提高，成本高昂。而 NewSQL 则试图在保持 ACID 和 SQL 的基础上提供和 NoSQL 相同的扩展性。

9.4　InfoSphere BigInsights 3.0 介绍

如图 9-3 所示，IBM 在 Hadoop 开源框架的基础上进行了大量的开发和扩展，陆续将高级文本分析（Advanced Text Analytics Toolkit，研发代码 SystemT）、机器学习（Machine Learning Toolkit，研发代码 SystemML）、GPFS File Place Optimizer（GPFS-FPO）、IBM LZO 压缩、针对 Jaql 的 R 模块扩展、改进的工作负载调度（Intelligent Scheduler）、自适应 Map Reduce（Adaptive Map Reduce）、基于浏览器的可视化工具（BigSheets）、大规模索引、搜索解决方案构建框架（BigIndex）、统一的 SQL 接口（BigSQL）、大规模并行处理 SQL 引擎（MPP SQL Engine，IBM Big SQL）等内容纳入 InfoSphere BigInsights 中，并增强了高可用性、可扩展性、安全性、性能、易用性、监控和告警等，通过支持 LDAP 身份验证增强安全性（另外还能够提供可插拔身份验证支持，支持 Kerberos 等其他协议），构建了一个完整的企业级大数据平台。该平台为开发人员提供了全面的开发和运行时环境来构建高级分析应用程序，为企业用户提供了完善的分析工具来分析大数据，从而使与大数据分析相关的时间价值曲线变平（IBM InfoSphere BigInsights 2.0 信息中心，2014）。

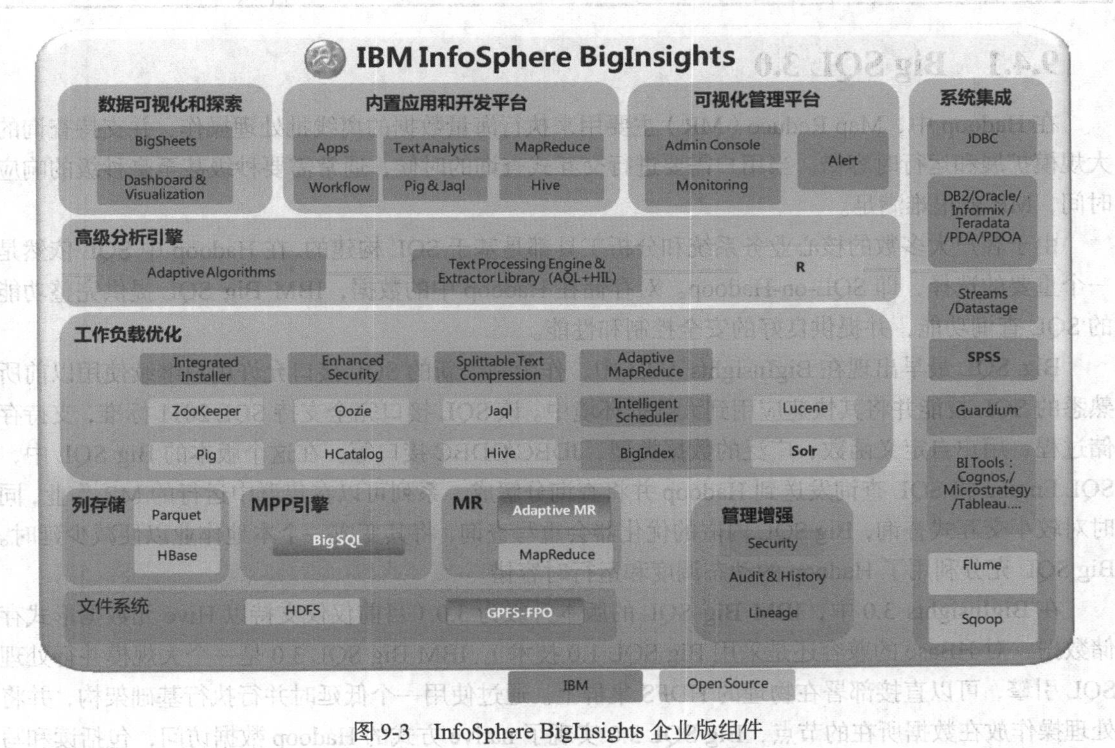

图 9-3　InfoSphere BigInsights 企业版组件

InfoSphere BigInsights 是企业级的海量大数据存储和分析平台，支持对结构化、半结构化和非结构化海量数据的存储和快速分析，提供多节点的分布式计算，可以随时增加节点，提升数据处理能力，通过集成的安装程序简化安装流程，通过与 IBM 数据分析软件的深度集成，为企业用户提供强大的分析能力，并提供开放性接口和集成能力。BigInsights 作为基于企业级的海量大数据存储和分析平台，并不是对数据仓库的替代，而是对传统数据仓库的一种补充和延伸，和数据仓库一起构成了更广泛的大数据平台。BigInsights 以 Apache Hadoop 及其相关开源项目作为核心组件，IBM 将继续保持开源项目的完整性，防止与核心分离或偏离，BigInsights 3.0 中 Hadoop 开源组件所对应的版本见表 9-1。

表 9-1　BigInsights 开源组件对应版本

Component	BigInsights 2.1	BigInsights 2.1.2	BigInsights 3.0
Hadoop	1.1.1	2.2.0	2.2.0
HBase	0.94.3	0.96.0	0.96.0
Hive	0.9.0	0.12.0	0.12.0
Pig	0.10.0	0.12.0	0.12.0
Zookeeper	3.4.5	3.4.5	3.4.5
Oozie	3.2.0	3.3.2	3.3.2
Hcatalog	0.4.0	Now part of Hive 0.12.0	Now part of Hive 0.12.0
Sqoop	1.4.2	1.4.3	1.4.3
Flume	1.3.0	1.3.1	1.3.1
JAQL	2.0.0	2.0.0	2.0.0
Lucene	3.3.0	3.3.0	4.7.0
Solr	NA	NA	4.7.2.1
Avro	1.7.2	1.7.2	1.7.4

9.4.1 Big SQL 3.0

在 Hadoop 中，Map Reduce（MR）主要用来执行海量数据的离线批处理操作，并支持查询的大规模扩展和运行时容错。当用户需要进行交互式查询的时候，通常需要秒级甚至毫秒级的响应时间，MR 就很难满足。

由于客户大多数的核心业务系统和分析工具都是基于 SQL 构建的，在 Hadoop 中 SQL 依然是一个重要的选择，即 SQL-on-Hadoop。对存储在 Hadoop 中的数据，IBM Big SQL 提供完整功能的 SQL 查询功能，并提供良好的安全控制和性能。

Big SQL 最早出现在 BigInsights V2.1 中，作为一个新的 SQL 接口允许用户继续使用以前所熟悉的 SQL 技能并将其快速应用到大数据环境中。该 SQL 接口完全支持 SQL 2011 标准，支持存储过程、用户自定义函数、广泛的数据类型、JDBC/ODBC 接口等。在这个版本的 Big SQL 中，SQL Engine 将 SQL 查询发送到 Hadoop 并将查询分解成一系列可以在集群中运行的 MR 作业，同时对较小交互式查询，Big SQL 内嵌的优化器会重写查询，将其变成一个本地作业以便减少延时。Big SQL 充分利用了 Hadoop 的动态调度和运行时容错。

在 BigInsights 3.0 中，IBM Big SQL 的版本升级为 3.0（目前仅仅支持以 Hive 元数据形式存储数据，对 HBase 的兼容还是采用 Big SQL 1.0 技术）。IBM Big SQL 3.0 是一个大规模并行处理 SQL 引擎，可以直接部署在物理的 HDFS 集群上。通过使用一个低延时并行执行基础架构，并将处理操作放在数据所在的节点，Big SQL 3.0 实现了 native 方式的 Hadoop 数据访问，包括读和写操作。Big SQL 3.0 并行执行基础架构是基于非共享（shared-nothing）并行数据库架构构建的，数据依然是存储在 HDFS 中（可以帮助保持 Hadoop 的灵活性）。Big SQL 3.0 数据库基础架构提供一个所有数据的逻辑视图（通过 Hive 元数据管理），查询编译视图，以及为最优的 SQL 处理提供优化和运行时环境。针对复杂嵌套的决策支持查询，Big SQL 3.0 专门做了优化处理。

Big SQL 所有的数据都保持原有的格式存储在 Hadoop 集群中，Big SQL 对数据的格式没有特殊的要求，Hadoop 表的定义是由 Hive Metastore 定义和共享的，使用 Hadoop 的标准目录。Big SQL 共享 Hive 接口进行物理读取，写入和理解 Hadoop 中存储的数据。简单来说，Big SQL 中没有任何的数据存储，数据是存放在 Hadoop 集群中的，在 Big SQL 中定义的表实际上是一个在 Hive 中定义的表。通过 Apache HCatalog，Hive 中定义的表可以作为很多工具的有效数据源。最终，任何 Hadoop 应用程序都可以访问这些大规模共享的分布式文件系统中的简单文件。

Big SQL 3.0 汇集了成熟高效的 IBM SQL 编译器和运行时引擎，通过与 Hive 数据库目录和 I/O 层一起工作，允许用户执行 SQL 2011 标准的查询，并保证企业级的性能。通过引入 SQL PL 兼容性，Big SQL 3.0 相比 BigInsights 2.1 中 Big SQL 包含的功能，已经进行了大大的扩展，具体包括存储过程、SQL-bodied 函数和丰富的 scalar 库、表和 OLAP 函数等。Big SQL 3.0 中有一个丰富的内置函数库，包括超过 250 个内置函数和 25 个聚合函数。Big SQL 提供了标准的 SQL PL 语法用来定义全局变量（global variables）和会话变量（session variables），这些变量可以在查询、存储过程以及函数中使用。由于 Big SQL 共享 Hive 的基础架构，因此数据类型方面和 Hive 一样存在着限制，为了更好地执行 SQL 查询和 routines，Big SQL 额外扩展了一些数据类型，如 CLOB、BLOB、GRAPHIC、TIME、可变长度 TIMESTAMP(n)、CURSOR、XML、关联数组和用户自定义类型等。Big SQL 3.0 通过利用 IBM Data Server 客户端驱动允许用户通过各种常见的连接方式访问，允许用户使用符合标准的 JDBC、JCC、ODBC、CLI、NET 驱动访问 Big SQL，还允许使用 DB2 数据库和 IBM Informix 数据库软件访问 Big SQL。通过 Big SQL 3.0 提供的丰富的 SQL 功能，很多 BI 工具如 IBM Cognos BI、Microstrategy 和 Tableau 等可以方便地访问 Hadoop 集群中的数据并执行各种处理。Big SQL 程序的查询重写和优化引擎可以保证这些 BI 工具发出的查询尽可能地以最有效的方式执行。通过使用 Big SQL 3.0，用户可以方便地连接 Hadoop、传统数据库平台以及各种 BI 工具等。

Big SQL 3.0 支持多种用户自定义程序（Routines）。Routines 是指在 Big SQL 数据库管理器中可以执行的应用程序逻辑。这些应用程序逻辑允许在数据库内封装和执行，用户可以对这些应用程序逻辑进行细粒度的访问控制。数据库用户可以被授权获准执行 routines 以便访问数据源。Big SQL 支持 Scalar 函数、表函数和存储过程等 routines。Routines 的开发可以使用很多当前流行的编程语言，例如 SQL PL、Java、C/C++和 Mixture 等。

内存管理问题在 Hadoop 生态系统中普遍存在，部分原因是 Hadoop 框架与其他框架相比不太成熟。Big SQL 3.0 引入了内存自调整功能。在安装的时候，用户可以指定 Big SQL 有多少内存可以使用，Big SQL 在执行 SQL 查询的时候会将内存开支限定在分配的内存上限。当然，在实际使用过程中，用户也可以手动修改 Big SQL 可以使用的内存上限。内存自调整功能主要包括两方面内容：有效地使用内存和防止内存溢出异常。这在多个并发运行时的应用特别重要。在查询期间，Big SQL 3.0 通过资源的负载均衡自动实现并行工作负载的管理。另外，Big SQL 引擎还可以通过将数据集 spill 到本地磁盘，允许数据集超越可用内存上限，这点和 Impala 不同。在 Impala 中，假如在某一节点上处理中间结果集所需的内存超出了这一节点上 Impala 可用的内存，查询会被取消。用户可以调整每一节点上 Impala 的可用内存，也可以对最大的查询微调连接策略来减少内存需求。同时在 Impala 中，使用内存的大小并不是跟输入数据集的大小直接相关，对于聚合来说，使用的内存跟分组后的行数有关，对于连接来说，使用的内存与除了最大的表之外其他所有表的大小相关，并且 Impala 可以采用在每个节点之间拆分大的连接表而不是把整个表都传输到每个节点的连接策略。相比 Impala 对数据集不能超越可用内存的限制，Big SQL 通过缓冲池页清除技术允许将数据集 spill 到本地磁盘，从而使数据集可以超越可用内存上限进行计算，大大地帮助用户更方便、更快速地执行各种复杂查询以及提升查询的性能。

Big SQL 3.0 引入了完整的工作负载管理（Workload Management）工具以便对不同类型的并发查询提供完整控制。通过工作负载管理，用户可以更深入地洞察系统的运行情况并更好地控制资源和性能，例如可以对一些非核心的业务对其能够获取的资源进行一定的限制，对一些流氓查询进行禁止，对一些重要的查询提高优先级等。当系统运行处于峰值时，增加的查询活动会影响系统的性能，通过使用工作负载管理，可以预先确定适当的资源分配、活动的优先级划分和排队选项来高效地处理工作，从而可以平滑高峰工作负载。在定义这些指示后，Big SQL 使用它们来分配资源和划分工作的优先级。例如，可以使工作远离流氓查询的影响，这些查询使用过量的系统资源，因此会对系统上运行的其他查询带来负面影响，并可能会影响整个系统。

为了扩充 Hadoop 集群的数据移动能力，Big SQL 提供 LOAD 语句以方便熟悉 SQL 语句的用户进行数据移动操作。数据加载进程将在集群中多个节点并行执行。用户可以使用 LOAD 命令将 flat-file 数据装载到 Big SQL 中，SQL LOAD HADOOP 语句允许从外部数据源导入数据（通过标准的 JDBC 驱动）。

Big SQL 在安全方面采用两层验证机制：第一层被称为身份验证（Authentication），主要是指通过一个系统验证用户身份的过程，是由 Big SQL 以外的设施负责的；第二层被称为存取控制授权（Access Control Authorization），当用户身份验证通过后，Big SQL 决定该用户是否可以访问数据或资源，也就是验证用户有没有执行具体操作的权限。

默认的身份验证插件模块依赖于操作系统本身的身份验证，另外，Big SQL 还支持 keberos 和轻量目录访问协议（LDAP）等方式的身份验证。在身份验证方面，Big SQL 提供了非常大的灵活性，用户可以根据实际需要选择合适的身份验证模式。

当用户通过身份验证后尝试访问数据时，Big SQL 将对以下内容进行比较：

（1）用户所拥有的权限名称；

（2）用户所属的组是什么；

（3）直接授予用户的角色或通过组/角色间接授予的角色。

比较结束后，Big SQL 服务器决定是否允许所请求的访问权限。特权（privilege）为一个授权（authorization）名称定义了一个单一许可（permission），用来允许用户创建或访问 Big SQL 资源。特权存储在 Big SQL 目录中。一个角色是由一个或一组特权组合在一起的对象，可以使用 GRANT 语句将其分配给用户、组、PUBLIC 或者其他角色等，Big SQL 对象的访问许可是和角色相关联的。用户可以通过角色获得授予给角色的特权，以便访问对象。

需要注意的是，Big SQL 中新增了一个概念是基于标签的访问控制（LBAC），它允许以更细的粒度控制谁有权访问单独的行或列。

在 Big SQL 3.0 中包含了联邦（Federation）的支持，可以对很多数据源如 DB2、Oracle、Teradata、IBM PureData System for Analytics（PDA）、IBM PureData System for Operational Analytics（PDOA）等进行联邦访问。联邦功能允许用户在同一个 SQL 语句内给各个关系型数据源发送分布式的请求。对终端用户和客户端程序来说，各个数据源在 Big SQL 服务器中将作为一个个单独的集合组出现。用户和应用程序可以通过 Big SQL 服务器访问这些数据源中的数据。在 Big SQL 服务器中包含一个系统目录用来存储 Big SQL 可以访问数据的信息。在系统目录中，将包含用来标示数据源和数据源特征的各种记录。Big SQL 使用包装器（wrapper）与各个数据源进行交互。包装器在使用之前需要注册其要访问的数据源的类型，Big SQL 将咨询存储在目录中的信息以及包装器，以决定执行 SQL 语句的最佳方案。通过 Big SQL 联邦功能，屏蔽了下层数据源间的差异，从逻辑上看，就如同都在 Big SQL 服务器内部一样，可以灵活地访问。当 Big SQL 访问各个数据源的数据时，就如同访问 Big SQL 服务器中的本地表或视图一样。

为了方便用户管理敏感数据，Big SQL 提供审计设施帮助用户监控数据的访问。通过对非法数据访问的监控，可以帮助用户提高数据访问控制的水平，并阻止恶意或粗心的未授权访问。通过对应用和每个用户访问进行监控，Big SQL 会创建一个系统活动的历史记录。Big SQL 审计设施会为一系列的预定义事件生成审计线索，并允许用户维护这些线索。这些审计记录由审计设施生成并被保存在一个审计日志文件中，通过对这些审计记录的分析可以揭示出很多有用的模式（patterns）。这些模式可以帮助用户识别系统的误用，随后用户可以采取行动减少或消除系统的误用。Big SQL 审计记录有很多种类，包括（但不限于）以下种类：

（1）当审计设置发生更改或审计日志被访问时；

（2）当用户尝试访问或操作 Big SQL 对象或函数，Big SQL 进行授权检查时；

（3）当创建或移除数据对象以及改变某些对象时；

（4）当授权或取消对象特权时；

（5）当改变组授权或角色授权时；

（6）当对用户进行认证或检索系统安全信息时；

（7）当 SQL 语句执行期间。

对于以上的审计类别，用户可以审计失败、成功或者两者都有。Big SQL 服务器上的任何操作都有可能产生多条记录。审计日志实际产生的数量取决于要监控的事件种类数量，以及审计成功、失败或者两者都审计。

Big SQL 既可以运行在 POWER Linux（Red Hat）上，也可以运行在 x64 Linux 上，如 Red Hat 和 SUSE Linux。

Big SQL 3.0 体系结构如图 9-4 所示，Big SQL 3.0 在部署时主要分为头节点（Head Node）和工作节点（Worker Nodes）。在头节点（Head Node）上通常包含 SQL 协调器（SQL Coordinator）、目录（Catalog）和调度器（Scheduler）等组件，在工作节点（Worker Nodes）上除了 Big SQL 必要的执行组件外，还包含与 Hadoop 集群中存储的数据进行沟通的 HDFS Reader/Writer 组件。通常 Big SQL 头节点（Head Node）需要放在一台专门的机器上，主服务（master service）工作负载通常比工作节点重，在一个专门的节点上运行主服务可以避免出现与工作节点或其他服务争抢系统资源的现象，从而提升性能。

Big SQL 3.0 利用 Apache Hive 数据库目录对输入文件进行表定义、定位、存储格式编码等，也就是说 Big SQL 3.0 对表的创建或者 Load 操作等没有强制约束。在 Hadoop 集群中，数据由 Hive Metastore 定义，Big SQL 可以通过访问 Hive Metastore 获取元数据，从而轻松地访问 Hadoop 集群中的这些数据。为了方便访问以及加速查询速度，部分 Hive 目录的元数据将在 Big SQL 中进行本地存储，这些元数据会存放在 HeadNode 上，被称作 Big SQL 目录（Catalog）。在 Big SQL 对 SQL 语句编译和优化时将会对 Big SQL 目录进行本地访问。

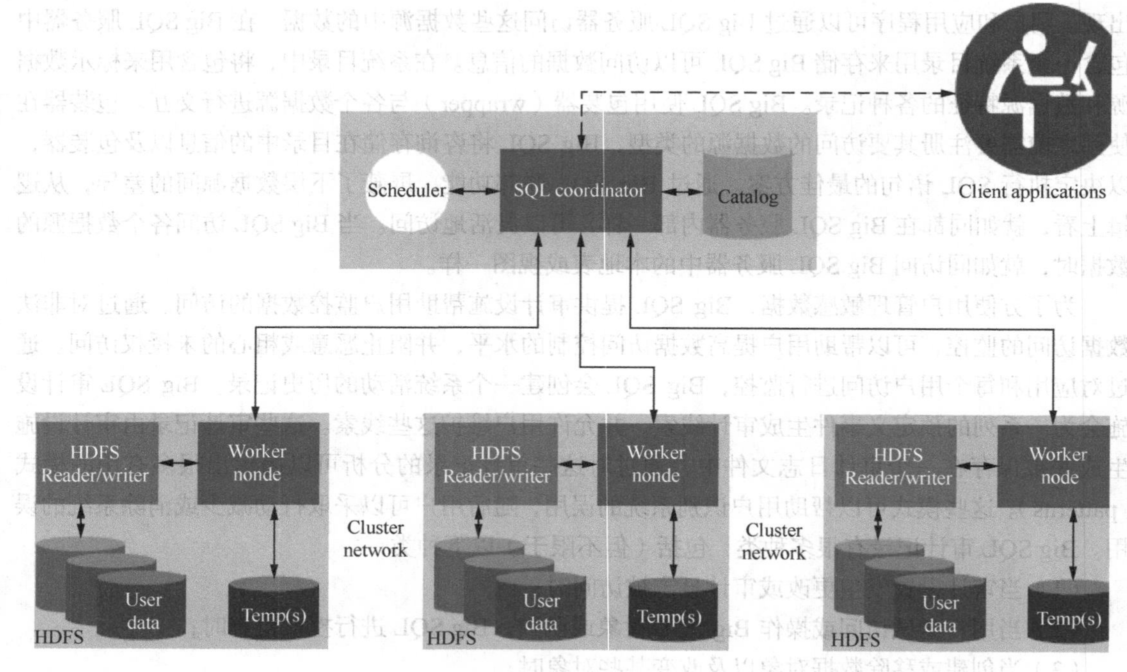

图 9-4 Big SQL 3.0 体系结构

在图 9-4 中，调度器（Scheduler）是 Big SQL 3.0 中负责调度服务的一个基础组件，用来联络 SQL 和 Hadoop 两个世界，其主要提供以下服务。

（1）Hive Metastore 接口：当对查询语句进行编译和优化时，Big SQL 目录需要一些基本信息如列名、数据类型等。当获取到数据的物理信息以及相关的统计信息时，Big SQL 可以对查询语句做进一步的优化处理。Big SQL 引擎在 SQL 执行的不同阶段会联系调度器（scheduler）下推或获取最新的元数据。

（2）分区消除（Partition Elimination）：Big SQL 3.0 支持 Hive 分区表，编译器会将谓词下推到调度器（scheduler），由调度器消除与特定查询无关的分区。

（3）工作调度：调度器中维护了 Hadoop 集群中数据存储的相关信息，Big SQL 将使用这些信息来保证查询得到快速响应，也就是说，Big SQL 需要尽可能地接近数据。在传统的 shared-nothing 体系结构中，编译优化器的一个任务就是为查询语句确定需要参与的节点，这通常通过对数据分区的控制实现。在 Big SQL 3.0 中，由于数据存放在 Hadoop 集群中（而不是由数据库引擎控制），Big SQL 没有任何数据库风格的分区。作为替代，Big SQL 支持分散或者动态分区的概念，不会假定哪些节点参与计算。允许 Big SQL 不仅仅将工作分配给数据所在的节点，还可以为查询计划分配考虑工作节点的负载以及其他一些 hints。

如图 9-5 所示，用户的 SQL 请求将首先被路由到协调器所在节点，在这里 SQL 语句将被编译和优化，并生成一个并行执行的查询计划，编译过程中协调器将会与 Big SQL 目录（Catalog）进行沟通，同时 Big SQL 目录（Catalog）还会在不同阶段联系 Hive MetaStore 获取或下推 Hadoop 元数据。当协调器生成查询计划后，运行时引擎会将并行查询计划分发到各个工作节点（worker nodes），由各个工作节点并行执行将结果集返回给协调节点并最终返回给用户。Big SQL 3.0 不需要在每个 HDFS 数据节点进行部署，可以作为一个子集部署到 Hadoop 集群中。当一个工作节点收到一个查询计划时，其会分配特定的进程本地读取和写 HDFS 数据。Big SQL 3.0 可以利用本地（native）和基于开源的 Java readers/writers 摄取不同格式的文件。为了提升性能，Big SQL 引擎会下放谓词给这些特定的进程，从而可以使投影和选择更贴近数据。这些特定进程的另一个关键任务是将输入数据转换成 Big SQL 中合适的使用格式。这些转换操作允许将中间数据装入 Big SQL 引擎内存中进行额外的处理。通过利用各种内存缓冲池，Big SQL 3.0 可以对优化查询和效用驱动进行处理。除了分布式 MPP 处理，每个工作节点还会进一步在 Big SQL 引擎和 HDFS 端进行并行处理。每个查询会基于可用的资源，由 Big SQL 3.0 动态地自动决定查询内并行性。

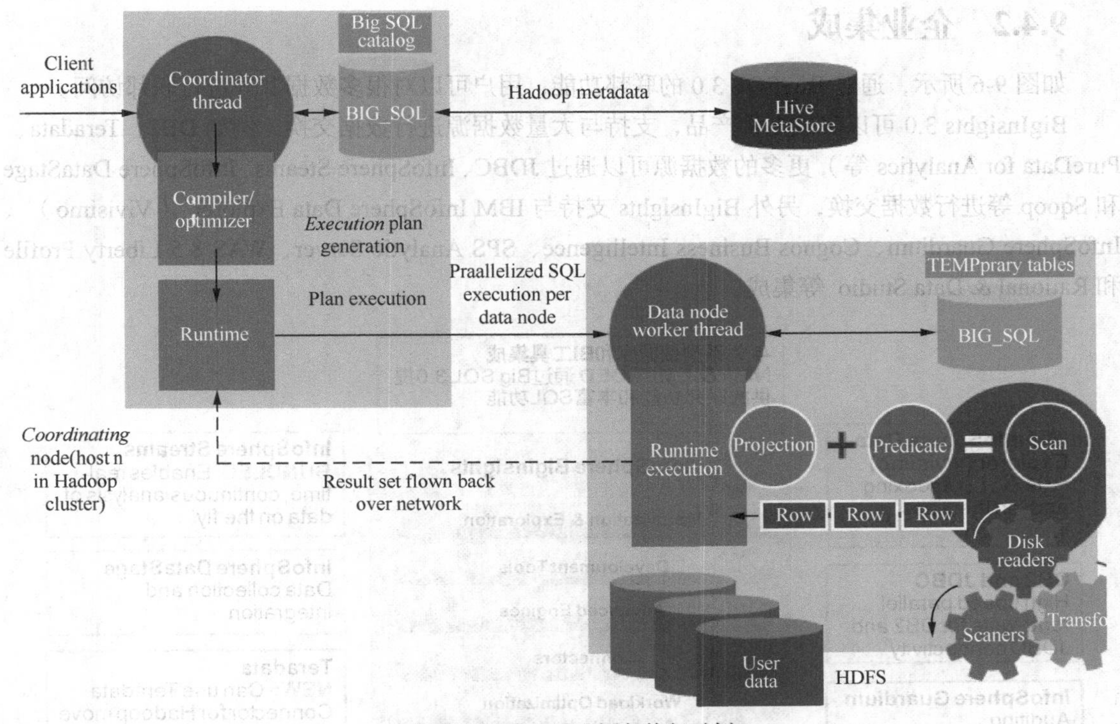

图 9-5　Big SQL 3.0 语句执行示例

Big SQL 是构建在 IBM 在关系型数据的丰富经验基础之上的，用户可以基于 Big SQL 使用各种丰富的 SQL 功能。Big SQL 查询优化主要具有两种方式：查询重写（query rewrites）和查询计划优化（query plan optimization）。查询计划优化决定很多事情，如访问表的顺序优化，使查询更有效的连接策略等。在查询计划优化发生之前，需要先执行查询重写优化。

（1）Big SQL 3.0 通过查询重写机制（query rewrites）自动决定一个查询的优化方法，以便减少查询所需的资源，例如如果相同的表达式在同一个查询中出现多次，查询该表达式将只计算一次并会在多个地方重用该结果值。甚至如果查询中多次引用相同的表，则只对该表进行一次扫描以满足所有引用请求。Big SQL 查询重写引擎由超过 140 个不同的重写规则构成，例如 Big SQL 子查询优化（子查询是 Hadoop 连接处理的难点，在 Hadoop 集群中，数据随机分散在各个节点，索引通常不可用，执行嵌套循环连接（nested loop joins）成本会变得非常高昂）。

（2）谓词下推（Predicate pushdown）：Big SQL 会尽可能地将静态参数谓词下推以便尽可能地靠近数据处理所在的位置（事实上，如图 9-4 所示，谓词可以一路下推到从磁盘进行数据的物理读）。

（3）统计信息驱动优化（Statistics-driven optimization）：Big SQL 3.0 具有基于统计信息驱动的优化机制，Big SQL 通过维护表级别、分区级别和列级别的丰富统计信息集合，可以帮助查询优化器优化查询计划，支持 Nested loop join / Sort-merge join / Hash join 等。当评估查询执行计划时，Big SQL 除了会关注查询中每个表对象级别的统计信息可用性，还会考虑查询中每个 operator 产生的行的数量、每个 operator 的 CPU、I/O 和内存成本、各个节点间的通信成本（包括 hadoop 集群和联邦环境）。统计信息驱动优化的目的是生成一个查询计划，在尽量减少执行时间的同时最大化地减少整体资源消耗。

9.4.2 企业集成

如图 9-6 所示，通过 Big SQL 3.0 的联邦功能，用户可以对很多数据源等进行联邦访问。

BigInsights 3.0 可以集成多种产品，支持与大量数据源进行数据交换（例如 DB2、Teradata、PureData for Analytics 等），更多的数据源可以通过 JDBC、InfoSphere Steams、InfoSphere DataStage 和 Sqoop 等进行数据交换，另外 BigInsights 支持与 IBM InfoSphere Data Explorer （Vivisimo）、InfoSphere Guardium、Cognos Business Intelligence、SPS Analytic Server、WAS 8.5 Liberty Profile 和 Rational & Data Studio 等集成。

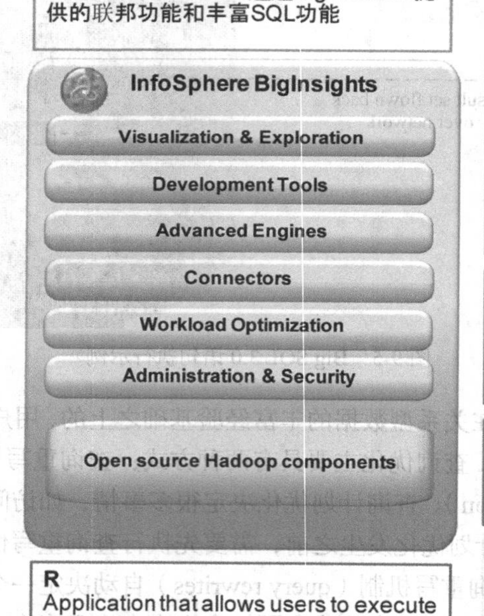

图 9-6 企业集成

BigInsights 可以和 InfoSphere Data Explorer（联邦发现和导航工具）进行索引和界面集成，通过索引可以实现联邦访问，通过界面集成用户可以方便地同时使用两个产品。另外，Cognos BI（特别是 Social Media Analysis）和 InfoSphere Streams 也和 BigInsights 进行界面集成（IBM InfoSphere Streams 3.0 信息中心，2014）。通过连接器，BigInsights 可以和 PureData System for Analytics 进行双向数据交换，BigInsights 3.0 中包含 PureData System for Analytics UDFs，用户编写的 PureData

System for Analytics 应用程序可以使用这些 UDF 访问大数据和运行大数据操作。同样通过高速连接器，BigInsights 可以并行访问 IBM DB2、Teradata、InfoSphere Warehouse、PureData System for Transactions 和 PureData System for Operational Analytics。通过 JDBC 连通性（Jaql 的 JDBC 接口），BigInsights 可以访问更多的数据源。

DataStage 除了改进与 HDFS 相关的集成，还新增了与通用 MapReduce 作业相关的集成，和 BigInsights 进行了紧密结合。BigInsights DataStage 连接器已经与 HDFS 和 GPFS-FPO 实现了全面的集成，可以充分利用集群架构的优势，以便将所有批量数据并行写入同一文件。通过与 DataStage 集成，BigInsights 可以成功和绝大多数软件产品实现快速数据交换。

通过 Hive 或 Big SQL，用户可以非常方便地在 Cognos BI 中使用存储在 BigInsights 中的数据。通过 R 包装器，BigInsights 3.0 可以帮助人们以集群方式运行 R 应用程序（BigInsights 则通过 Jaql 对 R Project 进行了扩展，使其可以分布式并行运行。用户可以基于 Jaql MapReduce 运行 R 查询）。在 BigInsights 3.0 中还包含与 WebSphere 8.5 Liberty Profile 集成，提供高性能、安全的 REST 访问。另外，BigInsights 3.0 还支持与 RAD 和 Rational Team Concert & Data Studio 协作和开发整合。

通过 IBM SPSS Analytic Server（IAS），用户可以方便地在 SPSS Modeler 客户端或者 SPSS Analytic Catalyst 中基于 BigInsights 中的数据进行数据挖掘建模。

针对 BigInsights 的审计和监控，还可以使用 IBM InfoSphere Guardium。通过使用 IBM InfoSphere Guardium，用户可以获取有针对性的、可操作的信息，极大地简化了用户审计过程。通过定义安全策略，用户可以指定需要保存什么数据以及如何应对策略违规。数据事件直接写入 InfoSphere Guardium 收集器，特权用户甚至都没有机会访问并隐藏他们的踪迹。开箱即用的报告可以让用户立即开始快速运行 BigInsights 监控，而且这些报告可以很容易通过定制来符合用户的审计需求。IBM InfoSphere Guardium 主要使用探测器（称为 S-TAP，用于软件）对 BigInsights 进行监控，无需依赖 BigInsights 的审计日志即可监控所有相关操作，无需对系统软件或应用程序进行任何更改。IBM InfoSphere Guardium 对 BigInsights 监控的事件包括：

（1）会话和用户信息；

（2）HDFS 操作—命令（cat、tail、chmod、chown、expunge，等等）；

（3）MapReduce 作业—作业、操作、权限；

（4）异常，例如授权故障；

（5）Hive / HBase 查询—改变、计数、创建、删除、获取、放置、列出，等等。

另外 BigInsights 中还包括一个集成功能，即 Guardium Proxy，可读取日志消息并发送到 InfoSphere Guardium 用于分析和报告。有了这个代理，BigInsights 就可以将消息从 Hadoop 日志发送到 InfoSphere Guardium 收集器。该代理的优势包括以下几点：

（1）易于启动和运行，不需要安装 S-TAP 或配置端口，只需要在 Name Node 启用代理就可以使用了；

（2）由于代理使用 Apache 日志数据作为消息发送到 InfoSphere Guardium，所以需要从消息（例如状态和心跳信息）中过滤的噪音就很少；

（3）Guardium 对支持新版的 BigInsights 利用消息协议变更不存在延迟。

由于 Hadoop 没有将异常记录到其日志中，所以没有办法将异常发送到 InfoSphere Guardium。如果用户需要异常报告，则需要实现一个 S-TAP。除此之外，不支持监控 HBase 或 Hive 查询，但用户将可以从 Hive 和 HBase 看到基础的 Map Reduce 或 HDFS 消息。

9.4.3 GPFS–FPO

GPFS-FPO（GPFS File Place Optimizer）之前也被称为 GPFS 无共享集群文件系统（General Parallel File System-Shared Nothing Cluster，GPFS-SNC），是 IBM 2009 年在 GPFS 的基础上扩展而来的，使其能够处理带有 GPFS-FPO 的 Hadoop（GPFS 最初只能作为存储区域网络（SAN）文件系统使用）。GPFS File Place Optimizer（GPFS-FPO）遵循 POSIX，没有主控的 Name Node 节点，而是将元数据分散到集群节点中，避免了单点故障。GPFS-FPO 比 GPFS 增加了局部性认知功能、元数据块、写入关联和可配置的复制和可配置恢复策略等。由于 GPFS-FPO 是 GPFS 的扩展，本身还是 GPFS，所以在 GPFS-FPO 中可以实现同样的稳定性、灵活性和性能，另外 GPFS-FPO 通过分层存储管理（HSM）以不同的检索速度管理和使用磁盘驱动器，管理不同热度的数据，保证数据位于最近硬件上。

局部性认知功能：负责提供集群中文件位置给 JobTracker，以便 JobTracker 根据这些位置信息选择需要运行的本地任务副本以提高性能。

元数据块：典型的 GPFS 数据块大小一般是 256KB，而 Hadoop 中的数据块通常比这个大得多，例如 BigInsights 中建议数据块大小为 128MB，开源 Hadoop 中数据块大小默认是 64MB，为了满足大数据块的使用需求，GPFS-FPO 通过将多个 GPFS 数据块叠加在一起组成更大的数据块，也就是元数据块，方便 map 任务运行；对 Hadoop 以外的文件还使用较小的数据块，从而确保了各种应用程序可以在一个集群中运行，保证了整个集群的性能，HDFS 则不具备这样的优点（非 Hadoop 的文件无法直接在 HDFS 集群上运行，需要在本地文件系统而非 HDFS 集群上运行这些文件），例如 BigIndex 或 Lucene 全文索引在 GPFS-FPO 中可以运行，而 HDFS 则不行。

写入关联和可配置的复制：允许为文件定义位置策略，默认情况下复制策略为第一个副本且是计算机本地副本，第二个副本是机架本地副本，第三个副本则以条带形式分布在集群中的其他机架之间（HDFS 不一样，一般情况 HDFS 其他两个副本会在另外（远程）机架上的不同节点上，且 HDFS 不支持条带化）。可以指定一组特定的文件始终存储在一起，以便应用程序从同一个位置读取数据（HDFS 无法做到）。

HDFS 会使用 Name Node 节点统一存储和维护元数据，GPFS-FPO 则不需要 Name Node 或任何类似的硬件充当元数据中央存储区，元数据在集群中多个节点间共享（分布式元数据），通过大量数据块随机读取提供了性能，避免了 HDFS 中访问元数据集中存储的 Name Node 造成性能瓶颈。另外，通过客户端缓存，GPFS-FPO 提升了随机工作负载的工作性能。GPFS-FPO 是一种内核级文件系统（这点和 HDFS 不同），全面支持 POSIX，应用程序可以方便地查看 GPFS-FPO 中存储的文件，并对文件进行各种操作。在 GPFS-FPO 中，Map Reduce 应用程序或其他应用无需追加内容即可更新现有的集群文件，还能保证多个应用程序并行写入 Hadoop 集群中的同一文件（HDFS 无法实现上述功能）。在 GPFS-FPO 集群中有多种管理角色承担不同的职责，例如仲裁节点（Q）、集群管理器（CM）、主集群配置服务器（P）、辅助配置服务器（S）、文件系统管理器（FSM）节点和元节点（MN）等。

9.4.4 IBM Adaptive MR

如图 9-7 所示，IBM Adaptive MR 是一个优化的 MapReduce 运行环境，通过使用 C++/C 重写了 Job Tracker/Task Tracker，采用松耦合的 resource manager 和 Job trackers，采用 SOA 架构，实

现了数据存储和共享服务，减少了多个 tasks 之间的 JVM 交互，使用原生的 TCP 协议和基于 marshalling 的二进制传输格式，代替 http 和 text/XML，task tracker 使用“Push”协议，避免 task tracker pull task 时由于轮训执行 pull 的间隔造成延迟。

使用 Apache MapReduce 执行作业时，Shuffle 需要将 Map 输出的数据写入硬盘，再将数据拷贝到 Reduce 节点，而经过 BigInsights 优化的 Shuffle 采用将 Map 输出的数据尽量保持在内存，不能保持时再写入数据到硬盘，Reduce 节点则尝试从内存中获取数据。同样在输入数据时，经过 BigInsights 优化的 Shuffle 也尽量保持在内存，不能保持时再写入 Reduce 节点的硬盘。数据都保持在内存中，明显提升了 Shuffling 效率。

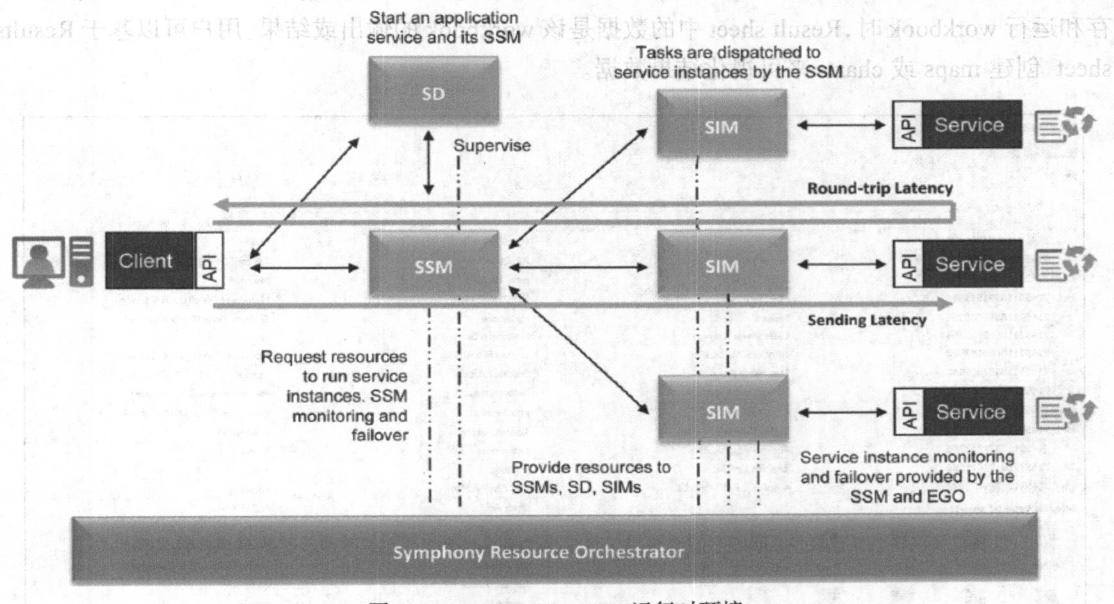

图 9-7 IBM Adaptive MR 运行时环境

9.4.5 BigSheets

BigSheets 是 BigInsights 提供的数据发现和可视化分析工具之一。Hadoop 本身使大数据分析成为可能，编程人员通过使用 MapReduce 编程探索数据，但就像传统数据仓库构建方式一样，开发人员如果熟悉数据仓库，也可以基于编程的方式实现运营分析，可对大多数业务用户以及管理用户来说非常不方便，BigSheets 就是 BigInsights 提供的基于浏览器的电子表格风格的大数据分析工具，用户无需编程就可使用 BigSheets 对海量数据实施分析，无论采用哪种数据结构。如图 9-8 所示，当数据收集完成后，用户可以在电子表格界面查看数据样本和操控数据，例如可以合并不同集合的列，运行公式或过滤数据等。

如图 9-9 所示，在 BigSheets 中，将使用 master workbooks（主工作簿）、workbooks（工作簿）和 sheets（表）采集数据。master workbook 主要负责从一个输出结果文件中获取数据，进行数据采集的初始化工作，master workbooks 中的数据是只读的，用户可以基于最初的原始数据浏览数据集。输出结果文件可以通过上传一个文件或通过使用应用程序收集数据方式来创建。在 master workbook 中通过一个映射（map）或图表（chart）可以进行数据的简单可视化，如果想进一步探索数据，需要在 master workbook 的基础上创建新的 workbooks。Workbooks 包含的数据来自一个或多个 master workbooks 或 child workbooks，用户可以定制数据的格式、内容和结构。可以创建 workbooks 来保存一组特定的数据结果集，重定义数据和探索数据。可以基于一个 master workbook 或其他的 workbook 创建 workbooks，如果 workbook 是基于一个 master workbook 创建的，那么该 workbook 被称为该 master workbook 的 child。如果 workbook 是基于另外一个 workbook，新的 workbook 则是已经存在的 workbook（parent workbook）的 child。在这些 workbooks 和它们所有的后代之间就建立了工作簿相关关系。Workbooks 可以拥有一个或多个 sheets，sheets 是应用不同的功能分析和查看的数据子集的数据表示，sheet 中的每一行表示数据的一条记录，每一列表示该记录的一个属性。可以在 workbooks 中添加 sheets 逐步编辑和浏览数据。默认情况下，在 workbooks 中的最后生成的 sheet 被称为 Result sheet，当用户保存和运行 workbook 时，Result sheet 中的数据是该 workbook 的输出或结果。用户可以基于 Results sheet 创建 maps 或 charts 来可视化结果数据。

TestTwitter Demo

Save Exit | Fit column(s) | Undo | Redo

	A id	B name	C screen_name	D time_zone
1	71453118591807488	黑猫	kuro1209neko	null
2	71453118591803392	Iesha Young	All_DolledUp	Central Time (US & Canada)
3	71453118566629376	H E	new_helen	Mumbai
4	71453118591811584	ELECTRIC ✓	ELECTRICHAIR	Mountain Time (US & Canada)
5	71453118587600896	Jadore	mrJadore	Eastern Time (US & Canada)
6	71453118562443264	Leah Maria Savage	LilMonsterLeah	London
7	71453118600183808	RoCckii AURiiElIE	un4seenBEAUTi	Mountain Time (US & Canada)
8	71453118587609088	Stephanie Rousell	Sofistic8dLibra	Central Time (US & Canada)
9	71453118587604992	Hiday Tata Karyos	hiday_karyos	Pacific Time (US & Canada)
10	71453118562451456	Arturo Alvarado	archivalero	Mountain Time (US & Canada)
11	71453118575026176	Sanéy Coetzee	SaneyCoetzee	Greenland
12	71453118579212288	Andini Anggraini Ms	andinnims	Alaska
13	71453118591811585	ibrahim jum3a	5nfooos	null
14	71453122765135872	Amp&E.L.F_SJ Only13	AmpChoKyuMin	Bangkok
			sifatlung	null
			IchaReutenia	Pacific Time (US & Canada)
			_beerpongCHAMP	Central Time (US & Canada)
			grecithaalie	Pacific Time (US & Canada)
		ris)	JamesMaslow_RP	Quito
			_shimo	Hawaii
			Lonns_Maseko	null

Select a type of sheet:

Filter Macro Load Pivot Combine

Union Limit Distinct Copy Formula

Add sheets | TestTwitter | Ready

图 9-8　电子表格风格的 BigSheets

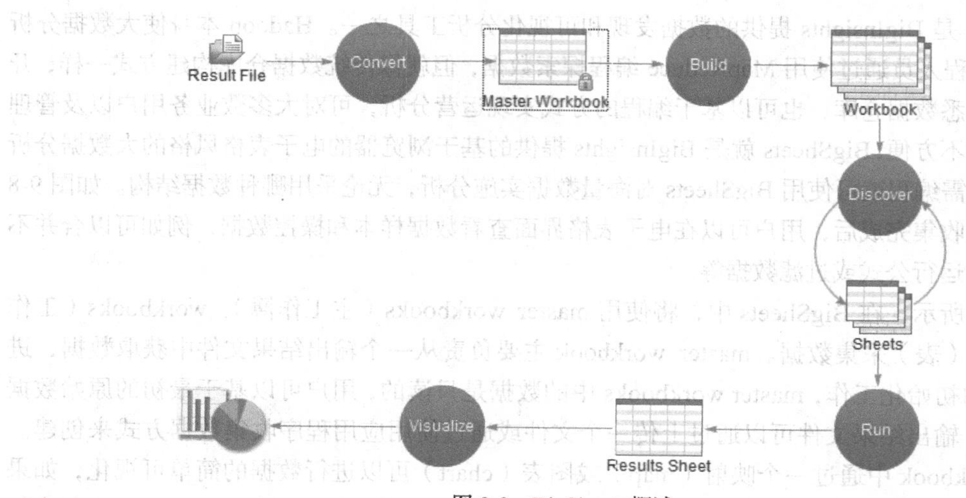

图 9-9　BigSheets 概述

如图 9-10 所示，在 BigSheets 2.0 中，集中式的仪表盘允许业务分析人员利用新的图形引擎使用 BigSheets（类似电子表格的可视化工具），基于数据获得洞察，查看分析应用程序结果和监控指标等。

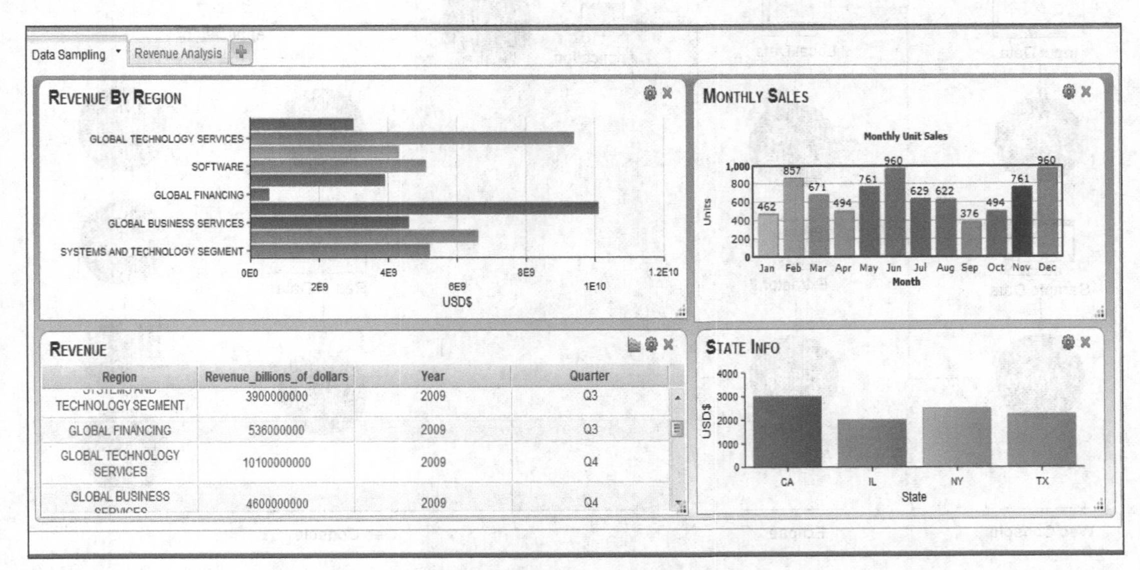

图 9-10　集中式的仪表盘

9.4.6　高级文本分析

文本分析技术对大数据分析和探索非常重要，可以帮助用户进行日志分析、电子邮件分析（例如用于欺诈分析）、社交媒体分析（例如评估客户情绪等）以及其他各种文本相关分析。BigInsights 纳入了高级文本分析（Advanced Text Analytics Toolkit）功能，用于读取非结构化文本和提炼洞察。Advanced Text Analytics Toolkit 的核心是 Annotator Query Language（AQL），这是一种全声明性文本分析语言（没有“黑盒”），所有模块均可自定义，也就是说，所有数据都采用相同语义进行编码，并遵循相同的优化规则。AQL 提供类似 SQL 语言用于构建提取程序。通过文本分析纳入应用程序，用户可以读取非结构化的文本，并从信息中获取洞察。如图 9-11 所示，详细的文本分析生命周期包括开发文本分析 extractors，运行 extractors 和可视化分析结果等。

9.4.7　Solr

Solr 是一款受到广泛欢迎的开源高性能企业搜索平台，是基于 Apache Lucene 项目开发的，其主要的功能包括强大的全文检索、命中标示（hit highlighting）、层面搜索（faceted search，即统计）、近实时的索引、动态聚类、数据库整合、丰富的文档处理能力（例如 word、PDF 等）和地理位置搜索（geospatial search）等。Solr 具有非常好的可靠性、可扩展性和容错性，提供分布式索引、复制和负载均衡查询、自动故障转移和恢复、集中配置等。Solr 帮助世界上许多大型互联网网站加强其搜索和导航功能。

Solr 是基于 Java 编写并作为一个独立的全文搜索服务器运行在一个 servlet 容器中（如 Jetty）。Solr 使用 Lucene 的 Java 搜索库进行全文索引和全文检索，并拥有 XML/HTTP 和 JSON/Python/Ruby 等 APIs，方便用户使用各种编程语言访问 Solr。Solr 具有以下特点：

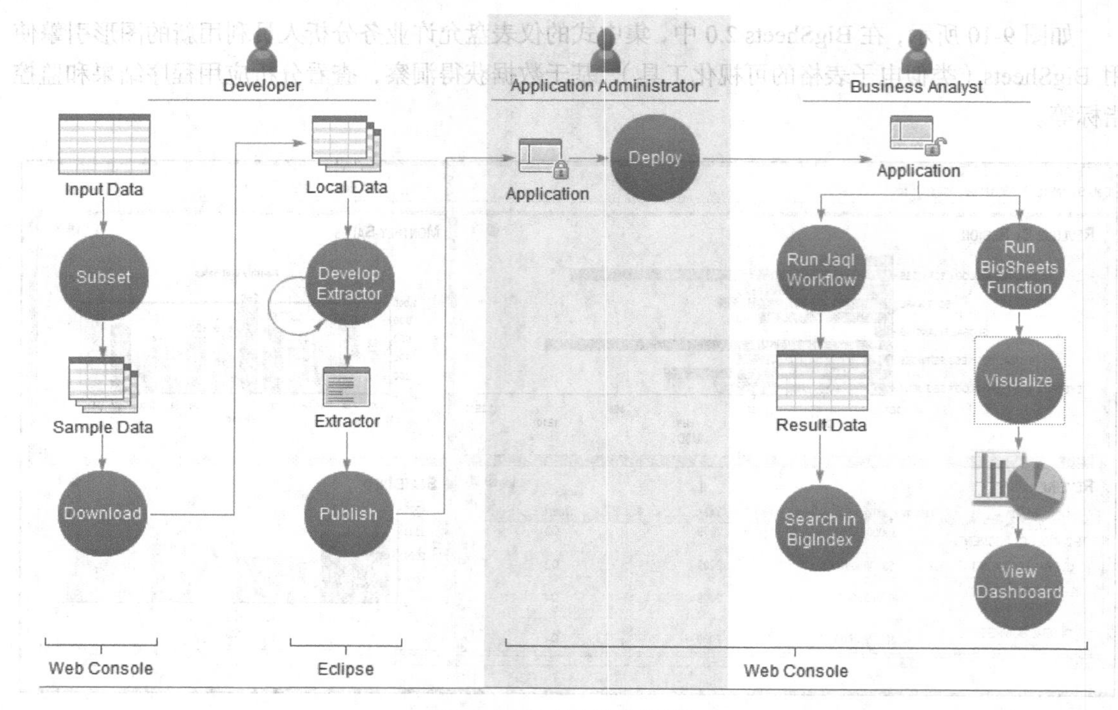

图 9-11　文本分析生命周期

（1）高级全文检索功能；
（2）为大容量的网络流量提供优化；
（3）基于标准开发接口——XML、JSON 和 HTTP；
（4）全面的 HTML 管理界面；
（5）通过 JMX 为监控提供服务器统计信息；
（6）线性扩展、自动索引复制、自动故障转移和恢复；
（7）近实时的索引；
（8）灵活和自适应的 XML 配置；
（9）可扩展的插件体系结构。

9.4.8　改进工作负载调度

Intelligent Scheduler 用于改进工作负载调度，之前被称为 Flexible Scheduler 或 FLEX 调度器，是在 Fair Scheduler 基础上扩展而来，通过不断调整执行作业的插槽最低数量来进行操控。Intelligent Scheduler 通过使用各种指标来完成工作负载优化，用户可以根据整个集群的情况选择这些指标。开源 Hadoop 中自带了先进先出（FIFO）基础调度器以及支持替代方案的可插拔架构：Fair Scheduler 和 Capacity Scheduler，这两种工具都是为小型作业提供最低水平的资源以避免资源匮乏，无法提供更多更全面的控制以实现整个集群的最佳性能，也不提供足够的灵活性供管理员自定义工作负载。

BigInsights 包含 Fair Scheduler 并将其扩展成 Intelligent Scheduler（也是 BigInsights 中默认的调度程序），Intelligent Scheduler 为 MapReduce 作业提供一个自适应（灵活）的工作流程分配方案，基于用户选择的策略进行优化处理，保证集群内所有工作随着时间推移都能得到一个公平的集群资源份额。

启动 Intelligent Scheduler 需要在 mapred-site.xml 文件中添加下列属性：

```
<property>
 <name> jobtracker.taskScheduler </name>
 <value> com.ibm.biginsights.scheduler.WorkflowScheduler </value>
</property>
```

Intelligent Scheduler 还支持 Fair metric 和 Max Stretch metric，当使用 Fair metric 时，scheduler 将模拟 Hadoop Fair scheduler 的行为，Max Stretch metric 则按作业所需的资源量比例为各作业分配资源，也就是说大型作业具有较高的优先级。调度指标和相关的调度算法可以在 mapred-site.xml 文件中进行指定：

```
<property>
  <name> mapred.workflowscheduler.algorithm </name>
  <value> AVERAGE_RESPONSE_TIME </value>
<!-- Possible values are :
  < value > AVERAGE_RESPONSE_TIME < /value>
  < value > MAXIMUM_STRETCH < /value >
  < value > FAIR < /value >
  The default is AVERAGE_RESPONSE_TIME
-->
</property>
```

Intelligent Scheduler 还可以根据作业优先级给作业分配相应的资源。通过配置 Hadoop 中 JobConf 的 flex.priority 属性，可以根据每个作业或每个 Jaql 查询指定优先级。该属性值是一个数字，用来标示作业所属的优先类（priority class）。默认情况下有 3 个优先类，也就是说 flex.priority 可以被设置为 0、1 或 2，默认值为 2。例如，在一个 Jaql 查询中，通过调用 SetOptions() 函数为该查询中所有 Hadoop 作业优先级设置成 0：

```
setOptions ( { conf: { "flex.priority": 0} } );
```

还可以在命令行中启动一个 Hadoop，作业时指定优先级，例如：

```
hadoop jar $BIGINSIGHTS_HOME/IHC/hadoop*examples.jar -Dflex.priority = 1 <input>
<output>
```

9.4.9 压缩

当使用 InfoSphere BigInsights 处理海量数据时，可以考虑使用数据压缩的方法减少对存储空间的需求以及加速 MapReduce 处理性能。IBM BigInsights 平台支持 Hadoop 开源框架中所有的压缩算法，并额外提供 IBM LZO 压缩（扩展名.cmx），该压缩支持拆分压缩文件（通过 IBM LZO 压缩编译解码器），保证 MapReduce 作业可以并行处理各压缩拆分部分。BigInsights 会根据文件扩展名自动识别解压缩文件所需的压缩算法，目前支持的 splittable 压缩见表 9-2。

表 9-2 BigInsights 3.0 支持的 splittable 压缩算法

文件扩展名	用来解压缩文件的压缩算法
.cmx	IBM LZO
.bz2	BZip2
.gz	Gzip

续表

文件扩展名	用来解压缩文件的压缩算法
.deflate	DEFLATE
.snappy	Snappy

思考题

1. 大数据将为数据仓库和数据挖掘提供哪些挑战和机遇？
2. NoSQL、Hadoop、InfoSphere BigInsights 3.0 要如何发展，才能满足未来的大数据应用？

参考文献

[1] 李德仁，王树良，李德毅. 空间数据挖掘. 2版，北京：科学出版社，2013.

[2] 程永. 智慧的分析洞察. 北京：电子工业出版社，2013.

[3] 毛国君. 数据挖掘原理与算法. 北京：清华大学出版社，2005.

[4] 王日芬，章成志，张蓓蓓，吴婷婷. 数据清洗综述. 现代图书情报技术，12：50-56，2007.

[5] 王斌. 大数据互联网大规模数据挖掘与分布式处理. 北京：人民邮电出版社，2013.

[6] 袁梅宇. 数据挖掘与机器学习 WEKA 应用技术与实践. 北京：清华大学出版社，2014.

[7] 吴刚，董志国. IBM 数据仓库及 IBM 商务智能工具. 北京：电子工业出版社，2004.

[8] 张文彤，钟云飞. IBM SPSS 数据分析与挖掘实战案例精粹. 北京：清华大学出版社，2013.

[9] 郑岩. 数据仓库与数据挖掘. 北京：清华大学出版社，2011.

[10] 孙水华，赵钊林，刘建华. 数据仓库与数据挖掘技术. 北京：清华大学出版社，2012.

[11] 李雄飞，杜钦生，吴昊. 数据仓库与数据挖掘. 北京：机械工业出版社，2013.

[12] Han J., Kamber M., Pei J. Data Mining: Concepts and Techniques. 3rd ed., The Morgan Kaufmann, 2013.

[13] Inmon W. H. Building the Data Warehouse. 4th ed. Hoboken:Wiley，2005.

[14] Executive Office of the President, Big Data: Seizing Opportunities, Preserving Values, May 1, 2014，www.WhiteHouse.gov/OSTP.

[15] Meyer-Schoenberger V., Cukier K., Big Data: a Revolution That will Transform How We Live, Work and Think, London:John Murray, 2013.

[16] Office of Science and Technology Policy | Executive Office of the President, Fact Sheet: Big Data across the Federal Government, March 29，2012，www.WhiteHouse.gov/OSTP.

[17] Rajaraman A., Ullman J.D.，Mining of Massive Datasets, Cambridge University Press，2011.

[18] Reshef D N. et al., 2011, Detecting novel associations in large data sets, Science, 334, 1518.

[19] Shi W., Fisher P., Goodchild M.F. Spatial Data Quality. London: Taylor & Francis. 2002.

[20] Wang S.L., Shi W., 2012, chapter 5 Data Mining, Knowledge Discovery. In: Wolfgang Kresse and David Danko (eds.) Handbook of Geographic Information (Berlin: Springer), pp.123-142.

[21] Wang S.L., Yuan H., 2014, Spatial data mining: a perspective of big data, International Journal of Data Warehousing and Mining, 10(4), 50-70.

[22] Wang S.L., Gan W., Li D.Y., Li D.R., 2011, Data Field for Hierarchical Clustering, International Journal of Data Warehousing and Mining, 7(4), 43-63.

[23] Wu X., Kumar V.,·Quinlan J. R. et al. Top 10 algorithms in data mining. Knowledge and Information Systtems, 14:1–37. 2008.

[24] Wu X, Zhu X, Wu G., Ding W., Data Mining with Big Data, IEEE Transactions on Knowledge and Data Engineering, 26(1), 97-107, 2014.

[25] Yang Q., Wu X., 10 Challenging problems in data mining research, International Journal of Information Technology & Decision Making,5(4),597–604, 2006.

[26] IBM 中国官方网站：http://www.ibm.com/cn/zh/, 2014.

[27] IBM 开发者园地（中国）：https://www.ibm.com/developerworks/cn/，2014.

[28] DB2 V10.1 信息中心： http://pic.dhe.ibm.com/infocenter/db2luw/v10r1/index.jsp，2014.

[29] IBM V9 InfoSphere Master Data Management Server for Product Information Management：http://pic.dhe.ibm.com/infocenter/pim/v9r0m0/index.jsp，2014.

[30] IBM InfoSphere MDM 10.1 Information Center：http://pic.dhe.ibm.com/infocenter/mdm/v10r1/ index.jsp，2014.

[31] IBM InfoSphere Information Server Information Center：http://pic.dhe.ibm.com/infocenter/iisinfsv/v9r1/index.jsp，2014.

[32] IBM PureData System for Transactions 信息中心：http://pic.dhe.ibm.com/infocenter/psdbsys/v1r0/index.jsp?topic=%2Fcom.ibm.im.puredb.v1r0.user.doc%2Fc10001011.html，2014.

[33] IBM InfoSphere BigInsights 2.0 信息中心：http://pic.dhe.ibm.com/infocenter/bigins/v2r0/index.jsp，2014.

[34] IBM InfoSphere Streams 3.0 信息中心：http://pic.dhe.ibm.com/infocenter/streams/v3r0/index.jsp，2014.

[35] Xindong Wu, Vipin Kumar. 数据挖掘十大算法. 李文波，吴素研，译. 北京：清华大学出版社，2013.